高等职业教育食品类专业教材
中国轻工业"十四五"规划教材
"十二五"江苏省高等学校重点教材（编号：2015-2-2017）

食品贮藏保鲜技术

（第二版）

韩艳丽　主编
朱士农　主审

中国轻工业出版社

图书在版编目（CIP）数据

食品贮藏保鲜技术/韩艳丽主编. —2版. —北京：中国轻工业出版社，2025.8
ISBN 978-7-5184-4106-8

Ⅰ.①食… Ⅱ.①韩… Ⅲ.①食品贮藏—高等职业教育—教材②食品保鲜—高等职业教育—教材 Ⅳ.①TS205

中国版本图书馆CIP数据核字（2022）第154120号

责任编辑：贾　磊　　责任终审：张乃东　　整体设计：锋尚设计
策划编辑：贾　磊　　责任校对：晋　洁　　责任监印：张　可

出版发行：中国轻工业出版社（北京鲁谷东街5号，邮编：100040）
印　　刷：三河市万龙印装有限公司
经　　销：各地新华书店
版　　次：2025年8月第2版第5次印刷
开　　本：720×1000　1/16　印张：17
字　　数：320千字
书　　号：ISBN 978-7-5184-4106-8　定价：45.00元
邮购电话：010-85119873
发行电话：010-85119832　010-85119912
网　　址：http://www.chlip.com.cn
Email：club@chlip.com.cn
版权所有　侵权必究
如发现图书残缺请与我社邮购联系调换
251234J2C205ZBW

本教材编委会

主　编　韩艳丽（江苏农林职业技术学院）

副主编　许俊齐（江苏农林职业技术学院）
　　　　　卢洪秀（上海农林职业技术学院）

参　编　曹　淼（江苏农林职业技术学院）
　　　　　陈　岑（江苏农林职业技术学院）
　　　　　李冠华（江苏农牧科技职业学院）
　　　　　徐　银（江苏农林职业技术学院）
　　　　　袁红燕（山东商业职业技术学院）
　　　　　吴俊峰（句容市如果生态农业有限公司）

主　审　朱士农（金陵科技学院）

第二版前言

党的二十大报告指出,我们要"着力提高全要素生产率,着力提升产业链韧性和安全水平"。食品保鲜业是食品产业链的重要组成部分,是食品经济健康有序发展的重要保障。

《食品贮藏保鲜技术》自 2015 年出版以来,一直作为高职高专院校食品类专业的专业课教材,已在 100 多所院校使用。为了适应食品保鲜行业的发展,紧跟保鲜岗位的需求,编者在第一版教材的基础上进行了本次修订。本次修订对接食品保鲜岗位,校企合作,积极融入新技术、新工艺、新发展,充分吸取教师、学生的建议,更加注重培育学生的职业综合素养,同时突出知识点和技能点的关系,增加数字化资源,更加确保教材的时效性、适用性和实用性,满足学生学习需求。

第二版教材除修正了第一版教材中的错误外,主要修订内容如下:

(1) 食品贮藏保鲜基础知识修订为食品在贮运中的变化 主要介绍食品在贮运过程中发生的生理生化变化、颜色变化,食品败坏的原因、现象以及调控措施,理论知识体系更完善。

(2) 新增食品生物保鲜技术 主要介绍基因工程技术保鲜和生物防治保鲜,包括转基因保鲜、反义 RNA 保鲜、涂膜保鲜、生物保鲜剂保鲜、抗冻蛋白保鲜和冰核细菌保鲜等生物保鲜技术。

(3) 新增食品流通中的保鲜知识 主要介绍食品流通生产段、流通段和消费段的保鲜技术,理论联系实践,解决生活、工作中的实际问题。

(4) 更新食品保鲜的新技术　主要根据保鲜行业发展对食品保鲜技术进行更新，新增臭氧保鲜等新技术，同时对第一版教材原有新技术在食品保鲜上的应用和发展进行更新，融入新技术、新工艺、新发展。

(5) 优化综合实训设置　删除综合实训中目前应用较少的实训，新增生物保鲜剂保鲜、食品不同包装保鲜、食品贮藏期间相关指标测定等，与保鲜岗位对接更加紧密。

(6) 增加数字化资源　在修订纸质教材的基础上，增加教学课件、习题、视频、动画等线上教学资源，打造以学生为中心的立体化教材，可通过扫描书中二维码或登录"轻工教学服务网"观看或下载相关内容。

第二版教材仍由江苏农林职业技术学院韩艳丽教授担任主编并统稿。具体编写分工：项目一由山东商业职业技术学院袁红燕、江苏农林职业技术学院徐银共同编写；项目二由江苏农林职业学院陈岑编写；项目三由江苏农牧科技职业学院李冠华编写；项目四由上海农林职业技术学院卢洪秀、江苏农林职业技术学院曹淼编写；项目五由江苏农林职业技术学院许俊齐编写；项目六由句容市如果生态农业有限公司吴俊峰、江苏农林职业技术学院许俊齐共同编写；项目七由江苏农林职业技术学院韩艳丽编写。全书由金陵科技学院朱士农教授主审。

由于编者知识水平有限，书中难免存在不足之处，敬请各位同行和专家批评指正。

编　者

第一版前言

根据教育部对高职高专学生的培养目标和要求，本教材在编写过程中努力体现我国高等职业教育的特色，注重理论联系实际，突出实用性，加强对学生实践能力的培养，同时力求体现食品贮藏保鲜技术领域的新知识、新技术，在编写框架和内容上具有一定的创新性。

本教材共分为六个项目：项目一为食品贮藏保鲜基础知识，项目二为食品贮藏保鲜常用技术，项目三为鲜活和生鲜食品贮藏保鲜技术，项目四为加工食品贮藏保鲜技术，项目五为食品保鲜新技术，项目六为实训项目（以增强对学生实践技能的培养）。

本教材由江苏农林职业技术学院韩艳丽主编并统稿。具体编写分工为：项目一由江苏农林职业技术学院徐银、陈岑编写；项目二由渤海大学盖圣美编写；项目三由江苏农牧科技职业学院李冠华编写；项目四由江苏农林职业技术学院曹淼编写；项目五由江苏农林职业技术学院许俊齐编写；项目六由韩艳丽编写。全书由金陵科技学院朱士农教授主审。

本教材可供高职高专院校食品类、园艺类及其他相关专业的学生使用，也可作为食品贮藏保鲜、加工生产人员的工作参考书和相关专业本科生、中职生的参考资料。

承蒙金陵科技学院朱士农教授在百忙中审稿以及众多企业的帮助，在此一并表示感谢。

由于编者知识水平有限，加上本书涉及的食品种类繁多、贮藏保鲜特性各异，书中难免存在不妥之处，敬请读者批评指正。

编　者

目 录

项目一　食品在贮运中发生的变化

知识目标 ………………………………………………………………………… 1
技能目标 ………………………………………………………………………… 1
必备知识 ………………………………………………………………………… 1
一、食品在贮运中的生理生化变化 …………………………………………… 1
二、食品在贮运中的颜色变化 ………………………………………………… 35
三、食品在贮运中的败坏 ……………………………………………………… 39
项目小结 ………………………………………………………………………… 53
复习思考题 ……………………………………………………………………… 53

项目二　食品贮藏保鲜常用技术

知识目标 ………………………………………………………………………… 55
技能目标 ………………………………………………………………………… 55
必备知识 ………………………………………………………………………… 55
一、食品低温保鲜技术 ………………………………………………………… 55
二、食品气调保鲜技术 ………………………………………………………… 80
三、食品生物保鲜技术 ………………………………………………………… 91
四、其他保鲜技术 ……………………………………………………………… 109
项目小结 ………………………………………………………………………… 129
复习思考题 ……………………………………………………………………… 130

项目三　鲜活和生鲜食品贮藏保鲜技术

知识目标 ··· 132
技能目标 ··· 132
必备知识 ··· 132
　一、粮食贮藏技术 ··· 132
　二、果品贮藏技术 ··· 139
　三、蔬菜贮藏技术 ··· 148
　四、畜禽类产品保鲜技术 ····································· 157
　五、水产品保鲜技术 ··· 162
项目小结 ··· 165
复习思考题 ··· 166

项目四　加工食品贮藏保鲜技术

知识目标 ··· 167
技能目标 ··· 167
必备知识 ··· 167
　一、粮油初加工品贮藏保鲜技术 ······························· 167
　二、鲜切果蔬贮藏保鲜技术 ··································· 172
　三、干制品贮藏技术 ··· 178
　四、腌制品贮藏技术 ··· 181
　五、罐藏制品贮藏技术 ······································· 183
　六、速冻制品贮藏技术 ······································· 185
　七、焙烤食品贮藏保鲜技术 ··································· 186
　八、调味品保鲜技术 ··· 188
　九、嗜好品贮藏技术 ··· 191
项目小结 ··· 194
复习思考题 ··· 194

项目五　食品流通中的保鲜

知识目标	196
技能目标	196
必备知识	196
一、冷链的概念	196
二、冷链的分类	197
三、食品冷藏链的组成与结构	198
四、食品冷藏运输设备	199
五、食品冷冻销售设备	207
项目小结	210
复习思考题	210

项目六　食品保鲜新技术

知识目标	211
技能目标	211
必备知识	211
一、纳米保鲜技术	211
二、食品辐照保藏技术	212
三、超高压杀菌保鲜技术	217
四、减压保鲜技术	223
五、脉冲磁场杀菌保鲜技术	225
六、臭氧保鲜技术	230
项目小结	232
复习思考题	233

项目七　实训项目

实训一　鲜活食品贮藏过程中呼吸强度的测定……………………………… 234
实训二　果蔬一般物理性状的测定…………………………………………… 235
实训三　果实催熟和脱涩方法的比较………………………………………… 237
实训四　畜禽产品、水产品的僵直和软化现象观察 ………………………… 238
实训五　粮食贮藏中脂肪酸值的测定………………………………………… 239
实训六　焙烤食品中霉菌含量的测定及对贮藏的影响……………………… 241
实训七　当地冷库贮藏性能指标调查………………………………………… 242
实训八　果蔬汁液冰点的测定………………………………………………… 243
实训九　食品贮藏环境中 O_2 和 CO_2 含量的测定 …………………………… 243
实训十　果蔬贮藏过程中病害的识别与防治………………………………… 246
实训十一　不同处理方式对猪肉新鲜度的影响……………………………… 247
实训十二　蛋类新鲜度的检验………………………………………………… 248
实训十三　水产品贮藏保鲜效果的鉴定……………………………………… 250
实训十四　检索国内外食品保鲜新技术及撰写综述………………………… 251
实训十五　食品贮藏保鲜试验设计…………………………………………… 253

参考文献 ……………………………………………………………………………… 256

项目一　食品在贮运中发生的变化

【知识目标】

1. 了解呼吸作用、蒸腾作用、成熟、衰老、休眠、后熟、陈化、僵直、软化等基本概念。
2. 理解植物类食品采后生理生化变化和动物性食品宰后品质变化的过程。

【技能目标】

1. 熟练掌握果蔬产品采后生理生化指标测定的方法。
2. 了解畜肉产品、水产品宰杀后的生化变化,掌握新鲜肉类和水产品的鉴别。

【必备知识】

食品贮藏中的生理生化变化,尤其是果蔬产品、粮食产品采后的生理生化变化,畜肉产品、水产品死亡后的生化变化和引起食品败坏的主要因素。

一、食品在贮运中的生理生化变化

果蔬在采收之后,仍然继续进行代谢作用并保持其生命活动。采收之前的果蔬,其呼吸作用和蒸腾作用所消耗的水分和有机物等,可以由植株所含的水量、光合作用产物以及矿物质的流动来补充。而在采收之后,其呼吸作用和蒸腾作用仍在进行,然而由于水、光合作用产物和矿物质的正常来源断绝了,产品完全依赖自己贮藏的养料和水分生存。当所需物质无法及时供应时,变质就开始了。

粮食类农产品刚刚收获后在生理上并没有完全成熟,胚的发育还在进行,新粮经过一个时期的保管,胚不再发育,呼吸作用也逐渐趋于平稳,生理上达到完全成熟。这一个使新粮达到完全成熟的保管期称为后熟期。经过后熟期的粮食呼吸作用减弱,发芽率增加,品质得到改善。

采收后的果蔬、粮食能够进行呼吸作用,是活的生物体;而宰杀后的畜禽或鱼没有呼吸作用,是死的生物体;它们在贮藏中生理生化变化方面的差异很大。然而宰杀后的畜禽或鱼已经失去生命,没有生理过程,此时属于大分子有机物不能得到调控的生化降解过程,它们在贮藏期间的变化主要涉及僵直与软化。

(一) 食品在贮运中的呼吸作用

呼吸作用是一切动植物维持生命的重要生理过程之一,是生命存在的重要条件和标志。从总过程来看,呼吸作用是一种气体交换,即吸进氧气而放出二氧化碳,但这只不过是整个呼吸代谢中无数过程的起点和终点。呼吸作用是在许多复杂的酶系统参与下,经由许多中间反应环节进行的生物氧化还原过程,能把复杂的有机物逐步分解成简单的物质,同时释放能量。呼吸作用途径有多种,主要有糖酵解、三羧酸循环和磷酸戊糖途径等。

动画:呼吸作用
(扫码学习)

1. 呼吸代谢的类型

根据呼吸过程是否需氧,呼吸代谢可以分为有氧呼吸和无氧呼吸两种类型。

有氧呼吸通常是呼吸的主要方式,是在有氧气参与的情况下,将复杂的有机物(如糖、淀粉、有机酸及其他物质)逐步分解为简单物质(水和二氧化碳),并释放能量的过程。葡萄糖直接作为底物时,1mol 可释放能量 2817.7kJ,其中的 46% 以生物形式(38 个 ATP)贮藏起来,为其他的代谢活动提供能量,剩余的 1544kJ 以热能形式释放到体外。

无氧呼吸是指在无氧气参与的情况下将复杂有机物分解的过程。这时,糖酵解产生的丙酮酸不再进入三羧酸循环,而是生成乙醛,然后还原成乙醇。

有氧和无氧的呼吸作用虽然表现形式不同,但都消耗产品内部的营养成分,产生热量和水。植物的呼吸作用不是通过呼吸器官来完成的,而是通过植物细胞的氧化作用来完成。植物细胞通过氧化细胞内部的营养成分获得能量,用以维持其生理活动,这个过程就是细胞的氧化作用。

有氧呼吸的总反应式是:

$$C_6H_{12}O_6 + 6O_2 + 38ADP \longrightarrow 6CO_2 + 6H_2O + 38ATP (1271kJ) + 1544kJ$$

该式表明,有氧呼吸是在氧气的参加下将葡萄糖等有机物质氧化分解成二氧化碳和水。这种呼吸作用是有氧参加的氧化作用,称为有氧代谢。在各种贮藏条件下,大气中的氧气量可能受到限制,不足以维持完全的有氧代谢。在这种情况下,无氧条件也可在短时间内维持生存,即通过无氧呼吸获得所需能量,反应方程式为:

$$C_6H_{12}O_6 \longrightarrow 2C_2H_5OH + 2CO_2 + 87.9kJ$$

该式表明,在无氧呼吸过程中,葡萄糖通过酵解的途径分解为酒精(或乳酸)和二氧化碳,并释放能量。这种无氧呼吸的过程称为无氧代谢(发酵),其反应进行得很快,累积的产物对生物体有害。无氧呼吸对于产品贮藏是不利的,一方面无氧呼吸提供的能量少,以葡萄糖为底物,无氧呼吸产生的能量约为有氧呼吸的 1/32,在需要一定能量的生理过程中,无氧呼吸消耗的呼吸底物更多,使产品更快失去生命力;另一方面,无氧呼吸生成的有害物乙醛、乙醇和其他有毒物质会在细胞内积累,造成细胞死亡。

植物产品采后的呼吸作用状态与采前基本相同,在某些情况下又有一些差异。采前产品在田间生长时,氧气供应充足,一般进行有氧呼吸;而在采后贮藏时，产品可能放在封闭的包装中或埋藏在沟中，或通风不良，或氧气供应不足，这些都容易产生无氧呼吸。因此，在贮藏期应防止产生无氧呼吸。但当产品体积较大时，内层组织气体交换差，部分无氧呼吸也是对环境的适应，即使在外界氧气充分的情况下，果实中可能也在进行一定程度的无氧呼吸。

2. 与呼吸作用相关的概念

（1）呼吸强度（Respiration rate） 也称呼吸速率，是指一定温度下，一定量的产品进行呼吸作用时所吸入的氧气或释放二氧化碳的量，一般单位用 mg（或 mL）O_2（或 CO_2）/（kg·h）来表示。由于无氧呼吸不吸入 O_2，一般用 CO_2 生成的量来表示更确切。呼吸强度高，说明呼吸旺盛，消耗的呼吸底物（糖类、蛋白质、脂肪、有机酸）多而快，贮藏寿命不会太长。部分果蔬的呼吸强度见表1-1。

表1-1　　　　不同温度下部分果蔬的呼吸强度　　　单位：mg CO_2/（kg·h）

产品	0℃	4~5℃	10℃	15~16℃	20~21℃	25~27℃
夏苹果	3~6	5~11	14~20	18~31	20~41	—
秋苹果	2~4	5~7	7~10	9~20	15~25	—
甘蓝	4~6	9~12	17~19	20~32	28~49	49~63
草莓	12~18	16~23	49~95	62~71	102~196	169~211
菠菜	19~22	35~58	82~138	134~223	172~287	—
青香蕉	—	—	—	21~23	33~35	—
熟香蕉	—	—	21~39	27~75	33~142	50~245
荔枝	—	—	—	—	—	75~128

（2）呼吸商（Respiratory quotient，RQ） 也称呼吸系数，是指产品呼吸作用过程中释放 CO_2 和吸入 O_2 的体积之比，即 $RQ = V_{CO_2}/V_{O_2}$，RQ 的大小与呼吸状态（有氧呼吸、无氧呼吸）和呼吸作用底物有关。

RQ 主要与呼吸作用状态即呼吸类型有关。当发生无氧呼吸时，吸入的氧气少，RQ>1，RQ 越大，无氧呼吸所占的比例也越大。例如，干燥的粮食 RQ 值等于 1 或小于 1，表示粮食可能在进行有氧呼吸；RQ 值大于 1，则表示粮食可能在进行无氧呼吸。

其次，RQ 的大小与呼吸作用底物也密切相关，不同的氧化底物所消耗掉的氧气量不同。以葡萄糖为底物的有氧呼吸，RQ=1；以含氧高的有机酸为底物的有氧呼吸，RQ>1；以含碳多的脂肪酸为底物的有氧呼吸，RQ<1。

呼吸商的测量能对呼吸作用底物的类型提供某种线索。低的呼吸商可能意味着某种脂肪代谢，高的呼吸商则意味着有机酸代谢。通过生长和贮藏期间呼吸商的变化，可以了解到被代谢的呼吸作用底物的类型发生了何种变化。园艺产品体积大，气体交换慢，又含有比较多的有机酸，可根据其 RQ 变化来判断呼吸状态和呼吸作用底物。

RQ 还与贮藏温度有关。例如，夏橙或华盛顿脐橙在 0~25℃ 放置时，RQ 值接近 1 或等于 1；在 38℃ 时，夏橙 RQ 值接近 1.5，华盛顿脐橙 RQ 值接近 2.0。这表明，高温下可能存在有机酸的氧化或无氧呼吸，也可能二者兼而有之。在冷寒条件下，果实发生代谢异常时，RQ 值杂乱无规律。例如，黄瓜在 13℃ 时 RQ=1；在 0℃ 时，RQ 有时小于 1，有时大于 1。

（3）呼吸热　呼吸热是在呼吸作用过程中产生，除了维持生命活动以外而散发到环境中的那部分热量。以葡萄糖为底物进行正常有氧呼吸时，每释放 1mg CO_2 相应释放约 10.68J 的热量。由于测定呼吸热的方法极其复杂，园艺产品贮藏运输时，常采用测定呼吸速率的方法间接计算它们的呼吸热。

在夏季，当大量产品采后堆积在一起或长途运输缺少通风散热装置时，由于呼吸热无法散出，产品自身温度会升高，进而又刺激了呼吸，释放出更多的呼吸热，加速产品腐败变质。因此，贮藏中通常要尽快排除呼吸热，降低产品温度。但在北方寒冷季节，环境温度低于产品要求的温度时，产品可以利用自身释放的呼吸热进行保温，防止冷害和冻害的发生。

（4）呼吸温度系数　在生理温度范围内，温度升高 10℃ 时呼吸速率与原来温度下呼吸速率的比值即为温度系数，用 Q_{10} 来表示。它反映了呼吸速率随温度变化而变化的程度。温度是影响鲜活植物产品代谢水平、水分散失、病原微生物繁殖和侵染的重要因子。一般来说，随着温度的降低，植物代谢水平也降低，营养损耗小，释放呼吸热少；水分蒸发慢，失水相对较轻；微生物繁殖慢，侵染力弱，有利于贮藏。但是温度过低，可能导致生命体代谢混乱，出现低温伤害或冻害。一般果蔬 $Q_{10}=2~2.5$，这表示温度升高 10℃ 时，呼吸速率增加了 1~1.5 倍；该值越高，说明产品呼吸作用受温度变化影响越大。研究表明，园艺产品的 Q_{10} 在低温下较大。常见蔬菜的呼吸温度系数见表 1-2。

表 1-2　　　　　常见蔬菜的呼吸温度系数（Q_{10}）

种类	0.5~10℃	10~24℃
芦笋	3.5	2.5
豌豆	3.9	2.0
菜豆（嫩夹）	5.1	2.5
菠菜	3.2	2.6
辣椒	2.8	3.2
胡萝卜	3.3	1.9
莴苣	3.6	2.0
番茄	2.0	2.3
黄瓜	4.2	1.9
马铃薯	2.1	2.2

(5) 呼吸跃变　呼吸跃变主要存在于部分植物果实的成熟阶段。在果实的发育过程中，呼吸强度随发育阶段的不同而不同。根据果实呼吸作用曲线的变化模式（如图 1-1 和图 1-2 所示），可将果蔬分成两类：其中一类在幼嫩阶段呼吸作用旺盛，随果实细胞的膨大，呼吸强度逐渐下降，开始成熟时，呼吸上升，达到高峰（称呼吸高峰）后，呼吸作用下降，果蔬衰老死亡，伴随呼吸高峰的出现，体内的代谢发生很大的变化，这一现象被称为呼吸跃变，此时，果蔬的食用品质最佳，这一类果蔬被称为跃变型或呼吸高峰型果蔬（图 1-1）；另一类在发育过程中没有呼吸高峰，呼吸强度在采后一直下降，被称为非跃变型果蔬（图 1-2）。表 1-3 归纳了两种呼吸类型的部分果蔬。

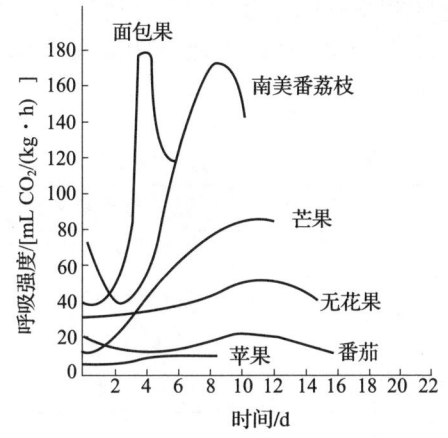

图 1-1　跃变型果实的呼吸作用曲线

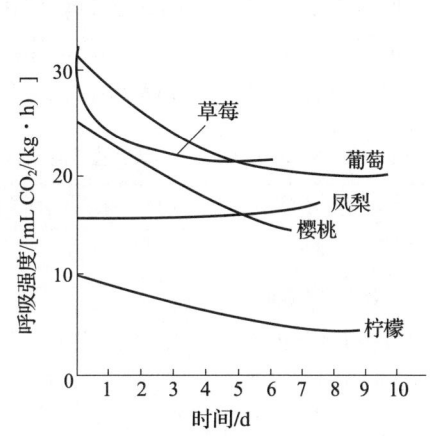

图 1-2　非跃变型果实的呼吸作用曲线

表 1-3　　　　　　　　两种呼吸作用类型的果蔬分类

呼吸作用类型	跃变型果实		非跃变型果实	
果蔬品种	苹果	罗马甜瓜	伞房花越橘	甜橙
	杏	蜜露甜瓜	可可	菠萝
	鳄梨	番木瓜	腰果	蒲桃
	香蕉	鸡蛋果	欧洲甜樱桃	草莓
	面包果	桃	葡萄	毕当茄
	南美番荔枝	梨	葡萄柚	树番茄
	中华猕猴桃	柿	南海蒲桃	nor-番茄
	无花果	李	柠檬	rin-番茄
	番石榴	加锡猕罗果	荔枝	黄瓜
	曼密苹果	刺果番荔枝	山苹果	
	芒果	番茄	橄榄	

不同种类跃变果实呼吸高峰出现的时间和峰值不完全相同。一般原产于热带和亚热带的果实,如油梨和香蕉,跃变顶峰的呼吸强度分别为跃变前的3~5倍和10倍,且跃变时间维持很短,很快完全成熟并衰老。原产于温带的果实,如苹果、梨等跃变顶峰的呼吸强度仅比其跃变前的呼吸强度增加1倍左右,但维持跃变时间很长。这类果实比前一类型果实更慢成熟,因而更耐贮藏。有些果实,如苹果,留在树上也可以出现呼吸跃变,但与采摘果实相比,呼吸跃变出现较晚,峰值较高;另外一些果实,如油梨,只有采后才能成熟和出现呼吸跃变,如果留在植株上可以维持不断的生长而不能成熟,当然也不出现呼吸跃变。某些未成年的幼果(如苹果、桃、李)采摘或脱落后,也可发生短期的呼吸高峰。甚至某些非跃变型果实,如甜橙的幼果在采后也出现呼吸上升的现象,而长成的果实反而没有。此类果实的呼吸上升并不伴有成熟过程,因此称为跃变现象。表1-4列出了跃变型与非跃变型果蔬的特性比较。

表1-4　　　　　　　　跃变型与非跃变型果蔬的特性比较

特性项目	跃变型果蔬	非跃变型果蔬
后熟变化	明显	不明显
体内淀粉含量	富含淀粉	淀粉含量极少
内源乙烯产生量	多	极少
采收成熟度要求	一定成熟度时采收	成熟时采收

呼吸跃变期是果实发育进程中的一个关键时期,对果实贮藏寿命有重要影响。它既是成熟的后期,同时也是衰老的开始,此后产品就不能继续贮藏。生产中要采取各种手段来推迟跃变果实的呼吸高峰以延长贮藏期。

3. 呼吸与食品贮藏的关系

(1) 积极作用　呼吸作用提供果蔬代谢所需要的能量,产生代谢的中间产物,从果蔬具有的耐贮性和抗病性的角度考虑,呼吸作用对果蔬贮藏具有积极作用。

由于果蔬在采后仍是生命活体,具有抵抗不良环境和致病微生物的特性,因此损耗减少,品质得以保持,贮藏期得以延长。产品的这些特性被称为耐藏性和抗病性。耐藏性是指在一定贮藏期内,产品能保持其原有的品质而不发生明显不良变化的特性;抗病性是指产品抵抗致病微生物侵害的特性。生命消失,新陈代谢停止,果蔬耐藏性和抗病性也就不复存在。新采收的黄瓜、大白菜等产品在通常环境下可以存放一段时间,而炒熟的菜的保质期则明显缩短,说明产品的耐藏性和抗病性依赖于生命。

水果、蔬菜采后同化作用基本停止,呼吸作用成为新陈代谢的主导,它直接联系着其他各种生理生化过程,也影响和制约着产品的寿命、品质变化和抗病能力。随着贮存时间的延长，果蔬体内的这些物质将越来越少，果蔬呼吸越强则衰老得越快。因此，控制和利用呼吸作用这个生理过程来延长贮藏期是至关重要的。

正常的呼吸作用能为一切生理活动提供必需的能量，还能通过许多呼吸作用的中间产物使糖代谢与脂肪、蛋白质及其他许多物质的代谢联系在一起，使各个反应环节及能量转移之间协调平衡，维持产品其他生命活动有序进行，保持耐藏性和抗病性。通过呼吸作用可防止对组织有害中间产物的积累，将其氧化或水解为最终产物，进行自身平衡保护，防止代谢失调造成的生理障碍，这在逆境条件下表现得更为明显。呼吸作用与耐藏性和抗病性的关系还表现在，当植物受到微生物侵袭、机械伤害或遇到不适环境时，能通过激活氧化系统，加强呼吸作用而起到自卫作用，这就是呼吸作用的保卫反应。呼吸作用的保卫反应主要有以下几方面的作用：采后病原菌在产品有伤口时很容易侵入，呼吸作用为产品恢复和修补伤口提供合成新细胞所需要的能量和底物，加速愈伤，不利于病原菌感染；在抵抗寄生病原菌侵入和增殖的过程中，植物组织细胞壁的加厚、过敏反应中植保素类物质的生成都需要加强呼吸作用，以提供新物质合成的能量和底物，使物质代谢根据需要协调进行；腐生微生物侵害组织时，要分泌毒素，破坏寄主细胞的细胞壁，并透入组织内部，作用于原生质，使细胞死亡后加以利用，其分泌的毒素主要是水解酶，植物的呼吸作用有利于分解、破坏、削弱微生物分泌的毒素，从而抑制或终止侵染过程。

（2）消极作用　呼吸作用分解消耗有机物质，加速果蔬衰老；产生呼吸热，使果蔬体温升高，促进呼吸强度增大，同时会升高贮藏环境温度，缩短果蔬的贮藏寿命。随着能量耗尽，衰老进一步加速。随着呼吸作用的继续，果蔬的营养成分发生改变，降低其风味品质。

因此，延长果蔬贮藏期首先应该保持产品有正常的生命活动，不发生生理障碍，使其能够正常发挥耐藏性、抗病性的作用；在此基础上，维持缓慢的代谢，采取一切可能的措施降低呼吸强度，才能延长产品寿命，延长贮藏期。

4. 影响呼吸代谢的因素

（1）内部因素

①种类与品种：鲜活产品种类繁多，可食用部分各不相同，包括根、茎、叶、花、果实、种子和变态器官，这些器官在组织结构和生理方面有很大差异，其采后的呼吸作用也有很大的不同。

在蔬菜的各种器官中，生殖器官新陈代谢异常活跃，呼吸强度一般大于营养器官，所以通常以花的呼吸作用最强。叶子等营养器官的新陈代谢比贮藏器官旺盛，因为叶片有薄而扁平的结构，分布大量气孔，气体交换迅速，其中散叶型蔬菜的呼吸要高于结球型，因为叶球变态成为积累养分的器官。根茎类蔬菜，如直根、块根、块茎、鳞茎是贮藏器官，其呼吸强度相对最小。根茎类蔬菜呼吸强度小的原因，还与其在系统发育中对土壤环境缺氧的适应有关。部分贮藏器官，如种子采后进入休眠期，呼吸作用就更弱。果实类蔬菜介于叶菜和地下贮藏器官之间。水果中的呼吸强度以浆果呼吸强度最大；其次是桃、李、杏等核果；苹果、梨等仁果类和葡萄呼吸强度较小。

同一类产品，品种之间呼吸作用也有差异，如图1-3所示。一般来说，晚熟品种生长期较长，积累的营养物质较多，呼吸强度高于早熟品种；夏季成熟品种的呼吸作用比秋冬成熟品种强；我国南方生长的比北方生长的要强。

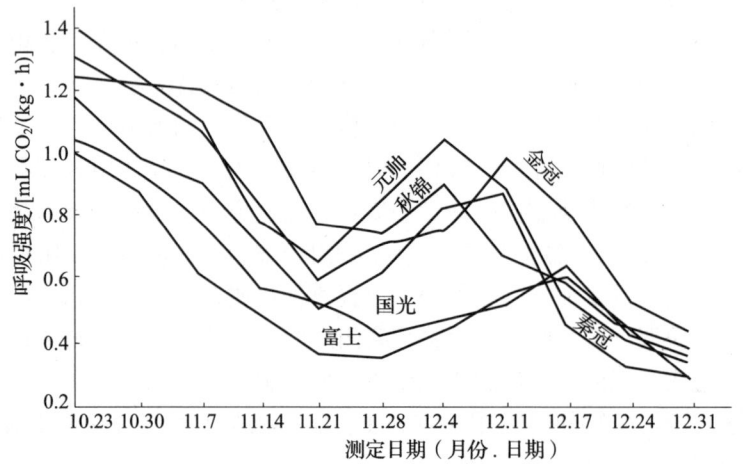

图1-3　不同品种苹果呼吸强度的变化

②成熟度：在植物产品的系统发育过程中，幼嫩组织处于细胞分裂和生长阶段，其代谢旺盛，且保护组织尚未发育完善，便于气体交换而使组织内部供氧充足，呼吸强度较高。随着生长发育，呼吸作用逐渐下降。成熟产品表皮保护组织，如蜡质、角质加厚，新陈代谢缓慢，呼吸作用就较弱。但是跃变型果实在成熟时呼吸作用会再次升高，达到呼吸作用高峰后又下降；非跃变型果实成熟衰老时，呼吸作用一直缓慢减弱，直到死亡。块茎、鳞茎类蔬菜田间生长期间呼吸强度一直下降，采后进入休眠期呼吸作用降到最低，休眠期后重新上升。

(2) 外部因素

①温度：呼吸作用是生物化学反应，对温度极为敏感。在一定的温度范围内，温度与呼吸作用的强弱成正比关系（图1-4）。然而，温度对呼吸的加速是有极限的。在0~30℃，温度对呼吸作用的加速是指数关系，可以用呼吸温度系数Q_{10}来表示。

当温度升高到一定限度时，呼吸强度反而下降，当果蔬的温度高到45℃时，呼吸强度明显下降。通常促进果蔬呼吸作用的最佳温度范围在25~30℃。因为当温度超过45℃时，酶蛋白分子的侧链连接就会改变，从而引起整个空间结构的

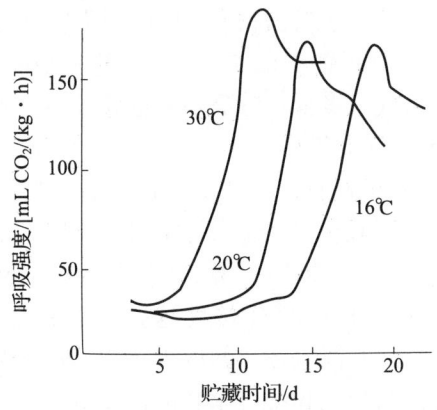

图1-4 香蕉果实后熟过程中呼吸作用与温度的关系

变化,酶的活力即发生变化。当温度达到55℃时,大多数酶都很快失去活力以至完全丧失催化能力,而任何一种与呼吸作用有关的酶失去活力时,果蔬正常的呼吸作用将无法进行,正常的生理机能就要受到破坏。由于生命活动变慢以至停止,使腐生的细菌以很高的速度在果蔬体内繁殖,果蔬立即腐烂。反之,当温度降低时,酶蛋白的活力也很低,呼吸作用减慢,营养消耗很少,有利于延长寿命。同时由于低温下,细菌不易在蔬菜体内繁殖,更有利于果蔬保鲜。由于不同果蔬要求不同的贮存温度,因而确定贮藏温度应遵循如下两条原则,一是以不出现低温伤害为限度,通常采用正常呼吸作用的下限作为贮藏温度;二是绝对不可以将不同种类的果蔬放在同一温度条件下贮藏,因为各种果蔬的下限温度各不相同。

贮藏期温度的波动会刺激产品体内水解酶活力,加速呼吸作用,见表1-5。如5℃恒温下贮藏的洋葱、胡萝卜、甜菜的呼吸强度分别为9.9、7.7、12.2mg CO_2/(kg·h),若是在2℃和8℃隔日互变而平均温度为5℃的条件下,呼吸强度则分别为11.4、11.0、15.9mg CO_2/(kg·h)。因此在贮藏中要避免库体温度的波动。

表1-5　　变温条件下几种蔬菜呼吸强度的变化　　单位:mg CO_2/(kg·h)

项目	洋葱	胡萝卜	甜菜
5℃	9.9	7.7	12.2
2℃和8℃隔日互变(均温5℃)	11.4	11.0	15.9

②气体的分压:贮藏环境中影响植物产品贮藏的气体主要是氧气、二氧化碳和乙烯。呼吸作用过程主要是有生命的有机体吸入氧气,呼出二氧化碳的过程。

因此，氧气分压和二氧化碳分压对植物产品的呼吸强度有显著的影响。空气中含氮气78%、氧气21%、二氧化碳0.03%，还有其他一些稀有气体。氧气浓度高，呼吸强度也大；反之，氧气浓度低，呼吸强度也低。

由于每种果蔬对O_2分压的敏感性不同，所以应根据不同果蔬的生物学特征及对O_2的要求确定O_2分压的高低。要严格控制O_2分压的下限值，O_2浓度过低会造成无氧呼吸。在不低于下限值的前提下，O_2分压越低贮藏效果越好。贮藏中O_2浓度常维持在2%~5%，一些热带、亚热带产品需要在5%~9%。

空气中的CO_2浓度为0.03%，CO_2浓度越高，呼吸代谢强度越低。近年来，高浓度CO_2在果蔬保鲜中已广泛应用，并取得了较好的效果。CO_2对果蔬的保鲜功能表现在它能保持蔬菜的绿色和维持果实的硬度等方面。CO_2能对抗乙烯的产生并阻止乙烯发挥作用，防止果蔬过分成熟。但是CO_2的高浓度也是有极限的，浓度过高的CO_2会引起异常代谢，产生生理障碍。常见的生理障碍是使果蔬的表皮（尤其是果实）出现不规则的褐斑，细胞内部累积乙醛和乙醇，进而使果蔬中毒死亡。大量实验证明，在利用高于空气CO_2含量的气体贮存果蔬时，要特别注意控制CO_2的浓度，不要超过该类果蔬对CO_2要求的上限值，超过此值会出现CO_2伤害。

O_2和CO_2有拮抗作用，CO_2毒害可因提高O_2浓度而有所减轻，而在低O_2中，CO_2毒害会更为严重；另一方面，当较高浓度的O_2伴随着较高浓度的CO_2时，对呼吸作用仍能起明显的抑制作用。低O_2和高CO_2不但可以降低呼吸强度，还能推迟果实的呼吸作用高峰，甚至使其不发生呼吸跃变。图1-5为15℃条件下不同气体组合对香蕉呼吸强度的影响。

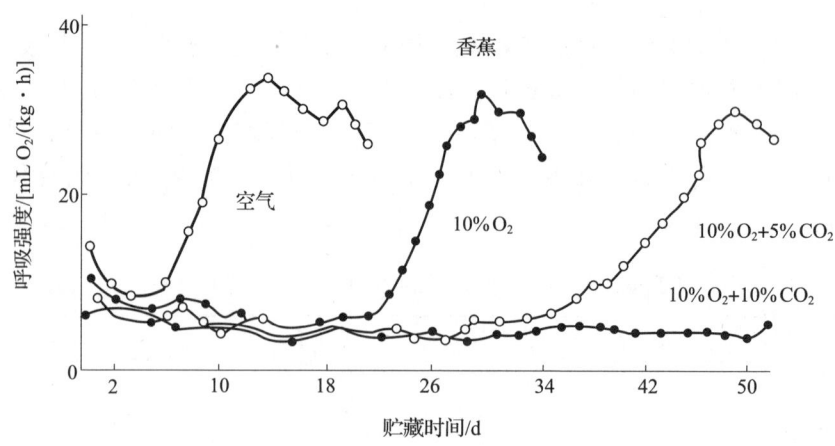

图1-5　15℃条件下不同气体组合贮藏的香蕉对O_2的吸收量

通风条件的好坏，粮堆间的氧气充足与否，会影响粮食的呼吸作用。通风好，氧气充足，粮食的有氧呼吸就较强。反之，通风条件不好，氧气不充分，将使粮食的有氧呼吸减弱。所以，将待保管的粮食密闭起来，使粮食处于缺氧的环境中，也是有利于保管的。

乙烯气体可刺激果蔬采后的呼吸作用，加速果蔬的后熟与衰老。

③含水量：果蔬在水分不足时，呼吸作用减弱。由于果蔬本身含水丰富，因此作为贮存用的果蔬，采收之前不宜灌水，采收后在入库前要在阴凉之处将果蔬表面的浮水晾干，使其稍稍萎蔫一些再入库，但切不可过于萎蔫。

在含水量高的植物中，外界空气中的相对湿度对其呼吸强度的影响也很明显，在一定限度内的相对湿度越高，呼吸强度越小。一般来说，在相对湿度高于80%的条件下，产品的呼吸作用基本不受影响；过低的湿度则影响很大。例如，香蕉在相对湿度低于80%时，不产生呼吸跃变，不能正常后熟。

在一定限度内，呼吸速率随组织的含水量增加而提高，在干种子中特别明显。当粮食含水量低于一定数值时，粮食呼吸作用就会控制在极其微弱的程度，此时即使温度升高为粮食呼吸作用的最适宜温度，但粮食呼吸作用并无明显增强；而当粮食含水量超过某一数值时，粮食呼吸作用就会显著增强。粮食呼吸作用越强，粮食内部营养物质的消耗就越多，粮堆间积累的水和热就越多，对粮食的保管就越不利。

④机械损伤：在采收、分级、包装、运输和贮藏过程中，果蔬产品常会受到挤压、振动、碰撞、摩擦等损伤。这会引起呼吸加快以促进伤口愈合。这种果蔬的组织在受到机械损伤时呼吸速率显著增高的现象称为愈伤呼吸作用或称创伤呼吸作用（Healing respiration）。损伤程度越高，呼吸作用越强。如伏令夏橙从61cm和122cm高处跌落到地面，呼吸作用增加10.9%和13.3%。在运输过程中受伤严重的马铃薯，在贮存时会发热，这就是呼吸作用增强的表现。因为伤口周围的细胞要进行旺盛的细胞分裂以修复伤口，因而需要有一定的物质和能量供应；另外，受伤使伤口细胞破裂，细胞中的糖、蛋白质、维生素等营养物质流出细胞，聚集在伤口处，为微生物生长提供良好的条件，使各种微生物大量繁殖，这是果蔬受伤后呼吸强度增高和发热以致腐烂的主要原因。

因此，在果蔬的贮存过程中，包括采摘、包装、运输和加工等过程都应尽可能地避免机械损伤。

⑤其他：对果蔬采取涂膜、包装、避光等措施，以及辐照和应用生长调节剂等处理，均可不同程度地抑制产品的呼吸作用。

（二）食品在贮运中的蒸腾作用

1. 蒸腾相关概念

（1）蒸腾作用　蒸腾作用是指植物水分以水蒸气状态从体内向大气中散失的过程，与一般水分蒸发不同，蒸腾作用不仅受外界环境条件的影响，而且还受植物本身调节作用的控制，因此它是一种复杂的生理过程。

动画：蒸腾作用
（扫码学习）

(2) 失重和失鲜　失重是指自然损耗,包括水分和干物质两方面的损失,其中水分的损失是造成失重的主要原因。例如,柑橘贮藏期失重的75%由失水引起,25%是呼吸消耗干物质所致。失重是果蔬贮藏中量方面的损失。见表1-6、表1-7。

$$失重率=\frac{贮前质量-贮后质量}{贮前质量}\times100\%$$

表1-6　　　　　　　　　常见蔬菜在贮藏中的失重率　　　　　　　　　单位:%

蔬菜种类	贮藏时间		
	1d	4d	10d
油菜	14	33	—
菠菜	24.2	—	—
莴苣	18.7	—	—
黄瓜	4.2	10.5	18.0
茄子	6.7	10.5	—
番茄	—	6.4	9.2
马铃薯	4.0	4.0	6.0
洋葱	1.0	4.0	4.0
胡萝卜	1.0	9.5	—

失鲜是产品质量的损失,失鲜后的产品表面光泽消失、形态萎蔫,失去外观饱满、新鲜和脆嫩的质地,甚至失去商品价值。许多果实失重高于5%,就引起失鲜。不同产品的失鲜具体表现有所不同,如叶菜失水很容易萎蔫、变色、失去光泽;萝卜失水,外表变化不大,内部糠心;苹果失鲜不十分严重时,外观也不明显,表现为果肉变沙。

表1-7　　　　　　　常见水果在不同贮藏条件下的失重率

水果种类	温度/℃	相对湿度/%	贮藏时间/周	失重率/%
香蕉	12.8~15.6	85~90	4	6.2
伏令夏橙	4.4~6.1	88~92	5~6	12.0
甜橙(暗柳)	20	85	1	4.0
番石榴	8.3~10.0	85~90	2~5	14.0
荔枝	约30	80~85	1	15~20
芒果	7.2~10.0	85~90	2.5	6.2
菠萝	8.3~10.0	85~90	4~6	4.0

2. 蒸腾与食品贮藏的关系

蒸腾失水导致果蔬失重和失鲜，引起组织萎蔫（表1-8），破坏果蔬正常的代谢过程，降低耐贮性和抗病性。但有些食品，失水后对贮藏有很好的效果。

表1-8　　　　　　　　　　萎蔫对甜菜腐烂率的影响

萎蔫程度	腐烂率/%	萎蔫程度	腐烂率/%
新鲜材料	—	失水17%	65.8
失水7%	37.2	失水28%	96.0
失水13%	55.2		

果蔬产品蒸腾失水大多对贮藏产生不利影响，失水严重还会造成代谢失调。果蔬萎蔫时，原生质脱水，促使水解酶活力增加，加速水解。例如，风干的甘薯变甜，就是水解酶活力增强引起淀粉水解为糖的结果。水解增强使呼吸基质增多，促进了呼吸作用，加速营养物质的消耗，削弱组织的耐藏性和抗病性，加速腐烂。例如，萎蔫的甜菜腐烂率显著增加。萎蔫程度越高，腐烂率越大。蒸腾失水严重时，还会破坏原生质胶体结构，干扰正常代谢，产生一些有毒物质。细胞液浓缩，某些物质和离子（如NH_4^+）浓度增高，也能使细胞中毒。过度缺水还使脱落酸（ABA）含量急剧上升，时常增加几十倍，加速了脱落和衰老。

但是，某些果蔬产品采后适度失水可抑制代谢，并延长贮藏期。例如，大白菜、柑橘等，收获后轻微晾晒，使组织轻度变软，利于码垛、减少机械伤。适度失水还有利于降低呼吸强度（在温度较高时，这种抑制作用表现得更为明显）。洋葱、大蒜等采收后进行晾晒，使其外皮干燥，也可抑制呼吸作用。另外，采后轻度失水还能减轻柑橘果实的浮皮病。

对于粮食而言，充分失水，有利于其休眠，对贮藏有很好的效果。

3. 影响蒸腾失水的因素

蒸腾失水与食品自身特性和贮藏环境的外部因素有关。

（1）内部因素　失水过程是先从细胞内部到细胞间隙，再到表皮组织，最后从表面到周围大气中。因此，产品的组织结构是影响失水的内部因素，包括以下几个方面。

①比表面积指单位质量或体积的果蔬具有的表面积。比表面积越大，失水就越强。一般叶菜类蒸腾失水最明显。

②表面保护结构：植物产品的表面失水有两个途径，一是通过气孔、皮孔等自然孔道；二是通过表皮层。气孔的失水速度远大于表皮层。表皮层的失水因表面保护层结构和成分的不同差别很大。角质层不发达，保护组织差，极易失水；角质层加厚，结构完整，有蜡质、果粉则利于保持水分。

③细胞持水力：原生质亲水胶体和固形物含量高的细胞有高渗透压，可阻止

水分向细胞壁和细胞间隙渗透,利于细胞保持水分。此外,细胞间隙大,水分移动的阻力小,也会加速失水。除了组织结构外,新陈代谢也影响产品的失水速度,呼吸强度高、代谢旺盛的组织失水较快。

④种类、品种、成熟度:不同种类和品种的产品、同一品种不同成熟度的产品,在组织结构和生理生化特性方面都不同,失水的速度差别很大。一般来讲,叶菜因表面积比大,气孔多,组织结构疏松,表皮保护组织差,细胞含水量高而可溶性固形物少,且呼吸速率高,代谢旺盛,所以叶菜类在贮运中最易失水萎蔫。长成的叶片的气孔失水量占总失水量的90%以上,幼嫩叶片占40%~70%。果实类的表面积比相对要小很多,且主要是表皮层和皮孔失水,一些果实表面还有蜡质层,同时多数产品代谢比叶菜弱,失水就慢;同一种果实,个体小者比表面积大,失水较多。幼嫩器官是正在生长的组织,代谢旺盛,且表皮层未充分发育,透水性强,因而极易失水,随着成熟,保护组织完善,失水量即下降。洋葱和马铃薯在贮藏时期的失重比较见表1-9。

表1-9　　　　　　　　洋葱和马铃薯在贮藏时期的失重比较

蔬菜种类	含水量/%	在0℃下贮藏3个月的失重率/%
洋葱	86.3	1.1
马铃薯	73.0	2.5

(2) 外部环境因素

①空气湿度:空气湿度是影响植物产品表面水分蒸腾的主要因素。表示空气湿度的常见指标包括:绝对湿度、饱和湿度、饱和差和相对湿度。绝对湿度是单位体积空气中所含水蒸气的量(g/m^3)。饱和湿度是在一定温度下,单位体积空气中最多所能容纳的水蒸气量。若空气中水蒸气超过了该量,就会凝结成水珠,温度越高,容纳的水蒸气越多,饱和湿度越大。饱和差是空气达到饱和尚需要的水蒸气量,即绝对湿度和饱和湿度的差值,直接影响产品水分的蒸腾。贮藏中通常用空气的相对湿度(RH)来表示环境的湿度,相对湿度是绝对湿度与饱和湿度之比,反映空气中水分达到饱和的程度。一定温度下,一般空气中水蒸气的量小于其所能容纳的水分量,存在饱和差,也就是其蒸气压小于饱和蒸气压。鲜活的园艺产品组织中充满水,其蒸气压一般是接近饱和的,高于周围空气的蒸气压,水分就蒸腾,其快慢程度与饱和差成正比。因此,在一定温度下,绝对湿度或相对湿度大时,饱和差小,水分蒸腾慢。

干燥的粮食的水分蒸气压一般比环境低,因此,要防止从贮藏环境中吸收水分。

②贮藏温度:不同果蔬产品水分蒸腾的快慢随温度的变化差异很大(表1-10)。温度的变化主要是造成空气湿度发生改变从而影响到表面水分蒸腾的速

度。环境温度升高时饱和湿度增高,若绝对湿度不变,饱和差上升而相对湿度下降,产品水分蒸腾加快;温度降低时,由于饱和湿度低,在同一绝对湿度下,水分蒸腾下降甚至结露。贮藏库温的波动会在温度上升时加快产品失水,而降低温度时,不但减慢产品水分蒸腾,往往同时造成结露现象,不利于贮藏。在相同相对湿度的情况下,温度高时,饱和湿度高,饱和差就大,失水快。因此,在保持了同样相对湿度的两个贮藏库中,产品的失水速度也是不同的,库温高,失水更快。此外,温度升高,分子运动加快,产品的新陈代谢旺盛,水分蒸腾也加快。产品见光会张开气孔,等同于提高局部湿度,也促进水分蒸腾。

表 1-10　　　　不同种类的果蔬随温度变化的水分蒸腾特性

类型	蒸腾特性	水果	蔬菜
A 型	随温度的降低蒸腾量急剧下降	柿子、橘子、西瓜、苹果、梨	马铃薯、甘薯、洋葱、南瓜、胡萝卜、甘蓝
B 型	随温度的降低蒸腾量也下降	无花果、葡萄、甜瓜、板栗、桃、枇杷	萝卜、菜花、番茄、豌豆
C 型	与温度关系不大,蒸腾强烈	草莓、樱桃	芹菜、芦笋、茄子、黄瓜、菠菜、蘑菇

③空气流动:在靠近果蔬产品的空气中,由于蒸腾作用而使水汽含量较多,饱和差比环境中的小,蒸腾减慢。在空气流速较快的情况下,这些水分将被带走,饱和差又升高,就不断蒸腾。

④气压:气压也是影响水分蒸腾的一个重要因素。在一般的贮藏条件之下,气压是 1 个标准大气压,对产品影响不大。采用真空冷却、真空干燥、减压预冷等减压技术时,水分沸点降低,很快蒸腾。此时,要加湿,以防止失水萎蔫。

4. 蒸腾作用的调控

针对容易蒸腾失水的果蔬产品,可用各种贮藏手段调控水分散失速率。生产中的常用措施有如下几种。

(1) 直接增加库内空气湿度　贮藏中可以采用地面洒水、库内挂湿帘的简单措施,或用自动加湿器向库内喷迷雾和水蒸气的方法,以增加环境空气中的含水量。

(2) 增加产品外部小环境的湿度　最普遍而简单有效的方法是用塑料薄膜或其他防水材料包装产品,使小环境中产品依靠自身蒸腾出的水分来提高绝对湿度,从而减轻失水。用塑料薄膜或塑料袋包装后的产品需要在低温贮藏时,在包装前一定要先预冷,使产品的温度接近库温,然后在低温下包装;否则,高温下包装,低温下贮藏,将会造成结露,加速产品腐烂。用包裹纸和瓦楞纸箱包装比不包装堆放的失水少得多,一般不会造成结露。

（3）采用低温贮藏是防止失水的重要措施 低温下饱和湿度小，饱和差很小，产品自身蒸腾的水分能明显增加环境相对湿度，失水缓慢；另一方面，低温抑制代谢，对减轻失水也有一定作用。

（4）蒸发抑制剂的涂被 对果蔬进行包装、打蜡或涂膜的方法在一定程度上具有阻隔水分从表皮向大气中蒸腾的作用。

此外，控制空气流动也可减少产品失水。

5. 结露现象

果蔬产品贮运中其表面或包装容器内壁上出现凝结水珠的现象，称为"结露"，俗称"发汗"。

动画：结露现象
（扫码学习）

结露现象产生的根本原因是存在温差。大堆或大箱中产品产生呼吸热，散热不良；采用薄膜封闭贮藏时，封闭前预冷不透，田间热和呼吸热造成温差，造成薄膜内结露。高湿贮藏环境下，温度波动也可导致结露。

结露时产品表面的水珠有利于微生物的生长、繁殖，从而导致腐烂，不利于贮藏，因此在贮藏中应尽量避免结露现象发生。

果蔬贮藏过程中，维持稳定的低温，适当通风，选取大小适当的堆放体积等措施可以有效避免结露。

（三）食品在贮运中的成熟与衰老

1. 成熟衰老相关概念

果实发育过程可分为三个主要阶段，即生长、成熟和衰老。这三个阶段没有明显的界线。

生长阶段包括细胞分裂和以后的细胞膨大，至产品达到大小稳定这一时期。肉质果实（如苹果、番茄、菠萝等）的生长一般和营养器官的生长一样，具有生长大周期，呈 S 形曲线；但也有一些核果（如桃、杏、樱桃）及某些非核果（如葡萄等）的生长曲线呈双 S 形，在果肉生长中期缓慢期，正好是珠心、珠被生长停止而幼胚生长强烈进行的时期，这时期核逐渐变硬。

（1）成熟（Maturation） 有的称为"绿熟"或"初熟"，成熟通常在生长停息之前就开始了。当果实完成了细胞、组织、器官分化发育的最后阶段，充分长成时，达到生理成熟。

（2）完熟（Ripening） 果实停止生长后还要进行一系列生物化学变化，逐渐形成本产品固有的色、香、味和质地特征，然后达到最佳的食用阶段，称为完熟。

通常将果实达到生理成熟到完熟过程都称作成熟（包括生理成熟和完熟）。有些果实，例如，巴梨、京白梨、猕猴桃等果实虽然已完成发育达到生理成熟，但果实很硬、风味不佳，并没有达到最佳食用阶段，完熟时果肉变软、色香味达到最佳实用品质，才能食用。达到食用标准的完熟过程，既可以发生在植株上，也可以发生在采摘后，采后的完熟过程称为后熟。生理成熟的果实在采后可以自然后熟，达到可食用品质，而幼嫩果实则不能后熟。例如，绿熟期番茄采后可达到完熟以供食用，若采收过早，果实未达到生理成熟，则不能后熟着色达到可食用状态。

衰老为由合成代谢（同化）的生化过程转入分解代谢（异化）的过程，从而导致组织老化、细胞崩溃及整个器官死亡的过程。果实中最佳食用阶段以后的品质劣变或组织崩溃阶段称为衰老。采收后的果蔬逐步走向衰老和死亡。自然衰老是果蔬采收后生理变化的主要表现，是一系列不可逆的生理变化。衰老是果蔬生命史中一个活跃的生理阶段，常常表现为叶柄、果柄、花瓣等器官的脱落、叶绿素的消失、组织硬度的降低、种子或芽长大、释放特殊芳香气味、萎蔫、凋谢、腐烂等，所有这些现象都是由其内部的生理生化变化所引起的。

植物的根、茎、叶、花和变态器官从生理上不存在成熟现象，只有衰老问题。

果实生长至衰老的阶段示意图见图1-6。

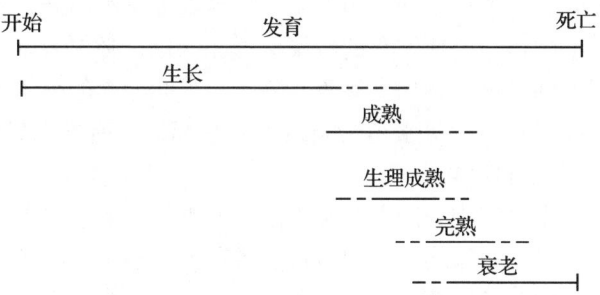

图1-6　果实的生长、成熟、完熟和衰老阶段示意图

果蔬还可能出现发芽或再生长的情况。在发芽期间，除了明显的解剖学上的变化以外，常常还发生重要的营养成分的化学变化。首先是脂肪和淀粉迅速转化成糖；其次是维生素C的增加，这在维生素C的摄取量不够丰富的饮食中是极有价值的；还有大量的有机酸的生成以及提供了丰富的柔软纤维。

2. 成熟衰老与食品贮藏的关系

果蔬可以在不同的时期采收，有些是未成熟的，有些是成熟的，二者均可作为食品上市销售。凡是未成熟阶段采摘的蔬菜，如豆类和甜玉米，其代谢活动高，常附带着非种子部分（如豆荚的果皮）。而完全成熟时采收的种子和荚果，其含水量低，代谢速率也低。蔬菜的食用品质取决于风味和质地，而不是生理年龄。种子在未成熟阶段要甜一些、嫩一些，新鲜的玉米就是如此；随着种子成熟度的增加，糖转化为淀粉，因而失去甜味，同时水分减少，纤维素增加。供人们当鲜菜食用的种子是在其含水量约为70%时采收的；而休眠种子则是在其含水量低于15%时采收的。鳞茎、根和块茎是一些含有养料贮备物的贮藏器官，这些贮备物为其重新生长所必需。收获之后，其代谢速率低，在适宜的贮藏条件下，休眠期也较长。食用的花、芽、茎和叶的代谢活动有很大差异,因而腐败速率也有很大不同。茎和叶往往迅速衰老,从而失去它们的食用和营养价值。

(1) 叶柄和果柄的脱落　脱落是叶柄或果柄的离区形成特殊细胞层的结果。在叶柄、果柄脱落之前,离区细胞中已有许多变化。由于细胞分裂,形成横穿叶柄基部的一层砖状细胞,在脱落时这些细胞代谢活动十分活跃,从而引起细胞壁或胞间层的部分分解、造成细胞与细胞之间分离。由于叶片或果实自身的重量使其与维管束的联系折断,叶柄或果柄则从主茎上脱落下来。叶柄脱落后,在叶柄残茎上形成一层木栓以防止果蔬组织受微生物侵染,以及减少水分蒸发。例如,大白菜贮藏中脱帮现象。所有的植物在衰老时都会发生这些变化,而且有严格的周期性。

(2) 颜色的变化　蔬菜叶绿体内存在叶绿素。叶绿素以一定结构形式在叶绿体内有秩序地排列着。蔬菜采收前通过叶绿素捕捉阳光进行光合作用以制造有机物;采收后的蔬菜因为叶绿体自身不能更新而被分解,叶绿素分子遭到破坏而使绿色消失。此时,其他色素如胡萝卜素、叶黄素等显示出来,蔬菜由绿色变为黄色、红色或其他颜色。要使贮存的蔬菜保鲜保绿色,必须采取防止叶绿体被破坏的措施。有报道称过氧化物酶和脂氧合酶参与了叶绿素的分解代谢。果实是变态叶,因此含有叶绿素。叶绿素消失与衰老叶片相同,有的与叶绿体破裂有关,有的在衰老时,变成有色体。

在成熟香蕉和梨果实中,随着叶绿素消失,类胡萝卜素显露,后者逐步成为颜色的决定者。在另一些果实中,包括桃、番茄及柑橘中,有色体参与类胡萝卜素合成。类胡萝卜素包括胡萝卜素和叶黄素。胡萝卜素为由多个类异戊二烯组成的碳氢化合物,叶黄素为胡萝卜素的氧化衍生物。

花色素苷为酚类物质,是构成另一类主要颜色的物质,它是水溶性的。果实中大量花色苷是一些花色素糖基化的衍生物,花色素结构中糖苷配基是多种多样的。花色素苷对 pH 敏感,在酸性条件下变红,在碱性条件下变蓝。花色素一般在成熟时大量合成。

(3) 组织变软、发糠　部分果蔬采收后,随着时间延长,其组织出现变软发糠现象。这在果菜类中尤为显著。例如,茄子、黄瓜、萝卜、番茄、蒜薹等。一般来讲,果蔬变软和发糠是经过一定时间的贮藏后发生的。例如,过冬前刚采收的萝卜水分多、吃起来清脆鲜嫩;过冬后,萝卜切开后没有多少水分、组织疏松,好似多孔的软木塞。果蔬的这种组织变软现象是由复杂的生物化学过程引起的。

(4) 种子和潜伏芽的长大　果蔬除了可食用部分以外,还有那些体积很小、所占比例极少的种子和潜伏芽。这些幼小器官对果蔬的保鲜起着关键的调控作用,是促果蔬衰老的重要因素。从生命活动强度看,这些幼小器官一旦活动起来比其他部分更为活跃,生命力更旺盛,因为这些器官是与延续子代相关联的;

果蔬的其他部分甚至会以自身器官的死亡来保证这一部分成活。例如，黄瓜贮藏一段时间后，其表皮变黄，果肉发糠，种子却在长大，这是果肉中的养料不断向种子转移的结果。衰老的组织内所含的有机物质大量向幼嫩的部分或子代转移，这是生物学中的一个普遍规律。转移越快，果蔬衰老得也越快。因而，要保持贮藏蔬菜的鲜嫩，防止有机物质的转移，努力使潜伏芽或种子处于休眠状态是十分重要的。

（5）风味变化　果蔬达到一定的成熟度，会出现其特有的风味。而大多数果蔬由成熟向衰老过渡时会逐渐失去风味。衰老的蔬菜，味变淡，色变浅，纤维增多。例如，幼嫩的黄瓜，稍带涩味并散发出浓郁的芳香，而当它向衰老过渡时，首先失去涩味，然后变甜，表皮渐渐脱绿发黄；到衰老后期则果肉发酸而失去食用价值，此时的黄瓜种子却达到了完全成熟。采收时不含淀粉或含淀粉较少的果蔬，如番茄和甜瓜等，随着贮藏时间的延长，含糖量逐渐减少。采收时淀粉含量较高（1%~2%）的果蔬（如苹果），采后淀粉水解，含糖量暂时增加，果实变甜，达到最佳食用阶段后，含糖量因呼吸作用消耗而下降。通常果实发育完成后，含酸量最高，随着成熟或贮藏期的延长逐渐下降，因为果蔬在贮藏中，更多地利用有机酸作为呼吸底物，其消耗比可溶性糖更快。贮藏后的果蔬糖酸比增加，风味变淡。未成熟的柿、梨、苹果等果实细胞内含有单宁物质，使果实有涩味，成熟过程中被氧化或凝结成不溶性物质，涩味消失。果实香味由许多物质组成，包括醇类、酸类、酯类、酚类、杂环化合物等。在一些情况下，典型果实的香味归功于特定的化合物的形成。在果蔬的贮存中，能否保持其特有的风味是检验贮藏效果的重要指标。

（6）萎蔫　果蔬组织内水分约占90%，叶菜类植物的挺直全靠细胞内水的膨胀压力。膨胀压力是由水和原生质膜的半渗透性来维持的。如果膨胀压力降低，这类植物就会萎蔫。

（7）果实软化　果实软化几乎是所有果实成熟时的明显特征。细胞壁结构的破坏和细胞壁物质大量降解，是果实质地变软的最初原因。这个过程主要是果胶质降解。由纤维素、半纤维素和果胶质构成的细胞壁结构被破坏发生较早，同时原果胶分解。有关的酶主要是果胶甲酯酶（Pectin methylesterase，PE）、多聚半乳糖醛酸酶（Polygalacturonase，PG）和纤维素酶（Cellulase）。果胶甲酯酶能从酯化的半乳糖醛酸多聚物中除去甲氧基，多聚半乳糖醛酸酶水解果胶酸中非酯化的1，4-α-D-半乳糖苷键，生成低聚的半乳糖醛酸。根据多聚半乳糖醛酸酶作用于底物的部位不同，可分为内切酶（Endo-PG）和外切酶（Exo-PG）。内切酶可随机分解果胶酸分子内部的糖苷键，外切酶只能从非还原末端水解半乳糖醛酸。由于多聚半乳糖醛酸酶作用于非甲基化的果胶酸，故果胶甲酯酶、多聚半乳糖醛酸酶共同作用下便将中胶层的果胶水解。纤维素酶能水解纤维素、一些木葡聚糖和交错连接的葡聚糖中的β-1，4-D-葡萄糖苷键。近来还发现其他一些有关的水解酶，但果实的软化机理仍不十分清楚。

(8) 细胞膜变化　果蔬采后劣变的重要原因是组织衰老或遭受环境胁迫时，细胞的膜结构和特性发生改变。膜的变化会引起代谢失调，最终导致产品死亡。细胞衰老时普遍的特点是正常膜的双层结构转向不稳定的双层和非双层结构，膜的液晶相趋向于凝胶相，膜透性和微黏度增加，流动性下降，膜的选择性和功能受损，最终导致死亡。这主要是由于膜的化学组成发生了变化，表现在总磷脂含量下降，固醇/磷脂、游离脂肪酸/酯化脂肪酸、饱和脂肪酸/不饱和脂肪酸等几种物质比上升，过氧化脂质积累和蛋白质含量下降几方面。衰老中膜损伤的重要原因之一就是磷脂的降解。细胞衰老中，约50%以上膜磷脂被降解，积累各种中间产物。磷脂降解的第一步是在磷脂酶D作用下转化成磷脂酸，此产物不积累，在磷脂磷酸酶作用下水解生成甘油二酯，然后在脂酰水解酶作用下脱酰基释放游离脂肪酸。脂肪酸在脂肪氧合酶作用下，形成脂肪酸氢过氧化物，该物质不稳定，生成中经历各种变化，包括生成游离基。脂肪酸氢过氧化物在氢过氧化物水解酶和氢过氧化物脱氢酶作用下转变成短链酮酸、乙烷等，脂肪酸也可氧化降解，产生CO_2和醛等。

(9) 病菌感染　新鲜的果蔬抗病菌感染的能力很强，如用刀切割新鲜的马铃薯块茎，在切面会很快形成木栓层以防止块茎组织干燥及真菌的侵袭。然而随着果蔬贮存时间的延长，病菌浸染率直线上升，感病率高达80%，可见果蔬贮藏时的病菌感染以至腐烂是与果蔬的衰老程度密切相关的。

3. 成熟、衰老机制

果蔬在生长、发育、成熟、衰老过程中，生长素、赤霉素、细胞分裂素、脱落酸、乙烯五大植物激素的含量有规律地增加或减少，保持一种自然平衡状态，控制果蔬的成熟与衰老。生长素、赤霉素和细胞分裂素属于生长激素，能抑制果实的成熟与衰老；而脱落酸和乙烯属于衰老激素，能促进果蔬的成熟与衰老。其中乙烯是对果蔬成熟作用最大的植物激素。果蔬乙烯的合成受基因控制。

(1) 乙烯与果蔬成熟、衰老的关系　乙烯是植物激素，是没有颜色的气体，稍有气味，比空气略轻些，难溶于水。分子式为C_2H_4。它是许多生物的正常代谢产物，虽然量极少，但与果蔬的生理发育有着密切的关系，大约0.1g/L的乙烯就能对果蔬产生一定的生理作用。

动画：乙烯成熟与衰老（扫码学习）

①乙烯的生物合成：果蔬的发育是受基因控制的，乙烯的出现是基因表达的一种方式，因而只有当植物发育到一定阶段时才产生乙烯。一般来说，当果蔬的呼吸作用达到高峰期时，乙烯的产生也达到高峰；呼吸作用下降时，乙烯的产生也下降；而当果实进入衰老、开始变软时，乙烯急剧增加，比早期产量多几十倍，甚至几百倍。

乙烯生物合成主要途径：甲硫氨酸（Met）→S-腺苷甲硫氨酸（SAM）→1-氨基环丙烷-1-羧酸（ACC）→乙烯。

甲硫氨酸与 ATP 通过腺苷基转移酶催化形成 S-腺苷甲硫氨酸，这并非限速步骤，体内 S-腺苷甲硫氨酸一直维持着一定水平。SAM→ACC 是乙烯合成的关键步骤，催化这个反应的酶是 ACC 合成酶，专一性地以 S-腺苷甲硫氨酸为底物，需磷酸吡哆醛为辅基，强烈受到磷酸吡哆醛酶类抑制剂氨基乙氧基乙烯基甘氨酸（AVG）和氨基氧乙酸（AOA）的抑制，该酶在组织中的浓度非常低，为总蛋白质的 0.0001%，存在于细胞质中。果实成熟、受到伤害时，吲哚乙酸和乙烯本身都能刺激 ACC 合成酶活力。最后一步是 1-氨基环丙烷-1-羧酸在乙烯合成酶（ACO）的作用下，在有 O_2 参与下形成乙烯，一般不成为限速步骤。乙烯形成酶（EFE）是膜依赖的，其活力不仅需要膜的完整性，且需组织的完整性，组织细胞结构破坏（匀浆时）时合成停止。因此，跃变后的过熟果实细胞内虽然 1-氨基环丙烷-1-羧酸大量积累，但由于组织结构瓦解，乙烯的生成降低了。多胺、低氧、解偶联剂（如氧化磷酸化解偶联剂二硝基苯酚 DNP）、自由基清除剂和某些金属离子（特别是 Co^{2+}）都能抑制 1-氨基环丙烷-1-羧酸转化成乙烯。1-氨基环丙烷-1-羧酸除了氧化生成乙烯外，另一个代谢途径是在丙二酰基转移酶的作用下与丙二酰基结合，生成无活性的末端产物丙二酰基-1-氨基环丙烷-1-羧酸（MACC）。此反应是在细胞质中进行的，MACC 生成后，转移并贮藏在液泡中。果实遭受胁迫时，因 1-氨基环丙烷-1-羧酸增高而形成的 MACC 在胁迫消失后仍然积累在细胞中，成为一个反映胁迫程度和进程的指标。果实成熟过程中也有类似的 MACC 积累，成为成熟的指标。乙烯的生物合成和调控途径见图 1-7。

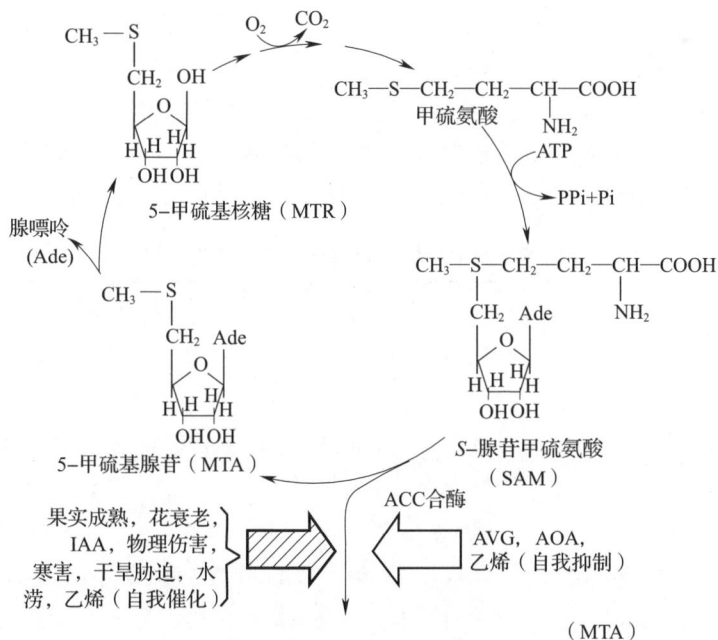

图 1-7　乙烯的生物合成和调控途径

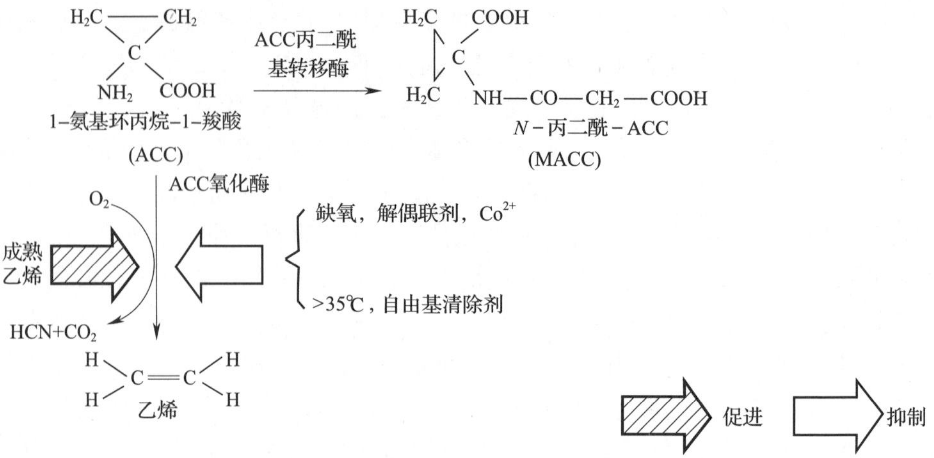

图 1-7 乙烯的生物合成和调控途径（续）

②乙烯在植物组织中的作用：

a. 乙烯对果蔬呼吸的作用。乙烯能刺激果蔬呼吸作用跃变期提前出现。有人认为这是由于乙烯能影响呼吸作用中的电子传递链的缘故，因为乙烯在刺激组织呼吸作用上升的同时，还有抗氢电子传递的支路出现。跃变型果实成熟期间自身能产生乙烯，只要有微量的乙烯，就足以启动果实成熟。香蕉、甜瓜、甜橙、油梨的成熟乙烯阈值为 $0.1\mu L/g$，梨、番茄乙烯阈值为 $0.5\mu L/g$。随后内源乙烯迅速增加，达到释放高峰，此期间乙烯累积在组织中的浓度可高达 $10\sim100mg/kg$。虽然乙烯高峰和呼吸高峰出现的时间有所不同，但就多数跃变型果实来说，乙烯高峰常出现在呼吸高峰之前，或与之同步，只有在内源乙烯达到启动成熟的浓度之前采用相应的措施，抑制内源乙烯的大量产生和呼吸跃变，才能延缓果实的后熟，延长产品贮藏期。非跃变型果实成熟期间自身不产生乙烯或产量极低，因此后熟过程不明显。表 1-11 列出的是常见果蔬产品的乙烯生成量。

表 1-11　　常温下（20℃）常见果蔬产品的乙烯生成量

类型	乙烯产量/$[\mu L/(kg \cdot h)]$	产品名称
非常低	≤0.1	芦笋、菜花、樱桃、柑橘、枣、葡萄、石榴、甘蓝、菠菜、芹菜、葱、洋葱、大蒜、胡萝卜、萝卜、甘薯、豌豆、菜豆、甜玉米
低	0.1~1.0	橄榄、柿子、菠萝、黄瓜、西蓝花、茄子、秋葵、青椒、南瓜、西瓜、马铃薯
中等	1.0~10	香蕉、无花果、荔枝、番茄、甜瓜
高	10~100	苹果、杏、油梨、猕猴桃、榴莲、桃、梨、番木瓜、甜瓜
非常高	≥100	番荔枝、西番莲、曼密苹果

外源乙烯处理能诱导和加速果实成熟，使跃变型果实呼吸上升和内源乙烯大量生成，乙烯浓度的大小对呼吸高峰的峰值无影响，但浓度大时，呼吸高峰出现得早。乙烯对跃变型果实呼吸的影响只有一次，且只有在跃变前处理起作用。对非跃变型果实，外源乙烯在整个成熟期间都能促进呼吸作用上升，在很大的浓度范围内，乙烯浓度与呼吸强度成正比，当除去外源乙烯后，呼吸作用下降，恢复到原有水平，也不会促进内源乙烯浓度增加（如图1-8所示）。

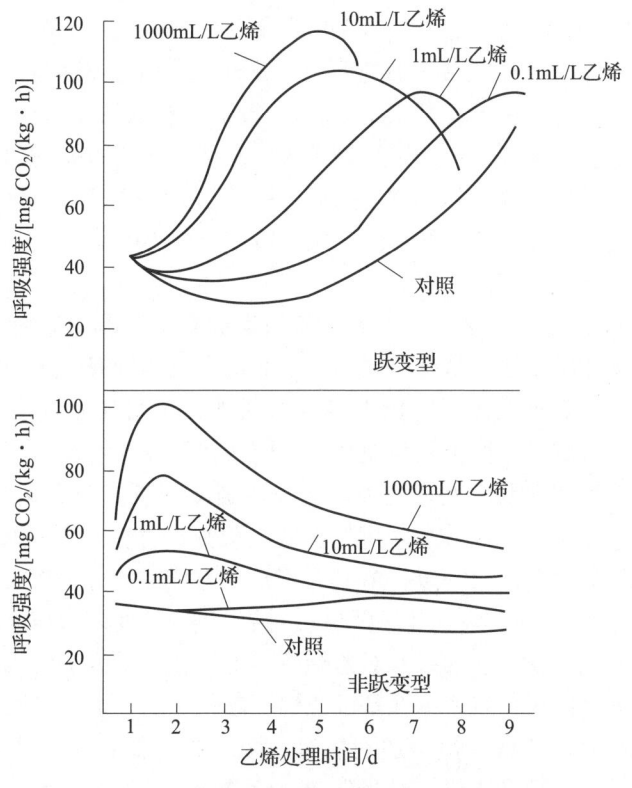

图1-8 外源乙烯对呼吸强度的影响

b. 乙烯对生物膜的透性及酶蛋白合成的作用。乙烯对果蔬衰老的影响，有两种流行的理论可以对此进行解释。一种理论认为，果蔬成熟之前组织中有一种天然半透膜阻抗，使酶和底物相互隔离。到成熟时，膜的性质发生变化，透性增加从而破坏了这一隔离状态，酶就开始对底物发生作用，生物化学反应开始，果蔬走向自然衰老。生物膜通常是由蛋白质和类脂质组成的，乙烯容易与类脂质发生作用，因而能使半透膜的渗透性增大好几倍，从而加快了酶和底物在组织中的接触。还有一种理论认为，果蔬在成熟和衰老过程中的各种变化需要不同的生物催化剂——酶的参加。当成熟发生时，有的酶需要重新合成。用乙烯处理会有蛋白酶、淀粉酶、ATP酶、磷酸化酶、果胶酶等合成。另外乙烯还能调节酶的分泌和释放，增强其活力，这些都大大地促使果蔬的成熟与衰老。

c. 乙烯对核酸合成作用的影响。果蔬在衰老发生时，组织内会有一种特殊酶蛋白产生，这种特殊酶蛋白的合成是受核酸控制的。而乙烯促进了核酸的合成，并在合成的转录阶段上起调节作用，导致了组织内特殊酶蛋白的合成，加速了果蔬的衰老。

d. 乙烯的其他生理作用。乙烯促进了成熟过程的一系列变化，其中最为明显的变化包括使果肉很快变软，产品失绿黄化和器官脱落。如仅 0.02mg/kg 乙烯就能使猕猴桃冷藏期间的硬度大幅度降低；0.2mg/kg 乙烯就使黄瓜变黄；1mg/kg 乙烯使白菜和甘蓝脱帮，加速腐烂。此外，乙烯还加速马铃薯发芽、使萝卜积累异香豆素，造成苦味，刺激芦笋老化合成木质素而变硬等。

③影响乙烯合成的因素：乙烯是果实成熟和植物衰老的关键调节因子。贮藏中控制产品内源乙烯的合成和及时清除环境中的乙烯气体都很重要。乙烯的合成能力及其作用受自身种类和品种特性、发育阶段、外界贮藏环境条件的影响，了解了这些因素，才能从多途径对其进行控制。

a. 果实的成熟度。跃变型果实中乙烯的生成有两个调节系统：系统Ⅰ负责跃变前果实中低速率合成的基础乙烯，系统Ⅱ负责成熟过程中跃变时乙烯自我催化大量生成，有些品种在短时间内系统Ⅱ合成的乙烯可比系统Ⅰ增加几个数量级。两个系统的合成都遵循蛋氨酸途径。不同成熟阶段的组织对乙烯作用的敏感性不同。跃变型果实在跃变发动之前乙烯发生速率很低，与之相应的 ACC 合成酶活力和 1-氨基环丙烷-1-羧酸含量也很低。跃变发动时 1-氨基环丙烷-1-羧酸大量上升与乙烯的大量产生一致，ACC 合成酶的合成或活化是果实成熟时乙烯大量增加的关键。当把外源 1-氨基环丙烷-1-羧酸供给跃变前番茄组织时，乙烯产生仅增加几倍。同时跃变前的果实对乙烯作用不敏感，系统Ⅰ生成的低水平乙烯不足以诱导成熟；随果实发育，在基础乙烯不断作用下，组织对乙烯的敏感性不断上升，当组织对乙烯敏感性增加到能对内源乙烯（低水平的系统Ⅰ）作用起反应时，便启动了成熟和乙烯的自我催化（系统Ⅱ），乙烯便大量生成，长期贮藏的产品一定要在此之前采收。采后的果实对外源乙烯的敏感程度也是如此，随成熟度的提高，对乙烯越来越敏感。非跃变果实乙烯生成速率相对较低，变化平稳，整个成熟过程只有系统Ⅰ活动，缺乏系统Ⅱ，这类果实只能在树上成熟，采后呼吸作用一直下降，直到衰老死亡，所以应在充分成熟后采收。

b. 伤害。贮藏前要严格去除有机械伤、病虫害的果实，这类产品不但呼吸作用旺盛，传染病害，还由于其产生伤乙烯，会刺激成熟度低且完好的果实很快成熟衰老，缩短贮藏期。运输中的震动也会使产品形成伤乙烯。

c. 贮藏温度。乙烯的合成是一个复杂的酶促反应，一定范围内的低温贮藏会大大降低乙烯合成。一般在 0℃ 左右乙烯生成很弱，后熟得到抑制，随温度上升，乙烯合成加速，许多果实乙烯合成在 20~25℃ 最快。因此，采用低温贮藏是控制乙烯的有效方式。一般低温贮藏的产品乙烯形成酶活力下降，乙烯产生少，1-氨基环丙烷-1-羧酸积累，回到室温后，乙烯合成能力恢复，果实能正常后熟。但冷敏感果实于临界温度下贮藏时间较长时，如果受到不可逆伤害，细胞膜结构遭到破坏，乙烯形成酶活力就不能恢复，乙烯产量少，果实则不能正常成熟。

此外，多数果实在35℃以上时，高温抑制了1-氨基环丙烷-1-羧酸向乙烯的转化，乙烯合成受阻，有些果实如番茄则不出现乙烯峰。近来发现用35~38℃热处理能抑制苹果、番茄、杏等果实的乙烯生成和后熟衰老。

d. 贮藏气体条件。乙烯合成的最后一步是需氧的，低O_2可抑制乙烯产生。一般O_2低于8%，果实乙烯的生成和对乙烯的敏感性下降，一些果蔬在3%O_2中，乙烯合成能降到正常空气中的5%左右。如果O_2浓度太低或在低O_2中放置太久，果实就不能合成乙烯或丧失合成能力。如香蕉在O_2含量为10%~13%时乙烯生成量开始降低，O_2含量小于7.5%时，便不能合成；从5%O_2中移至空气中后，乙烯合成恢复正常，能后熟；若在1%O_2中放置11d，移至空气中乙烯合成能力不能恢复，丧失原有风味。

提高环境中CO_2浓度能抑制1-氨基环丙烷-1-羧酸向乙烯的转化和1-氨基环丙烷-1-羧酸的合成，CO_2还被认为是乙烯作用的竞争性抑制剂，因此，适宜的高浓度CO_2从抑制乙烯合成及乙烯的作用两方面都可推迟果实后熟。但这种效应在很大程度上取决于果实种类和CO_2浓度，3%~6%的CO_2抑制苹果乙烯作用的效果最好，CO_2在6%~12%效果反而下降，在油梨、番茄、辣椒上也有此现象。高CO_2浓度做短期处理，也能大大抑制果实乙烯合成，如苹果用高浓度CO_2（O_2 15%~21%、CO_2 10%~20%）处理4d、10d或15d，转到大气中后回升变慢。

在贮藏中，需创造适宜的温度、气体条件，既要抑制乙烯的生成和作用，也要使果实产生乙烯的能力得以保存，才能使贮后的果实能正常后熟，保持特有的品质和风味。

产品一旦产生少量乙烯，会诱导1-氨基环丙烷-1-羧酸合成酶活力，造成乙烯迅速合成，因此，贮藏中要及时排除已经生成的乙烯。常采用高锰酸钾等乙烯吸附剂吸除乙烯，方法简单，价格低廉。气调贮藏时，焦炭分子筛气调机进行空气循环可脱除乙烯，效果更好。

对于自身产生乙烯少的非跃变果实、蔬菜和花卉等产品，不能与跃变型果实一起存放，以避免受到这些果实产生的乙烯的影响。同一种产品，特别对于跃变型果实，贮藏时要选择成熟度一致的果实，以防止成熟度高的产品释放的乙烯刺激成熟度低的产品，加速后熟和衰老。

e. 化学物质。一些药物处理可抑制内源乙烯的生成。1-氨基环丙烷-1-羧酸合成酶是一种以磷酸吡哆醛为辅基的酶，强烈受到磷酸吡哆醛酶类抑制剂氨基乙氧基乙烯基甘氨酸和氨基氧乙酸的抑制，Ag^+能阻止乙烯与酶结合，抑制乙烯的作用，在花卉保鲜上常用银盐处理。Co^{2+}能抑制1-氨基环丙烷-1-羧酸向乙烯的转化。还有某些解偶联剂、铜螯合剂、紫外线也破坏乙烯并消除其作用，但这些化学物质有一定毒性，不能在果蔬上应用。多胺也具有抑制乙烯合成的作用。最近发现1-甲基环丙烯（1-MCP）也能阻止乙烯与酶结合，效果非常好。

（2）其他植物激素对果蔬成熟的影响　　果实生长发育和成熟并非某种激素单一作用的结果，还受到其他激素的调节。1973年Coombe提出跃变型果实有明显的呼吸高峰，由乙烯调节成熟，非跃变型果实中很少生成乙烯，而由ABA调节成熟进程。

①脱落酸（ABA）：许多非跃变果实（如草莓、葡萄、茯苓夏橙、枣等）在后熟中脱落酸含量剧增，且外源脱落酸促进其成熟，而乙烯则无效。近来的研究对跃变型果实中脱落酸的作用也给予重视。苹果、杏等跃变果实中，脱落酸积累发生在乙烯生物合成之前，脱落酸首先刺激乙烯的生成，然后再间接对后熟起调节作用。果实的耐藏性与果肉中脱落酸含量有关。猕猴桃脱落酸积累后出现乙烯峰，外源脱落酸促进乙烯生成加速软化，用$CaCl_2$浸果显著抑制了脱落酸合成的增加，延缓果实软化。还有研究表明，减压贮藏能抑制脱落酸积累。无论怎样，贮藏中减少脱落酸的生成能更进一步延长贮藏期。

②生长素：生长素可抑制果实成熟。吲哚乙酸（IAA）必须先经氧化而浓度降低后，果实才能成熟。它可能影响着组织对乙烯的敏感性。幼果中吲哚乙酸含量高，对外源乙烯无反应。自然条件下，随幼果发育、生长，吲哚乙酸含量下降，乙烯增加，最后达到敏感点，才能启动后熟。同时，乙烯抑制生长素合成及其极性运输，促进吲哚乙酸氧化酶活力，使用外源乙烯（10~36mg/kg）就引起内源吲哚乙酸减少。因此，成熟时外源乙烯也使果实对乙烯的敏感性更大。外源生长素既有促进乙烯生成和后熟的作用，又有调节组织对乙烯的响应及抑制后熟的效应。它在不同的浓度下表现的作用不同：1~10μmol/L吲哚乙酸能抑制呼吸作用上升和乙烯生成，延迟成熟；100~1000μmol/L能刺激呼吸作用和乙烯产生，促进成熟，吲哚乙酸浓度越高，乙烯诱导就越快。外源生长素能促进苹果、梨、杏、桃等成熟，但却延缓葡萄成熟。可能是由于它对非跃变型果实（如葡萄）并不能引起乙烯生成，或者虽能增加生成乙烯，但生成量太少，不足以抵消生长素延缓衰老的作用，但对跃变型果实来说则能刺激乙烯生成，促进成熟。

③赤霉素（GA）：幼小的果实中赤霉素含量高，种子是其合成的主要场所，果实成熟期间水平下降。在很多生理过程中，赤霉素和生长素一样，与乙烯和脱落酸有拮抗作用，在果实衰老中也是如此。采后浸入外源赤霉素明显抑制一些果实的呼吸强度和乙烯的释放，赤霉素3处理减少乙烯生成是由于其能促进MACC积累，抑制1-氨基环丙烷-1-羧酸的合成。赤霉素还抑制柿果内脱落酸的累积。外源赤霉素对有些果实的保绿、保硬有明显效果。赤霉素3处理树上的橙和柿能延迟叶绿素消失和类胡萝卜素增加，还能使已变黄的脐橙重新

转绿，使有色体重新转变为叶绿体。在番茄、香蕉、杏等跃变型果实中也有效，但保存叶绿素的效果不如橙明显。赤霉素3能抑制甜柿果顶软化和着色，极大延迟橙、杏和李等果实变软，显著抑制后熟。赤霉素3推迟完熟的效果可被施用外源乙烯所抵消。

④细胞分裂素：细胞分裂素是一种衰老延缓剂，明显推迟离体叶片衰老，但外源细胞分裂素对果实延缓衰老的作用不如对叶片那么明显，且与产品有关。它可抑制跃变前或跃变中苹果和鳄梨乙烯的生成，使杏呼吸作用下降，但均不影响呼吸跃变出现的时间；抑制柿采后乙烯释放和呼吸强度，减慢软化（但作用均小于赤霉素3），但却加速香蕉果实软化，使其呼吸作用和乙烯都增加，对绿色油橄榄的呼吸作用、乙烯生成和软化均无影响。卞基腺嘌呤（BA）和激动素（KT）还可阻碍香石竹离体花瓣将外源1-氨基环丙烷-1-羧酸转变成乙烯。细胞分裂素处理的保绿效果明显。卞基腺嘌呤或激动素处理香蕉果皮、番茄、绿色的橙，均能延缓叶绿素消失和类胡萝卜素的变化。甚至在高浓度乙烯中，细胞分裂素也延缓果实变色，如用激动素渗入香蕉切片，然后放在足以启动成熟的乙烯浓度下，虽然明显出现呼吸跃变、淀粉水解、果肉软化等成熟现象，但果皮叶绿素消失显著被延迟，形成了绿色成熟果。细胞分裂素对果实后熟的作用及推迟某些果实后熟的原因还不太清楚，可能主要是抑制了蛋白质的分解。

总之，许多研究结果表明果实成熟是几种激素平衡的结果。果实采后，赤霉素、细胞分裂素（CTK）、吲哚乙酸含量都高，组织抗性大，虽有脱落酸和乙烯，却不能诱发后熟，随着赤霉素、细胞分裂素、吲哚乙酸逐渐降低，脱落酸和乙烯逐渐积累，组织抗性逐渐减小，脱落酸或乙烯达到后熟的阈值，果实后熟启动。

4. 成熟、衰老的调控

成熟和衰老作为果实生命周期中的最后两个阶段，直接影响果实的品质形成与保持，以及市场价值和采后寿命。果实成熟主要涉及芳香气味和外观色泽等质地感官变化，是果实食用品质形成的关键时期；而果实的衰老是一个复杂的氧化过程，伴随许多物质的代谢。一般贮藏运输过程中可以通过以下几个方面进行果蔬成熟和衰老的调控。

①控制适当的采收成熟度。

②防止机械损伤。

③避免不同种类果蔬的混放。

④乙烯吸收剂（高锰酸钾）的利用。

⑤控制贮藏环境条件（低温、低 O_2、高 CO_2）。低温可以降低呼吸强度，延缓跃变型果蔬呼吸高峰的出现时间，抑制乙烯的产生，抑制微生物的生长繁殖。适宜的相对湿度能减轻果蔬的失水，避免由于失水产生的不良生理反应。适当降低 O_2 和提高 CO_2 可以抑制呼吸作用，减少乙烯的生成，抑制微生物活动。

⑥利用臭氧和其他氧化剂破坏乙烯。

⑦使用乙烯受体抑制剂 1-甲基环丙烯。

⑧利用乙烯催熟剂促进果蔬成熟。

⑨分子生物学方法：在果实成熟复杂的生理变化中，最显著的是果肉的软化。由于多聚半乳糖醛酸酶是果实成熟软化过程中变化最明显的酶，因此，采用基因工程调节控制多聚半乳糖醛酸酶的基因表达来抑制果实硬度的下降，曾引起众多植物分子生物学家的兴趣。虽然该酶被认为对番茄软化起重要作用，但 Smith 在转基因番茄植株中，多聚半乳糖醛酸酶活力得到抑制而降至正常的 1%，这些低多聚半乳糖醛酸酶果实的软化仍以正常方式进行。对果胶甲酯酶的研究也得到类似的结果。这说明果实软化是一个非常复杂的过程，仅单独控制多聚半乳糖醛酸酶或果胶甲酯酶的基因表达不能起到推迟成熟、保持果肉硬度的作用。

（四）食品在贮运中的休眠与采后生长

休眠与采后生长是部分果蔬在采收以后所发生的独特生理现象。休眠主要是鳞茎和块茎蔬菜采收以后的特有现象，也会发生于板栗等干果中。采后生长多出现于地下根茎类、结球类和少数果实类蔬菜的贮藏中。

1. 休眠

（1）休眠的概念　休眠是植物长期进化过程中，为了适应周围的自然环境而产生的一个生理过程，即在生长、发育过程中的一定阶段，有的器官会暂时停止生长，以度过高温、干燥、严寒等不良环境条件，达到保持其生命力和繁殖力的目的。

休眠器官包括种子、花芽、腋芽和一些块茎、鳞茎、球茎、根茎类蔬菜，这些器官形成后或结束田间生长时，体内积累了大量的营养物质，原生质内部发生深刻的变化，新陈代谢逐渐降低，生长停止并进入相对静止的状态，对环境的抵抗能力增加，这就是休眠（Dormancy）。休眠是植物在长期进化过程中形成的一种适应逆境生存条件的特性，以度过寒冬、酷暑、干旱等不良条件而保存期生命力和繁殖力。对果蔬贮藏而言，休眠是一种有利的生理现象。休眠期间，产品的新陈代谢、物质消耗和水分蒸发降到最低限度。因此，休眠使产品更具有耐藏性，一旦脱离休眠，耐藏性迅速下降。贮藏中需要利用产品的休眠延长贮藏期。

休眠期的长短与品种、种类有关。如马铃薯 2~4 个月，洋葱 1.5~2 个月，大蒜 2~3 个月，姜、板栗约 1 个月。蔬菜的根茎、块茎借助休眠度过高温、干旱环境，而板栗是借助休眠度过低温条件的。

植物的休眠现象与植物激素有关。休眠一方面是由于器官缺乏促进生长的物质，另一方面是器官积累了抑制生长的物质。如果体内有高浓度脱落酸和低浓度外源赤霉素时，可诱导休眠；低浓度的脱落酸和高浓度赤霉素可以解除休眠。赤霉素、生长素、细胞分裂素是促进生长的激素，能解除许多器官的休眠。深休眠的马铃薯块茎中，脱落酸的含量最高，休眠快结束时，脱落酸在块茎生长点和皮中的含量减少 4/5~5/6。马铃薯解除休眠状态时，生长素、细胞分裂素和赤霉素的含量也增长，使用外源激动素和玉米素能解除块茎休眠。

（2）休眠的类型与阶段　按休眠的生理状态，可分为两种类型：

生理休眠（自发性休眠）：是植物体内在的因素引起的休眠，主要受基因的调控，休眠期间即使在适宜生长的环境条件下也不发芽；

强迫休眠（他发性休眠）：不适的环境条件所造成的暂停发芽生长，如日照减少、温度持续下降等，当不适的环境改善后便可恢复生长。受环境因素的影响。

大多数蔬菜属于强迫休眠，实际贮藏中采取强制办法，给予不利于生长的条件，延长强迫休眠期。

根据休眠的生理生化特点，可将休眠分为三个阶段：休眠前期（准备期）、生理休眠期（真休眠、深休眠）、强迫休眠期（休眠苏醒期）。

①休眠前期（休眠准备期）：对块茎而言是指从采收后直到表面伤口愈合的时期，马铃薯常需要 2~5 周；对鳞茎而言是指从采收直到表面形成革质化鳞片的时期，洋葱常需 1~4 周。

此阶段是从生长向休眠的过渡阶段，新陈代谢比较旺盛，体内小分子物质向大分子转化，伤口逐渐愈合，表皮角质层加厚，使水分减少，从生理上为休眠做准备。

②生理休眠期（真休眠、深休眠）：是从块茎类产品表面伤口愈合、鳞茎类产品表面形成革质化鳞片开始直到产品具备发芽能力的时期。

此阶段产品新陈代谢下降至最低水平，生理活动处于相对静止状态，产品外层保护组织完全形成，水分蒸发进一步减少。即使有适宜的外界条件，产品也难以发芽，是贮藏安全期。

③强迫休眠期（休眠苏醒期）：是指度过生理休眠期后，产品已具备发芽的能力，但由于外界环境温度过低而导致发芽被抑制的时期。

此阶段是由休眠向生长过渡，体内的大分子物质开始向小分子转化，产品体内可利用的营养物质增加，为发芽提供物质基础。此阶段如外界温度适宜，休眠就会被打破，萌芽立即开始。此阶段利用低温和气调可显著延长强迫休眠期。

2. 休眠的调控

（1）控制休眠的措施

①辐射处理：抑制马铃薯、洋葱、大蒜、生姜等根茎类作物的发芽和腐烂，辐射最适剂量 0.05~15kGy。

②化学药剂处理：萘乙酸甲酯（MENA）、氯苯胺灵（CIPC）、青鲜素（MH）处理有明显抑芽效果。

③控制贮运环境温度：低温是控制休眠的最重要、最有效的手段。

（2）延长休眠期的措施　植物器官休眠期过后就会发芽，使得体内的贮藏物质分解并向生长点运输，导致产品重量减轻、品质下降。因此，贮藏中需要根据休眠不同阶段的特点，创造有利于休眠的环境条件，尽可能延长休眠期，推迟发芽和生长以减少这类产品的采后损失。

①温度、湿度的控制：块茎、鳞茎、球茎类的休眠是由于要度过高温、干燥的环境。创造此条件有利于休眠，而潮湿、冷凉条件会使休眠期缩短。如 0~5℃ 使洋葱解除休眠，马铃薯采后 2~4℃ 贮藏能使休眠期缩短，5℃ 打破大蒜的休眠期。因此，采后先使产品愈伤，然后尽快进入生理休眠。休眠期间，要防止受潮和低温，以防缩短休眠期。度过生理休眠期后，利用低温可强迫休眠而不萌芽生长。板栗的休眠是由于要度过低温环境，采收后就要创造低温条件使其延长休眠期，延迟发芽。一般要低于 4℃。

②药物处理：青鲜素（MH）对块茎、鳞茎类以及大白菜、萝卜、甜菜块根有一定的抑芽作用；但对洋葱、大蒜效果最好。采前 2 周将 0.25% 青鲜素喷施到洋葱和大蒜的叶子上，药液吸收并渗入组织中，转移到生长点，起到抑芽作用，0.1% 青鲜素对板栗的发芽也有效。抑芽剂氯苯胺灵对防止马铃薯发芽有效。

③射线处理：辐射处理对抑制马铃薯、洋葱、大蒜和鲜姜都有效，许多国家已经在生产上大量使用。一般用 60~150Gy 辐照处理可防止发芽。应用最多的是马铃薯。

3. 采后生长的调控

(1) 采后生长的概念　采后生长指不具休眠特性的蔬菜采收以后，其分生组织利用体内的营养继续生长和发育的过程。采后生长会导致产品内部的营养物质由食用部分向非食用部分转移，造成品质下降，并缩短贮藏期。

(2) 采后生长现象的类型　果蔬的采后生长现象主要表现为以下几类。

①幼叶生长：胡萝卜、萝卜利用直根的营养进行新叶的生长；小白菜、生菜、葱等的幼叶生长而外部叶片衰老。

②幼茎伸长：竹笋、石刁柏是在生长初期采收的幼茎，顶端生长点活动旺盛，贮藏期间会利用体内的营养不断进行伸长生长，导致产品长度增加，木质化加快。

③种子发育：黄瓜贮藏中内部幼嫩种子不断成熟老化，导致果实梗端部分萎缩，花端部分膨大，原来两端均匀的瓜条变成了棒槌形。豆类蔬菜在贮藏中幼嫩种子不断成熟老化而变得越来越硬，豆荚部分则严重纤维化。

④种子发芽：番茄、甜瓜、西瓜、苹果、梨等果实在贮藏的后期内部的种子会利用体内的营养进行发芽，导致果实品质下降。

⑤抽薹开花：大白菜、甘蓝、菜花、萝卜、莴苣等两年生蔬菜，在贮藏中常因低温而通过春化阶段，开春以后由于贮藏温度回升，内生长点很容易发芽抽薹开花，导致外部组织干瘪失水，食用品质降低。

(3) 采后生长现象对品质的影响　果蔬采收后由于中断了根系或母体水分和无机物的供给，一般看不到生长，但生长旺盛的分生组织能利用其他部分组织中的营养物质，进行旺盛的细胞分裂和延长生长，这会造成品质下降，并缩短贮藏期，不利于贮藏。如石刁柏（芦笋）是在生长初期采收的幼茎，其顶端有生长旺盛的生长点，贮藏中会继续伸长并木质化。蒜薹顶端薹苞膨大和气生鳞茎的形成，需要利用基部的营养物质，造成食用部位纤维化，甚至形成空洞。胡萝卜、萝卜收获后，在有利于生长的环境条件下抽茎时，由于利用了薄壁组织中的营养物质和水分，致使组织变糠，最后无法食用。蘑菇等食用菌采后开伞和轴伸长也是继续生长的一种，这些都将造成品质下降。

（4）延缓采后生长的方法　产品采后生长与自身的物质运输有关，非生长部分组织中贮藏的有机物通过呼吸作用水解为简单物质，然后与水分一起运输到生长点，为生长合成新物质提供底物，同时呼吸作用释放的能量也为生长提供能量来源。因此，低温、气调（低氧和适当的二氧化碳）等能延缓代谢和物质运输的措施可以抑制产品采后生长带来的品质下降。

此外，将生长点去除也能抑制物质运输而保持品质，如蒜薹去掉茎苞后薹梗发空的现象减轻；胡萝卜去掉芽眼，减少了糠心，但形成的刀伤容易造成腐烂，实际应用时应根据具体情况采取措施。

有时也可以通过扩大采收部位，利用生长时的物质运输延长贮藏期。如菜花采收时保留2~3个叶片，贮藏期间外叶中积累养分并向花球转移而使其继续长大、充实或补充花球的物质消耗，保持品质。假植贮藏也是利用植物的生长缓慢吸收养分和水分，维持生命活力，不同的是这些物质来源于土壤，而不是植物自身。

（五）粮食食品在贮运中的后熟和陈化

1. 后熟和陈化概念

（1）后熟的概念　后熟是指食品（如粮食）在收获之后还要经过一个继续发育成熟的阶段。刚刚收获的新粮，生理上并没完全成熟，胚的发育还在继续。这时粮食的呼吸作用旺盛，发芽率很低，工艺品质较差，也不好保管。新粮经过一个时期的保管，胚不再发育了，呼吸作用也逐渐趋于平稳，生理上达到完全成熟。这一个使新粮达到完全成熟的保管期就称为后熟期。经过后熟期的粮食的呼吸作用减弱，发芽率增加，工艺品质得到改善。粮食的后熟作用实际是粮食种用品质、食用品质、工艺品质逐步完善的一个生理过程，粮食的后熟作用在小麦中表现得尤为明显。

新粮是否完成了后熟，常用的鉴定指标是发芽率。未完成后熟的粮食种子处于休眠状态，发芽率很低；完成后熟的粮食种子，发芽率一般都在80%以上。各种粮食种子，所需的后熟期长短不一。春小麦的后熟期最长，一般在半年以上，冬小麦的后熟期为1~2.5个月，大麦为3~4个月。

（2）陈化的概念　粮食在贮藏期中，随着时间的延长，虽未发热变霉，但由于酶的活力减弱，呼吸作用减弱，原生质胶体结构松弛，物理化学性状改变，生活力减弱，利用品质和食用品质变劣。这种由新到陈，由旺盛到衰老的现象称为粮食的陈化。粮食陈化是其生理生化变化的结果，是一种无形的损失。粮食是有生命的物质，贮藏期间，其生理活动并没有停止，而是在不断地呼吸，其所含的各种化学成分也在不断地进行分解合成。随着贮藏时间的延伸，粮食营养成分越来越多地被消耗，生命力越来越衰弱，发芽的潜在能力越来越丧失，食用品质和营养价值也越来越差。陈化就是粮食的自然劣变。粮食的陈化，不论是有胚与无胚的粮食均会发生。含胚粮食的陈化，不但表现品质降低，而且还表现为生活力的下降。不含胚的粮食虽无生活力可言，其表现集中在品质的下降。如大米陈化是无胚粮食的典型。

粮食陈化是自然发生的、不可避免的。不过，陈化了的粮食更易遭受虫、霉危害，因为这时粮食已降低了对虫、霉危害的抵抗力。决定粮食陈化的因素是贮藏时间，陈化随贮藏时间的延长而出现，并随贮藏时间的继续延长而逐步加深。粮食陈化何时开始，目前尚未找出明确的时间界限，不同粮食的陈化期限也是各不相同的。一般来说，成品粮比原粮更易陈化，稻米比小麦更易陈化。除小麦外，大多数粮食贮藏一年就开始出现陈化。

2. 后熟和陈化对粮食贮藏的影响

(1) 后熟期间的变化

①生理方面：通过后熟，胚进一步成熟，发芽使发芽率提高到标准水平，后熟期间的生命活动，比在植株时期弱，但比后熟完成之后安全贮藏时期强。

②生化方面：后熟期间的生化变化是种子在植株上成熟时期生化变化的继续，是合成作用与分解作用的综合，但以合成作用为主，分解作用为次。总趋向是各种低分子化合物继续转变为高分子化合物，氨基酸减少，蛋白质增加，脂肪酸减少，脂肪增加，可溶性糖减少，淀粉增加，尤以氨基酸合成蛋白质的变化为最大。随着后熟作用的完成，酶活力与呼吸作用均由强转弱，水解酶由游离状态转变为吸附状态。

③物理性质方面：种子体积缩小（例如，小麦水分从15%降至10%、体积要缩小1/10）。绝对重量增加，硬度变大，种皮由稠密变为疏松多孔状态，透水性与透气性增大。

④完成后熟的指标：在贮藏实践中，促进大批贮粮后熟的方法主要是晒、烘干、通风，并使粮食贮藏在干燥和通风的环境之中。鉴别种子是否已经完成后熟作用的方法，即采用发芽试验，当粮食发芽率达到80%~90%，即表示后熟已经完成。

(2) 陈化期间的变化

①生理变化：粮食陈化的生理变化无论是含胚与不含胚的粮食主要表现为酶的活力和代谢水平的变化。粮食在贮藏中，生理变化多是在各种酶的作用下进行的。若粮粒中酶的活力减弱或丧失，其生理作用也随之而减弱或停止。随着陈化

的进行粮食的生活力逐渐丧失，与呼吸作用有关的酶类，过氧化氢酶、α-淀粉酶活力趋向降低，呼吸作用也随之减弱。而水解酶类，如植酸酶、蛋白酶和磷脂酶活力都增加。

粮食在贮藏中由于自身代谢的有毒产物积累也导致粮粒衰老和陈化。对于有胚的粮食贮藏中生理变化的指标是，随陈化加深，粮粒生活力与发芽率下降，随细胞的劣变，细胞膜透性增加，浸出液所含的物质量增加，电导率增高。现在有人测定粮食代谢水平，就采用过氧化氢酶的活力作为指标之一。

②化学成分变化：粮食化学成分的变化，无论含胚与不含胚的粮食，一般说多以脂肪变化较快，蛋白质其次，淀粉变化很微弱。

粮食中的脂肪含量虽比较小，但它对粮食陈化起着很大的影响。粮食贮藏期中，由于脂肪易于水解，游离脂肪酸在粮食中首先出现。特别是环境条件适宜时，贮藏霉菌开始繁殖，分泌出脂肪酶，参加脂肪水解，使粮食中游离脂肪酸增多，粮食陈化加深。陈米中含油酸较多，软脂酸、亚麻二烯酸和亚麻三烯酸少。游离脂肪酸对稻米陈化所起的作用不仅能使蒸煮品质降低，游离脂肪酸能进一步氧化，产生戊醛、己醛等挥发性化合物而形成难闻的陈米气。

粮食陈化中蛋白质的变化为蛋白质水解和变性。蛋白质水解后，游离氨基酸上升，酸度增加。新鲜粮食贮藏初期，由于淀粉酶活跃，淀粉水解为麦芽糖和糊精，黏度较强，蒸煮黏稠，吃味美。继续贮藏，糊精与麦芽糖继续水解，还原糖增加，糊精相对减少，黏度下降，粮食开始陈化，如水分大，温度适宜（25~30℃），还原糖继续氧化，生成二氧化碳和水，或酵解产生乙醇和乳酸，使粮食带酸味，品质变劣，陈化加深，失去食用价值。

③物理性质的变化：粮食陈化时物理性质变化很大，表现为粮粒组织硬化，柔性与韧性变弱，米质变脆，米粒起筋，身骨收缩，淀粉细胞变硬，细胞膜增强，糊化及吸水率降低，持水力也下降，米饭破碎，黏性较差，有"陈味"。

3. 后熟的调控

粮食后熟期的长短要受温度、湿度和粮堆空气成分的影响。因此，粮食温度、湿度等条件可以缩短或延长其后熟期。较高的温度（但不能超过45℃）可以促进粮食种子细胞内生理生化的进行，可以使后熟期缩短。反之，低温则不利于粮食种子细胞内生理生化的进行，会使后熟期延长。湿度对粮食后熟期的影响相反，湿度高则延长后熟期，湿度低能缩短后熟期。二氧化碳对粮食后熟作用的完成有不利影响，所以，通风条件好，粮堆中氧气充足，能促进后熟；反之，通风不好，粮堆中缺少氧气，则会阻碍后熟。

粮食的后熟过程对粮食保管非常不利，因为在后熟过程中粮食生理活动旺盛，一方面强烈的呼吸作用释放出大量的水和热，另一方面胚发育的合成作用也放出水。这些水以水汽状态散发到粮堆孔隙中，使粮粒间的空气变得潮湿，一遇冷空气，就结露凝为水滴，附在粮粒表面上。这种现象称作"出汗"。"出汗"

会使粮食含水量增加,为粮食微生物的生长繁殖创造了条件。如不及时采取措施,就会导致粮食发热霉变。

为了改善粮食品质、提高粮食贮藏的稳定性,人们利用温度、湿度及粮堆中空气成分等因素对粮食后熟作用的影响,采用种种物理的和化学的方法,来促进粮食的后熟。目前国内外采用的方法有高温处理、超声波处理、电离射线处理及化学药剂处理等。通常采用的简便方法是日光晒和加强通风。新粮入库前尽量晒干,入库后保持适当温度和良好的通风条件。这样,可以促进粮食的后熟,缩短其后熟期。

4. 陈化的调控

陈化虽然是由粮食本身因素决定的,不以客观条件为转移,但保管得好与不好,也能够加速加剧或延缓减轻这种陈化。影响粮食陈化的因素同样是温度、水分、空气成分等。特别是温度、水分对粮食的陈化有强烈的影响。粮食在水分低、温度低、缺氧的环境下贮藏,陈化的出现和发展都比较缓慢;反之,高温、高湿、氧气充足的环境,则不利于粮食保管,会加速粮食陈化的过程。虫、霉的危害也会促进粮食的陈化。粮食安全度夏之所以成为问题,就是因为夏季温度高、湿度大,粮食易陈化。同时,高温高湿易于虫、霉滋生,危害粮食。粮食陈化的深度与保管时间成正比。保管时间越长,陈化越深。一般隔年陈粮,由于水分降低,硬度增加,千粒重减少,体积质量加大,生活力减弱,虽对贮藏稳定有利,但由于新鲜度减退,发芽率降低,品质下降。为保证粮食较好的品质,对长期保管的粮食应有计划地推陈贮新。

(六) 畜禽肉在贮运中的僵直与软化

1. 僵直的概念

僵直 (Rigomortis) 又称尸僵,是畜、禽、鱼等失去生命活动后的一段时间里肌肉失去原有的柔性和弹性而呈现僵硬的现象(表 1-12)。

表 1-12　　　　　　　肉类僵直的开始时间和持续时间

特性项目	开始时间/h	持续时间/h
牛肉	宰杀后 10	72
猪肉	宰杀后 8	15~24
兔肉	宰杀后 1.5~4	4~10
鸡肉	宰杀后 2.5~4.5	6~12
鱼肉	宰杀后 0.1~0.2	2

动物和鱼类死后,僵直是一种最初出现的现象。僵直现象产生的原因为呼吸作用产生乳酸,pH 下降,pI 附近蛋白质吸附水的能力下降,持水力降低;pH 降低增加 ATP 酶的活力,促进 ATP 分解,提供肌肉收缩所需能量;肌动蛋白与肌

球蛋白结合形成肌动球蛋白，引起肌肉收缩。

2. 僵直对贮藏的影响

（1）僵直对肉类的影响　肉类尸僵时，肉质粗老坚硬，保水性低，嫩度差，缺乏风味，消化率低，不适于食用；肉类僵直期 pH 较低，能抑制微生物生长繁殖，故保藏性较好。宰前应避免牲畜运动，降低贮藏温度都能延缓僵直的发生和延长僵直的持续时间，有利于保藏。

（2）僵直对鱼类的影响　刚宰杀的鱼体，肌肉柔软而富有弹性。放置一段时间后，肌肉收缩变硬，缺乏弹性，如用手指按压，指印不易凹下，处于此时期的鱼新鲜度高，食用品质最好。手握鱼头，鱼尾不会下弯；口紧闭，鳃盖紧合，整个躯体挺直，此时的鱼体进入僵硬状态。因此鱼死后僵硬可作为判断鱼类鲜度良好的重要标志。

鱼类宰杀后僵硬开始的迟早和僵硬期的长短与鱼的种类、生理营养状态、捕捞和致死方法、保持的情况、保存的温度等有关。

3. 软化的概念

软化又称为解僵，是指肌肉在僵直达到最大程度并维持一段时间后，其僵直缓慢解除，肌肉变得柔软多汁，肉的风味加强，食味最佳，肌肉组织即已成熟。软化是由于肌肉中所含的自溶酶使蛋白质分解的结果，也称作蛋白质的自溶现象。

软化所需时间因动物种类和温度条件不同而异：在 2~4℃ 条件下，鸡肉需 3~4h 达到僵直的顶点，而解除僵直需 2d；其他家畜肉完成僵直需 1~2d，而解除僵直猪、马肉需 3~5d，牛肉需 7~10d。

温度对肉的软化过程影响最大，高温能加速软化，低温则延缓软化，当温度降至 0℃ 以下时则停止软化。冷藏可以有效阻止肉的软化，延长贮藏期。

4. 软化对贮藏的影响

肉软化时由于蛋白质的降解和 pH 的回升，给微生物的生长繁殖创造了有利条件，肉的贮藏性能已显著下降，不再适于贮藏。

软化使肉保水性增加，嫩度提高，增强了肉的滋味和香气，提高了肉的食用价值，是畜禽肉获得食用品质所必需的成熟过程，鱼类则应防止其死后发生软化。

二、食品在贮运中的颜色变化

色素是构成食品颜色的着色物质，按其来源可分为三类：一类是天然色素，主要是动、植物原有的色素；另一类是食品加工过程中因某些化学变化而产生的色素；还有一类是按照食品卫生标准向食品添加的食用色素。这三类色素在食品贮藏期间的变化会引起食品的变色或褪色，导致食品感官品质下降。

(一)动物色素的变化

动物性食品中的色素多属于色蛋白类,一般由简单的蛋白质和含金属的色素辅基构成。畜、禽肉和某些鱼肉中的肌红蛋白以及血液中的血红蛋白使肉类呈鲜红的颜色。如果肉类食品暴露在空气中,则由于氧化而变为褐色,甚至还会因腐败变质而变成绿色。另外在虾、蟹等节肢动物的甲壳中含有胡萝卜素,受热后虾、蟹会由青灰色变成红色。

肌红蛋白(Myoglobin,Mb)是一种复合蛋白质,相对分子质量在17000左右,由一条多肽链构成的珠蛋白和一个亚铁血色素(1个亚铁离子与4个吡咯环构成的铁卟啉化合物)组成。肌红蛋白原为紫色,与氧结合成氧合肌红蛋白(MbO_2)则呈现鲜红色,当氧分压降低时氧合肌红蛋白还原为紫色的肌红蛋白。肌红蛋白和氧合肌红蛋白均可被氧化生成高铁肌红蛋白,呈褐色,使肉色变暗。有硫化物存在时,肌红蛋白还可被氧化生成硫代肌红蛋白,呈绿色,是一种异色。肌红蛋白与亚硝酸盐反应可生成亚硝基肌红蛋白,呈亮红色,是腌肉加热后的典型色泽。图1-9是不同化学状态肌红蛋白之间的转化关系。

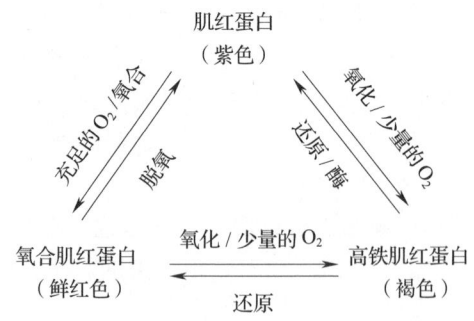

图1-9 肌红蛋白、氧合肌红蛋白和高铁肌红蛋白之间的转化

肉及肉制品在贮藏过程中因为肌红蛋白被氧化生成褐色的高铁肌红蛋白,使肉色变暗,品质下降。当肌红蛋白小于20%,肉仍然呈现鲜红色,达30%时肉就显示出稍暗的颜色,在50%时肉就呈现褐红色,达到70%时肉就呈现褐色,所以防止和减少高铁肌红蛋白的形成是保持肉色的关键。采取真空包装、气调包装、低温贮藏、抑菌和添加抗氧化剂等措施可达到以上目的。

(二)植物色素的变化

食品的植物色素主要是蔬菜、水果及茶叶中所含的叶绿素、叶黄素、胡萝卜素和花青素等。这些色素在食品贮藏加工过程中都会发生变化,从而影响这类食品的天然色泽。

1. 叶绿素的变化

叶绿素与血红素的化学结构相似,都是由 4 个吡咯环构成的金属卟啉,但血红素含铁原子,而叶绿素含镁原子。叶绿素有叶绿素 a、叶绿素 b 两种,叶绿素 a 呈蓝绿色,叶绿素 b 呈黄绿色,叶绿素 a 与叶绿素 b 以 3∶1 的比例作为金属色素与蛋白质合成为叶绿蛋白分布于植物细胞的叶绿体中。叶绿体成分复杂并具有酶系统,担负着植物光合作用的生理功能。叶绿素的性质不稳定,对酸异常敏感,极易失去镁原子而生成黄褐色的脱镁叶绿素。当植物性食品进行热处理时,由于叶绿体中的蛋白质热变性而使叶绿素成为游离状态,更易变为脱镁叶绿素,这便是绿色蔬菜、水果经热处理后失去鲜绿颜色的主要原因。叶绿素在碱性条件下先水解为绿色的叶绿酸、叶绿醇和甲醇,进而叶绿酸与碱反应生成性质稳定的叶绿酸盐,使产品保持鲜绿颜色。叶绿素在低温或干燥状态时性质也比较稳定,所以低温贮藏果蔬、脱水蔬菜和茶叶能保持较好的颜色。

2. 花青素的变化

花青素,又称花色苷,是一类广泛存在于植物中的水溶性天然色素,属黄酮类化合物。花色苷属于植物次生代谢中的黄酮类物质,具有 C_6—C_3—C_6 的基本结构,是 2-苯丙吡喃的多羟基和多甲氧基衍生物糖苷(如图 1-10 所示)。各种花青素的主要区别在于其分子结构中羟基数目,糖基的种类、数目和连接位置,以及连接到糖基上的芳香酸或脂肪酸的种类和数目的差异。花青素的性质极不稳定,一般遇酸变成红色,遇碱变则成蓝紫色。铁、锡、铜等金属离子可使花青素呈现蓝色、蓝紫色或黑色,并产生花青素沉淀物。果蔬贮藏过程中,花青素会发生自动氧化而褐变。为了保持果蔬食品中花青素的鲜艳色泽,应根据花青素的特点,采取低温和避光贮藏、控制 pH 等措施,减少食品与铁、锡、铜等金属器具的直接接触。

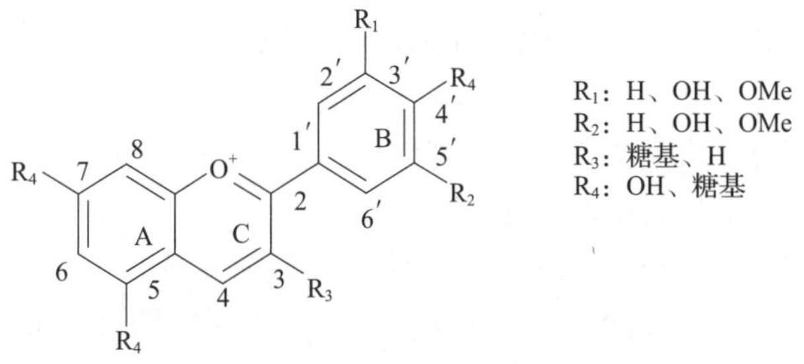

图 1-10 花青素结构

R_1:H、OH、OMe
R_2:H、OH、OMe
R_3:糖基、H
R_4:OH、糖基

3. 类胡萝卜素的变化

类胡萝卜素呈黄色、橙色和粉红色,广泛存在于蔬菜、水果,以及动物性食品及蛋黄、黄油、虾和蟹的外壳中。常见的类胡萝卜素有胡萝卜素、番茄红素、叶黄素、玉米黄素。类胡萝卜素不溶于水，对热、酸、碱等均具有稳定性，因此富含这类色素的果蔬如柑橘、杏、哈密瓜、南瓜等色泽在贮藏期间变化不大。但是光线和氧气能引起类胡萝卜素的氧化分解，从而使食品褪色。因此，在食品贮藏过程中应考虑采取避光和隔氧措施，以减少类胡萝卜素的损失。

（三）褐变

1. 概念

褐变是食品中比较普遍的一种变色现象，尤其以天然食品为原料的加工食品在贮运过程中遭受机械损伤更易发生褐变。褐变不仅影响食品的感官色泽，而且降低食品的营养和风味，所以在食品贮藏过程中也需要防止褐变。食品的褐变按其变色机理可分为酶促褐变和非酶促褐变。

2. 酶促褐变

酶促褐变是由氧化酶类引起食品中的酚类和单宁等成分氧化而产生的褐色变化。这种褐变常发生在水果、蔬菜的加工贮藏过程中，如去皮的苹果、香蕉和切分的莴苣、蘑菇等的褐变，是由于多酚氧化酶的作用使酚类物质发生氧化所致；新鲜果蔬在贮藏期间遭受逆境胁迫（冷害、高二氧化碳伤害）或机械损伤而引起果蔬表面或组织内部出现褐色。这样的酶促褐变降低了新鲜果蔬的贮藏期和鲜切果蔬的货架期。决定果蔬酶促褐变的主要因素是组织中的酚类物质氧化酶和酚类物质的浓度、温度和氧的可利用程度。

3. 非酶褐变

食品的非酶褐变与酶无关，是食品中的蛋白质、糖类、氨基酸、抗坏血酸等发生化学反应的结果。食品在贮藏期间发生的非酶促褐变主要有美拉德反应和抗坏血酸氧化反应。

美拉德反应是食品中的蛋白质、氨基酸与还原糖的羰基相互作用并进一步发生缩合、聚合反应，形成暗黑色的类黑质，其反应的实质是羰基和氨基的相互作用，故又称为"羰氨反应"。影响美拉德反应的因素除了羰基化合物和氨基化合物自身的结构之外，还与温度、水分、pH 和金属离子等有关。因此，可通过降低食品的贮藏温度、调解食品含水量和 pH，采用低氧包装等来阻止羰氨反应的进行，抑制食品贮藏中褐变的发生。

抗坏血酸本身是一种抗氧化剂，对防止食品的褐变具有一定的作用。但是，当抗坏血酸发生自动氧化变为脱氢抗坏血酸时，脱氢抗坏血酸可与氨基酸发生美拉德反应而生成红褐色产物。另外，在缺氧的条件下，抗坏血酸在酸性条件下可形成糠醛，并进一步聚合为褐色物质。抗坏血酸氧化褐变经常发生在富含抗坏血酸的果蔬及果汁中。抗坏血酸氧化褐变与温度、pH 有关。一般随温度升高而加剧，随 pH 下降而减轻。防止抗坏血酸氧化褐变，除了降低食品的贮藏温度之外，还可以用亚硫酸溶液来处理产品以抑制糖醛的产生。

三、食品在贮运中的败坏

（一）食品败坏的产生因素

食品在贮藏期间，由于其贮藏性能的差异以及外界环境的影响，常常发生多种变化而引起食品质量的变化。

食品贮藏过程中的质量变化，有酶促作用发生的生理变化和生物学变化，有微生物污染造成的微生物学变化，还有因温度、湿度、水分、氧等环境因子引起的化学变化和物理变化等。所有这些变化都能引起食品的色、香、味和营养价值的逐渐降低，最终发生腐败或变质，食品完全丧失食用价值，这种变化称之为食品的败坏。引起食品败坏的因素很多，按其属性可划分为物理败坏、化学败坏、生理败坏、微生物败坏和其他因素引起的败坏，每类因素中又包括引发食品败坏的诸多因子。

但就对食品质量的危害程度来说，微生物败坏最为严重，它不仅使食品风味品质显著劣变，而且由于病原微生物的繁殖、代谢产生毒素而引起食物中毒。所以在采取各项贮藏技术措施的时候，应该以防止微生物污染和破坏微生物繁殖为前提条件来进行贮藏管理。

1. 物理变化引起的食品败坏

食品在贮藏和流通过程中，质量下降的速度和程度与环境中的温度、湿度、空气、光线等物理因素密切相关。

（1）物理损伤　食品在收获，加工和运输过程中很容易发生由物理损伤引发的变质。因为物理损伤会导致微生物入侵，致使食品腐败发生。采取合适的加工、运输和包装方式是延长食品贮藏期的关键所在。

（2）温度　温度是影响食品质量变化的最重要的环境因素，温度的波动可引起各种模式的物理变化。食品中发生的化学变化、酶促生物化学变化、鲜活食品的生理作用、生鲜食品的僵直和软化、微生物的生长繁殖以及食品的水分含量和水分活度都受温度的制约。

①温度对食品化学变化的影响：温度对食品化学变化的影响主要体现在对化学反应速度的影响上。食品在贮藏和流通过程中的非酶褐变、脂肪酸败、淀粉老化、蛋白质变性、维生素分解等化学变化，在一定的温度范围内随着温度的升高而速度加快。范特霍夫（Van't Hoff）规则认为温度每升高10℃，化学反应的速度增加2~4倍。

降低食品的贮藏温度，就能显著降低食品中的化学反应速度，从而延缓食品质量的下降，延长食品的贮藏期。例如，糖果或配制食品，在相转变点温度的上下波动，可导致油脂的熔化以致食品变质；冻结食品反复的解冻和再冻结，会造成食品组织中水分流失；温度的波动还会引起蛋黄酱、人造奶油、色拉调料等的乳化稳定性变差等。

食品在贮藏过程中所发生的化学反应中有许多反应是可逆反应，反应可以同时向正反两个方向进行，反应体系在一定的温度、浓度和压力下达到动态平衡。温度不仅对化学反应速度产生显著的影响，升高温度还可以缩短可逆反应到达平衡的时间，影响反应平衡时产物的相对含量。如白酒在贮藏过程中乙酸、己酸、乳酸、丁酸等与乙醇发生的酯化反应。酯化反应属于可逆反应，一般在白酒贮藏的前三年反应速度较快，以后就逐渐减缓，达到平衡往往需要十几年、几十年的时间。从温度对酯化反应平衡的影响来看，降低白酒的贮藏温度有利于酸和醇的转化，生成更多的酯类化合物。但低温贮藏势必使原来速度就很慢的酯化反应更加难以趋于平衡，使生产周期大大延长。相反，提高白酒的贮藏温度，固然可以加速酯化反应的速度，缩短可逆反应到达平衡的时间，但却降低可逆反应的平衡常数，使得平衡体系中酯的相对含量减少。因此，在白酒的实际生产中，可通过增加反应物的浓度如加入适量的酸来提高酯化反应速度，缩短体系平衡时间。

②温度对食品酶促反应的影响：酶是生物体产生的一种特殊蛋白质，具有高度的专一催化活性。鲜活和生鲜食品体内存在着具有催化活力的多种酶类。食品在贮藏期间由于酶的活动，尤其是水解酶和氧化还原酶的催化会发生多种多样的酶促反应，如酶促褐变、淀粉水解、新鲜果蔬的呼吸作用等。

温度对酶促反应具有双重影响，一方面温度升高加快酶促反应的速度，另一方面由于酶是蛋白质，在温度升高的过程中，酶逐渐变性失活，酶促反应速度减弱，一旦酶受热失活，酶促反应就收到强烈的抑制。酶是一种具有高度催化活性的生物催化剂，它能大大降低反应的活化能，活化能越小，温度对反应速度常数的影响也就越小，所以许多由酶催化的反应在比较低的温度仍然能够以一定的速度进行。但在一定的温度范围内，根据 Arrhenius 方程，其反应速度依然随着温度的升高而加快。酶促反应也常用温度系数 Q_{10} 来表示温度对反应速度的影响。如果蔬的呼吸作用，实质上是在一系列呼吸酶的催化下，体内的有机物质发生的生物氧化过程。在一定的温度范围内，随着温度的升高，酶的活力增强，反应的速度加快，果蔬的呼吸作用就会加强。

酶是具有复杂结构的蛋白质，其催化活性来源于其三级结构中专一性的底物结合部位和催化活性中心，结构十分精细而脆弱。如果酶分子吸热过多，维持三级结构的非共价键就会受到破坏，丧失催化活性中心的空间完整性，酶就逐渐失去催化活性。这种由于酶受热而失去催化活力的过程称为酶的热失活。另外，酶的活力在低温下也会受到抑制，但并未完全失活，有的甚至在冷冻状态下仍具有一定的催化活力。如由橘青霉（Penicillium citrinum）产生的脂肪水解酶，在 $-29℃$ 的条件下仍能催化椰子油的乳化物水解为游离脂肪酸，但水解速度仅为 $37℃$ 时水解速度的 0.74‰。

一些酶经热失活后仍然会发生催化活力再生的现象。如豌豆中的过氧化物酶（POD）经 40s 热烫失活后酶活力可以再生，甚至热烫后立即冷冻贮藏在 $-18℃$

下，在两个月内仍然能够检测到过氧化物酶的活力。而且对热越是稳定的酶类，其热失活后越容易发生酶活力再生现象。在使酶失活的程度相同的前提下，高温短时处理比低温长时处理的酶容易发生活力再生。如牛乳中的过氧化氢酶（CAT），对热的稳定性很好，在75℃的条件下要加热好几分钟才能抑制其活力，而且即使经过125℃的高温处理，24h之后过氧化氢酶的活力仍然会再生。

③温度对微生物活动的影响：许多食品，特别是新鲜食品，其败坏的主要原因是微生物的作用。这是因为在环境中微生物无处不在，并能迅速繁殖。微生物对食品的侵染危害受多种物理因素制约，其中温度是影响最大，也最容易控制的一个因素。

微生物对温度的适应性由微生物的种类决定。根据微生物适应生长的温度范围可将微生物分为嗜热性、嗜温性和嗜冷性三个类群。各类微生物各自的温度范围还包括最低、最适、最高生长温度（如表1-13所示）。微生物在最适的温度范围内生长的速度最快，增代的时间最短，因而对食品贮藏的卫生质量影响也就最大。当温度超过微生物最高生长温度时，微生物就受到抑制或死亡。在最低生长温度范围内，微生物生长速度非常缓慢，增代时间延长，若温度低于最低生长温度也会受到抑制或死亡。由于微生物的生长繁殖是体内酶反应及各种生化反应协调进行的结果，因此在一定温度的范围内，描述化学反应与温度关系的Arrhenius方程也适用于描述微生物的生长速度与温度之间的关系，常用Q_{10}来表示。Q_{10}定义为温度每升高10℃后，微生物的生长速度与原来生长速度的比值。大多数微生物的Q_{10}在1.5~2.5。必须指出的是，这里所说的最适温度其意义是某一微生物生长速度最高时的培养温度。对于同一微生物来说，其不同的生理生化过程有着不同的最适温度。例如，乳链球菌的最适生长温度为34℃，而其最适的发酵温度和积累产物的温度却分别为40℃和30℃。

表1-13　　　　　　　各类微生物生长的温度范围

类群	生长温度/℃			举例
	最低	最适	最高	
嗜热微生物	25~45	50~55	70~80	温泉和堆肥中的微生物
嗜温微生物	10~20	25~40	40~45	水生和冷藏中的微生物
嗜冷微生物	-10~5	10~20	25~30	引起食品腐败和人类疾病的微生物

当温度下降时，微生物体内的各种生化反应按照自己的温度系数减慢其反应速度。由于减慢的速度不同，破坏了各种生化反应原来的一致性，导致微生物的生理失调，从而破坏了微生物的新陈代谢，抑制其生长繁殖。温度下降的幅度越大，生理失调就越严重；温度越低，微生物的生长速度就越小。然而，大多数微生物即使处在最低生长温度的环境中，仍然具有生命力，一旦温度升高时就能够

迅速生长繁殖。因此，低温的程度是影响微生物生长的主要因素。在接近冰点的温度时，嗜冷微生物仍然能够活动而危害食品，所以食品在这一温度范围内贮藏时也会发生变质。当温度降到冰点以下时，菌数下降的比率减小。一般来说，当环境温度降低到-18℃以下，就可以抑制所有微生物的生长繁殖，抑制酶的活力。因为微生物在低温环境中遭受冰冻后，一方面细胞内的游离水结冰，失去了可利用的水分，生长代谢受到抑制；另一方面游离水形成的冰晶会对微生物细胞产生机械损伤，加速其死亡。

微生物受高热死亡的现象称为微生物的热致死。当环境温度超过了微生物的最高生长温度时，一些对热敏感的微生物就会立即死亡，而另一些对热耐受力较强的微生物虽不能生长，但尚能生存一段时间。影响微生物耐热性的因素，除了与微生物本身的耐热性有关，还与微生物的数量及所处的环境有密切关系。

不同类群微生物的耐热性大不一样，嗜热微生物的耐热性大于嗜温微生物，嗜温微生物又大于嗜冷微生物，这与它们的细胞成分和结构特点有关。如嗜热微生物体内脂肪的凝固点高于嗜温微生物，导致了嗜热微生物能耐较高的温度。微生物的耐热性还与它们的形态有关。一般说来，热阻小的微生物热量传递的速度快，体内蛋白质凝固的速度也就快，在相同的温度下，热致死的时间就短。因此，耐热性芽孢高于非芽孢，球菌高于杆菌，霉菌高于酵母。

微生物的热致死与环境因素也有密切的关系，特别是介质的 pH、食品成分及加热的时间对微生物热致死效果有重要的影响。微生物一般在环境 pH 等于7左右时，抗热能力最强，在酸性和碱性食品中，微生物的耐热性减弱，特别是当 pH 小于5时就明显下降。食品中的脂肪、糖、蛋白质等成分对微生物有一定的保护作用，特别是当它们的浓度增大的时候，微生物的耐热性就增强。微生物的抗热性还与介质的含水量有关。含水量大则抗热性减弱，其原因可能是水的导热系数比空气的导热系数大得多。同时，微生物在受热时，会分泌一种特殊的物质来减缓热量传递的速度，从而对细胞具有一定的保护作用，使微生物的抗热性增强。单位体积中的微生物数量越多，这种起保护作用的物质的浓度就越大。因此，要杀死污染严重的食品中所有微生物所需的时间就很长。

耐热微生物生长的最适温度在50~55℃，生长的最低温度也在25~45℃，所以与食品热加工的关系非常密切。在果品蔬菜的贮藏过程中，如果堆垛过于密集而造成内部通风散热不良，有可能使温度上升到40~50℃，结果不但造成果蔬生理上的"热伤"，而且有利于耐热菌的生长繁殖而引起腐烂变质。

(3) 湿度　食品在贮藏和流通过程中，环境中的湿度直接影响食品的含水量和水分活度，因而对食品的质量产生严重的影响。根据热力学原理，食品内部的水蒸气压总是要与外界环境中的水蒸气压保持平衡，如果不平衡，食品就会通过水分子的释放和吸收以达到平衡状态。当食品内部的水蒸气压与外界环境中的水蒸气压在一定温度、湿度条件下达成平衡态时，食品的含水量保持在一定的数值。

食品的种类很多，各种食品对贮藏环境湿度的要求也不尽相同。大多数新鲜果蔬贮藏的最适宜相对湿度为90%~95%，而粮食、干果、茶叶、膨化食品等贮藏时要求干燥条件，空气相对湿度一般应小于70%。

贮藏环境湿度过高，食品易发生水汽吸附或凝结现象。对水蒸气具有吸附作用的食品主要有脱水干燥类食品、具有疏松结构的食品和具有亲水性物质结构的食品。食品吸附水蒸气后，其含水量增加，水分活度相对增加，食品的品质及贮藏性下降。如茶叶在湿度大的环境中贮藏时，由于吸附水气而加速其变质，色、香、味品质急剧下降，甚至会出现霉变。另外，一些结晶性食品容易吸收水分而变黏或结饼。如食糖和食盐在高湿环境下贮藏时，极易吸附水蒸气而受潮溶化。高湿度下食品对水蒸气的吸附，主要发生在散装食品及包装食品解除包装后的销售过程中。因此，对于易吸附水气的食品采用良好包装以保持食品良好的贮藏品质是非常必要的。

低湿度下贮藏的食品易发生失水萎蔫和硬化。新鲜果蔬是高含水量的食品，其组织内的食品接近于饱和，而贮运环境中的湿度一般低于果蔬组织内的空气湿度，因此果蔬在贮运、销售过程中极易蒸腾失水而发生萎蔫和皱缩。在同一温度下，环境湿度越低，果蔬组织的失水就越严重。萎蔫和皱缩不但使果蔬的新鲜度下降，同时也降低其贮藏性和抗病性。一些组织结构疏松的食品，如面包、糕点、馒头等，如果不进行包装，由于水分蒸发而易发生硬化、干缩现象，不仅影响其食用价值，而且影响销售和商品价值。贮藏环境湿度越低，食品失水越快越多，其硬化也发生得越早越严重。

（4）气体　贮藏环境中充足的氧气，会增强鲜活食品的呼吸作用，并且加速微生物的生长繁殖，导致食品腐败变质，因为大多数的生理生化变化、脂肪的氧化、维生素的氧化等都与氧气有关。在低氧状态下，氧化反应的速度就会变慢，有利于保持食品的质量。气体成分对食品贮藏质量的研究主要集中在果蔬采后的气调贮藏领域。果蔬的气调贮藏是一种通过调节和控制贮藏环境中气体成分比例来减弱果蔬采后的呼吸强度，抑制生理衰老过程，控制微生物生长和化学成分变化，延长贮藏期和货架期的技术方法。

在适宜的低温条件下，传统的气调手段是通过降低贮藏环境中氧气浓度和增加二氧化碳浓度来抑制果蔬的呼吸作用和好气性微生物的生长繁殖，保持果蔬固有的色泽、风味和质地品质。但氧气浓度过低可能会引起果蔬的无氧呼吸，大量积累乙醇、乙醛等物质而产生异味，影响果蔬产品的风味。

2. 化学变化引起的食品败坏

食品由多种化学物质组成，如蛋白质、脂肪、糖类、维生素、矿物质、色素、呈味物质等。这些化学成分会相互作用或与外界因素作用，导致食品的变质，缩短食品的贮藏期。

(1) 蛋白质的变化　食品在贮藏期间蛋白质的变性和水解对食品的质量有重要影响。蛋白质二级、三级、四级结构变化导致蛋白质的变性，二级结构的改变使蛋白质不可逆变性。蛋白质变性是蛋白质一级结构主键被破坏，最终降解为氨基酸的过程。食品中蛋白质的性质是很不稳定的，它是同时具有酸性和碱性的两性化合物。引起蛋白质变性的因素很多，如温度（加热或冷冻）、化学试剂、高压等。

蛋白质变化对食品贮藏质量的影响因动物蛋白质和植物蛋白质而有所不同。动物蛋白质主要存在于畜肉、禽肉、鱼肉、鲜蛋、鲜乳及其加工食品中，可分为肉类蛋白质、卵蛋白质和乳蛋白质。植物蛋白质主要分布在粮食和油料作物的种子（小麦、稻米、花生等），其蛋白质的性质较动物蛋白质稳定。

肉类蛋白质包括畜、禽、鱼肉中的蛋白质，按期在动物组织中的分布状况，又有肌浆蛋白、肌原纤维蛋白和肉基质蛋白三种。肌浆蛋白呈液态，存在于肌肉纤维中，性质极不稳定，易于变性，他所含的色蛋白和多种酶类还会引起各蛋白质之间的作用而降低食品质量。肉基质蛋白主要由胶原和弹性蛋白组成，与保持肉类原有硬度有关。肌原纤维蛋白主要包括肌球蛋白和肌动蛋白，它不仅与肉类贮藏过程中硬度变化有关，而且对肉类加工、肉类的持水力和黏结性变化起着控制作用，尤其是肌球蛋白对贮藏肉类的持水性和黏结性的影响更为明显。卵蛋白质在贮藏过程中的变化主要是浓厚清蛋白变稀，使水样化蛋白质含量增多，同时增加清蛋白的发泡性能。鲜蛋的浓厚清蛋白由液态和凝胶两部分组成，液态部分含有溶解性卵黏蛋白，凝胶部分含有不溶性卵黏蛋白。随着鲜蛋贮藏时间的延长，不溶性卵黏蛋白中的高糖卵黏蛋白含量减少，而溶解性卵黏蛋白中的高糖卵黏蛋白含量增加，从而导致浓厚蛋白变稀和鲜蛋质量劣变。

乳蛋白在畜乳中主要有酪蛋白和乳清蛋白，酪蛋白约占乳蛋白含量的80%以上，以胶体微粒分布于乳清中。乳清蛋白不与其他成分结合，单独溶于乳清中。乳蛋白在加工和贮藏中常常需要加热灭菌、冷冻、浓缩等处理，对其稳定性产生不同程度的影响。酪蛋白对热比较稳定，如清蛋白容易变性并产生臭味。乳制品经长时间高温加热和长期贮藏，因乳蛋白中的赖氨酸与乳糖发生羰氨反应而使产品发生褐变。

植物蛋白的变化一般是在常温长期贮藏中的变性。植物蛋白的变性一般表现为蛋白质溶解度降低，水溶性氮的含量显著减少，而且随着贮藏环境温度的升高和时间的延长，变性加剧。

(2) 脂类物质的变化　脂类物质是动、植物性食品中广泛存在的一类物质，包括脂肪和类脂两部分。脂肪是由各种不同的脂肪酸和甘油结合而成的甘油三酯。脂肪是食品中的重要营养成分，含量较多且富含热量。构成脂肪的脂肪酸分饱和脂肪酸（硬脂酸、软脂酸等）和不饱和脂肪酸（油酸、亚油酸等）。在一般情况下，不饱和脂肪酸较饱和脂肪酸的熔点低，因此，在常温下，饱和脂肪酸甘油脂呈凝脂态（猪油、牛油），而不饱和脂肪酸甘油酯呈液态（植物油、鱼肝油）。

类脂是一类类似脂肪的物质，其理化性质与脂肪相类似，但其化学组成中除了含有脂肪酸、甘油之外，还有磷、氨基、糖等成分。常见的类脂有磷脂、糖脂、固醇等。类脂在营养上远不如脂肪，但它却是动、植物体生理活动中不可缺少的部分。

①酸败的概念：脂肪暴露在空气中，经光、热、湿和空气的作用或经微生物的作用，可产生一种特有的臭味气体的过程。食品在贮藏期间，脂肪酸败是引起食品质量劣化的一个重要原因。

脂肪酸败而引起食品变质的典型特征是食品有一种不愉快的哈喇味。动植物食用油、油炸食品、富含脂肪的核桃和花生等在常温下长期贮藏后，都会发生脂肪酸败。脂肪酸败有三种类型：水解型酸败、酮型酸败、氧化酸败。

水解型酸败：常发生在奶油和含有奶油、酥油的食品中。

酮型酸败：常发生在一些含椰子油、奶油的食品中。

氧化酸败：可降低食品的营养价值，因为在此过程中游离基和过氧化物能破坏食品中的多不饱和脂肪酸、脂溶性维生素 A 和维生素 E，也能与蛋白质中的巯基作用，降低蛋白质的质量。此外，它们还能与色素作用，使食品褪色，促使蛋白质变性恶化导致脂肪变成黄褐色，甚至产生毒性物质。

②产生原因：油脂中不饱和脂肪酸发生自动氧化，产生过氧化物，并进而降解成挥发性醛、酮、酸的复杂混合物。

③酸败的控制：影响脂肪酸败的因素有温度、光线、氧气、水分、金属离子以及食品中的酶。因此，富含油脂的食品在贮藏过程中应该采取低温、避光、密封、降低含水量、避免食用铜铁器具或添加天然抗氧化剂等措施来延缓食品的脂肪酸败。

（3）糖类物质的变化　糖又称为碳水化合物，是供给人体热量的最主要、最经济的来源，其发热量与蛋白质接近且最易消化和吸收。糖的种类很多，按其分子组成不同和能否水解及水解产物的不同，可分为单糖、寡糖和多糖。糖类化学性质的变化会影响贮藏食品的质量。

糖类中的还原糖分子结构中存在还原型基团（半缩醛基、酮基、醛基），容易与食品中的氨基化合物发生羰氨反应（美拉德反应）而降低食品质量。羰氨反应是引起食品外观颜色褐变的重要原因之一，同时随着羰氨反应的进行，使食品营养成分含量降低，并且产生异味，特别是还原糖与赖氨酸 ε-氨基反应的产物还具有毒性。

多糖是由几百个单糖分子相互脱水组成的，如淀粉、纤维素、果胶等。淀粉在米、面、马铃薯种含量较多。纤维素存在于蔬菜、水果及谷物的外皮中，它不能被人体消化吸收，但却有助于肠胃对事物的消化。果胶是植物细胞壁的主要物质,是由半乳糖醛酸缩合而成的多糖,起黏结细胞和保持植物性鲜活食品(蔬菜、水果)肉质脆硬的作用。但是,当原果胶发生酶促水解之后,使得果蔬组织细胞解缔,肉质变软,食用质量和贮藏性大大降低。

(4)矿物质和维生素的变化 矿物质和维生素是食品中的微量营养成分。因此,这些微量营养成分在食品中存在的数量、状态及变化,可对食品质量产生很大的影响。

矿物质由阳离子和阴离子组成,又称无机盐。阳离子包括金属离子和铵根离子,阴离子包括食品中的磷酸根、硝酸根、亚硝酸根离子等。在贮藏过程中,食品中的阳离子和阴离子常随着贮藏环境的变化而改变其存在的状态,从而对食品的质量造成不良影响。

食品中的金属离子促进自动氧化过程,导致食品质量变劣。一般来讲,微量的铜、钴、镍、铁、锰等金属离子都具有催化食品某些成分自动氧化的作用,如食品中脂肪的氧化酸败,维生素的氧化分解。另外,金属离子的存在还会导致食品中一些天然色素的色泽改变,降低食品的商品性,如铁、锡、铜等金属离子可使花青素呈现蓝色、蓝紫色或黑色,并产生花青素沉淀物。

一些无机盐离子能与食品中的成分反应,阻碍人体对无机盐的吸收。食品中的钙、磷、镁、铁、锌等是人体必需的矿物质,但这些矿物质一旦与食品中的某些成分结合之后,便形成难以吸收消化的物质,从而影响了食品无机盐的营养价值。如果蔬中的草酸、食品中的脂肪酸与钙反应生成不溶性的钙盐;金属离子与蛋白质结合之后不能被人体吸收利用。

食品中维生素有脂溶性维生素(维生素A、维生素D、维生素E、维生素K)和水溶性维生素(B族维生素、维生素C、烟酸、生物素)两大类。脂溶性维生素存在于食品的脂肪中,常因脂肪氧化酸败而氧化分解,使其含量降低。所以,在食品贮藏中,凡是能够控制脂肪酸败的条件和措施,便可有效地保护脂溶性维生素的存在。水溶性维生素虽然都是水溶性的,但化学性质和稳定性却差异很大。在食品加工和贮藏过程中,水溶性维生素受pH、温度、水分活度、氧气、光、酶及贮藏时间等因素影响发生分解,使其含量显著降低而影响食品的质量。如维生素C又称为抗坏血酸,主要存在于果蔬中,其还原性很强,在氧化作用下能迅速脱氢氧化成脱氢抗坏血酸。

3. 微生物引起的食品败坏

微生物在自然界中的分布极为广泛,而且生命力旺盛。微生物对人类生存有着有益和有害的两个方面。在人类所需食品的生产加工以及人们对食品营养成分的消化过程中,都离不开有益微生物的繁殖活动。但是腐败微生物、病原菌和产毒菌的存在却能给食品和人类健康带来严重的后果。食品中的水分和营养物质是微生物生长繁殖的良好基质,如果食品被微生物污染,在一定的条件下就会导致其质量迅速下降。微生物引起贮藏食品的败坏主要表现为腐败、霉变和发酵。

(1) 腐败

①概念：食品腐败是指细菌将食品中的蛋白质、肽类、氨基酸等含氮有机物分解为低分子化合物，使食品带有恶臭气味和厌恶滋味，并产生毒性。食品的腐败多发生在富含蛋白质的动物性食品中，如畜、禽肉类，水产类，鲜蛋，鲜乳及其加工制品。植物性食品的豆制品中含有大量的植物蛋白，因而也容易发生腐败变质。

②产生原因：食品腐败由多方面条件造成，并受多种因素影响，但其根本原因是微生物在食品中生长繁殖的结果。引起食品腐败微生物的主要是细菌，尤其是那些能分泌大量蛋白质分解酶的细菌。由于各种食品在组织结构、成分组成、加工工艺和贮藏条件上存在差异，所以每种食品受腐败微生物污染的程度也不一样。

从食品的种类来讲，如引起生鲜鱼类、贝类腐败的主要是来自水中的细菌，如无色杆菌属、黄杆菌属、假单胞菌属和小球菌属的细菌。新鲜的畜、禽肉类和鲜蛋容易受到土壤中腐败细菌的污染，因此这类食品的腐败主要有好气性芽孢杆菌属、嫌气性梭状芽孢杆菌属和变形杆菌属细菌引起。从食品加工的工艺来讲，经高温加热处理的食品腐败主要是由食品贮藏环境中腐败细菌的再次污染所造成，如好气性芽孢杆菌属和小球菌属细菌。同时也有一部分未被杀死的耐热性芽孢杆菌参与，如枯草芽孢杆菌等。对于腌制和干制食品，其腐败的发生多为一些耐盐性和耐干燥的细菌所引起。

(2) 霉变

①概念：食品霉变是霉菌在食品中大量生长繁殖而引起的发霉变质现象。霉菌能分泌大量的糖酶，可分解利用食品中的碳水化合物。因此，富含糖类的食品如粮食、糕点、面包、饼干、水果、蔬菜等很容易发生霉变。食品霉变之后，不仅营养成分损失，外观颜色改变和产生霉味，如果被产毒的霉菌菌株如黄曲霉、玉米赤霉、黄绿青霉等污染，还会产生严重危害人体健康的毒素。因此，霉变是食品贮藏过程中不可忽视的一种食品败坏现象。

②产生原因：食品贮藏期间的霉变由许多种霉菌引起，危害性比较大的有毛霉属（*Mucor*）的总状毛霉（*Mucor racemosus*）、大毛霉（*Mucor mucedo*），根霉属（*Rhizopus*）的黑根霉（*Rhizopus nigricans*），曲霉属（*Aspergillus*）的黄曲霉（*Aspergillus oryzae*）、灰绿曲霉（*Aspergillus glaucus*）、黑曲霉（*Aspergillus niger*），青霉属（*Penicillium*）的灰绿青霉（*Penicillium glaucum*）等。毛霉和根霉喜潮湿环境，常在含水量较高的食品中生长，其菌落颜色为黑色或褐色。曲霉适于在含水量较少的条件下生长，其菌落颜色多为黄、绿、褐、黑等颜色。

(3) 发酵

①概念：食品发酵对于发酵食品的生产是不可缺少的工序，但此处的食品发酵是指食品被微生物污染之后，在微生物分泌的氧化还原酶的作用下，使食品中

的糖（己糖、戊糖）发生不完全氧化的过程，是食品贮藏过程中的一种变质现象。

②产生原因：引起食品发酵的微生物主要是酵母和某些产酸的细菌。根据发酵产物的不同，在食品贮藏中常见的发酵有酒精发酵、醋酸发酵、乳酸发酵和酪酸（丁酸）发酵。

酒精发酵是食品中的己糖在酵母菌的作用下降解为乙醇的过程，如果汁、果酱等发生变质时，常常产生酒味。水果蔬菜在气调贮藏过程中，如果贮藏环境中氧气浓度过低而造成果蔬组织长时间进行无氧呼吸而产生酒味，致使产品发生变质。

醋酸发酵是食品酒精发酵生成乙醇，在醋酸杆菌的作用下进一步氧化为醋酸的过程。果酒、啤酒、黄酒等低度酒中的酒精在醋酸杆菌的作用下产生醋酸，使酒味变酸而降低其饮用品质。果汁、果酱等含糖高的食品在遭受酵母菌和醋酸杆菌的共同污染之后，连续发生酒精发酵和醋酸发酵，使其味道变酸而丧失食用价值。

乳酸发酵是指食品中的己糖在乳酸杆菌的作用下生成乳酸的过程。乳酸发酵是生产酸乳、乳酪、酸菜等的基本原理，所生成的乳酸能降低产品的pH，有利于食品的贮藏。但是，酸乳发酵产品在生产过程中发酵过度，或在贮藏中再次发酵，会导致产品滋味过酸而丧失食用价值。

酪酸发酵是食品中己糖在酪酸菌作用下产生酪酸的过程。酪酸发酵对于食品贮藏极为有害，它所产生的酪酸会使食品具有一种令人厌恶的气味，尤其是鲜乳、乳酪、青豌豆、酸菜等在贮藏过程中易被酪酸菌污染而发生变质，严重降低食品质量。

（二）食品败坏的控制

食品在贮藏和流通过程中，由于受环境条件等诸多因素的影响，不断地进行着化学的、物理的、生理生化的变化，由此导致食品质量发生变化，总体质量呈现下降的趋势。在食品贮藏和流通过程中，为了控制其质量的下降速度，保持产品固有的商品质量，降低损耗，提高经济效益，通常采取降温、控湿、调气、化学保藏、辐照、包装等措施，均具有一定的作用和效果。

1. 温度控制

温度对食品质量的影响主要包括对微生物和昆虫活动、化学变化、物理变化、生理生化变化诸多方面，降温无疑对微生物和昆虫活动、各种变化都会起到抑制作用。由于低温对保证食品质量的有效性和食品卫生的安全性共存，因而降温是食品贮藏和流通中广泛采用的措施。

降温对食品的贮藏都是有益的，在适当的低温下贮藏、运输和销售，对保持食品质量具有明显的效果。但是，在实际生产中温度条件的选用，既要根据各种食品的商品特性尤其是耐藏性的好坏，又要考虑到生产费用的高低，同时还得兼顾产品的经济价值。不同食品在贮藏、流通过程中拟采用的贮藏温度如表1-14所示。

表1-14　　　　　　　　　　不同食品拟采用的贮藏温度

贮藏温度/℃	食品种类	说明
常温	罐头、饮料、粮食、干制品、油脂	应尽可能将食品置于冷凉处，避免高温或冻结
10~15	热带果品蔬菜，花生、芝麻、食用动植物油、糕点、油炸食品、面粉等	可避免热带果蔬的冷害发生，抑制脂肪氧化酸败
5~10	亚热带的果品蔬菜（如柑橘类、荔枝、石榴、青椒、芋头等）	各种类间适宜贮藏温度有所不同
0~5	温带的果蔬（如苹果、梨、桃等），冷却肉、鲜鱼、鲜牛乳、鲜蛋	应避免温度波动过大
<0	冷饮、冷冻的肉制品、果蔬制品	按标准严格控制冻藏温度

2. 湿度控制

环境湿度对食品质量的影响主要表现在高湿度下对水气的吸附与凝结、低湿度下食品的失水萎蔫与硬化。在贮藏和流通中对环境湿度的控制因食品的理化特性、有无包装、包装性能等不同而异，可分别控制为高湿度、中湿度、低湿度和自然湿度。

相对湿度控制在85%以上的湿度条件为高湿度环境。对于大多数水果蔬菜贮藏保鲜来说，为了减少蒸腾失水，保持固有的品质和耐藏性，通常要将环境相对湿度控制在85%~95%。中湿度是指环境相对湿度控制在75%~85%的相对湿度条件。这种湿度条件限于部分瓜果和蔬菜，如哈密瓜、西瓜、白兰瓜、南瓜、山药等的贮藏保鲜。这些瓜果和蔬菜如果在高湿度下贮藏，容易被病菌侵染而腐烂变质。低湿度即为干燥条件，指环境相对湿度在75%以下的湿度条件。蔬菜中的生姜、洋葱、蒜头贮藏的适宜相对湿度为65%~75%，各种粮食及其成品和半成品、干果、干菜、干鱼、干肉、茶叶等贮藏中应将相对湿度控制70%以下。散装的粉质状食品如面粉等，具有疏松结构的食品如膨化食品等，具有亲水性物质结构的食品如食糖等，它们的贮藏湿度应更低一些。

环境中的自然湿度变化与季节、天气、地区等有密切关系，夏秋季节多雨潮湿，我国南方的空气湿度一般高于北方，阴雨天的空气相对湿度可达到90%以上。这些自然湿度变化对上述有特定湿度要求的食品的质量会产生一定的影响，例如，长时间的阴雨天气会导致面粉吸潮结块、干制食品吸潮而发霉变质、食糖和食盐吸湿而潮解。相反，干燥条件则会引起新鲜果蔬失水萎蔫和耐藏性下降。因此，具有良好密封包装如各种罐装、袋装、盒装等包装的食品，由于包装容器或包装材料的物理阻隔作用，其中的内容物受环境湿度的影响很小，故这类食品可在自然湿度下贮藏和流通。

3. 气体成分调节

调节气体成分通常是指降低贮藏环境中的 O_2 浓度和提高 CO_2 浓度。这种技术措施目前主要用于果品蔬菜及加工食品的贮藏保鲜。在低温条件下，控制一定浓度的 O_2 和 CO_2 组合，就能取得较冷藏更加显著的效果。因此，气调贮藏已成为我国及世界上许多国家的主流方式。调节气体成分除主要用于果品蔬菜贮藏保鲜外，在粮食贮藏中为了防虫和防霉而采用的缺氧贮藏法，鲜肉鲜鱼在流通中为了防止变质、延长货架期而采用的充氮包装法，禽蛋为保质而采用的 CO_2 贮藏法和 N_2 贮藏法，核桃仁和花生仁等富含油脂的食品为防止油脂氧化酸败而采用的充氮贮藏法等，都是调节气体成分技术在控制食品腐败变质中的具体应用。表 1-15 为气调包装对海产品货架期的影响。

表 1-15　　　　　新鲜海产品气调包装气体组成及货架期

贮藏温度/℃	种类	气体组成	货架期/d	货架期延长率/%
10	大马哈鱼	90%CO_2+10%空气	10	150
		60%CO_2+40%空气	10	150
8	鳕鱼片	100%CO_2	23	280
		65%CO_2+4%O_2+31%N_2	16	170
4	鳕鱼片	100%CO_2	40~53	>100
4	大马哈鱼片	100%CO_2	48	>100
		70%CO_2+30%空气	24	>100
3	大马哈鱼片	100%CO_2	>20	>100

4. 其他辅助处理

（1）栅栏技术　"栅栏技术"一词最早由德国肉类研究中心 Leistner 提出。栅栏技术（也称联合保存、联合技术或屏障技术）是多种技术合理的科学结合，这些技术协同作用，阻止食品品质的劣变，将食品的危害性以及在加工和商业销售过程中品质的恶化降低到最低程度，它是食品贮藏的根本所在。Leistner 把食品防腐的方法或原理归结为：高温处理、低温冷藏、降低水分活度、酸化、氧化还原电势、防腐剂、竞争性菌群及辐照等几种因子的作用。这些因子单独或相互作用形成特殊的防止食品腐败变质的栅栏，决定着食品微生物的稳定性，抑制引起食品氧化变质的酶类的活性，即栅栏效应。水分活度、酸度、温度、防腐剂等栅栏因子相互影响对食品的联合防腐保持作用，因此，将其命名为栅栏技术。

①栅栏技术基本原理：在食品防腐保藏中的一个重要现象是微生物的内平衡，内平衡是微生物维持一个稳定平衡内部环境的固有趋势。具有防腐功能的栅栏因子扰乱了一个或更多的内平衡机制，因而阻止了微生物的繁殖，导致其失去活性甚至死亡。

几乎所有的食品贮藏都是几种贮藏方法的结合，如加热、冷却、干燥、腌渍或熏制、蜜饯、酸化、除氧、发酵、加防腐剂等，这些方法及其内在原理已经被人们以经验为依据广泛应用了许多年。栅栏技术囊括了这些方法，并从其作用机理上予以研究，而这些方法即为栅栏因子。栅栏因子控制微生物稳定性所发挥的栅栏作用不仅与栅栏因子种类、强度有关，而且受其作用次序影响，两个或两个以上因子的作用强于这些因子单独作用的累加。某种栅栏因子的组合应用还可大大降低另一种栅栏因子的使用强度或不采用另一种栅栏因子而达到同样的保存效果，即所谓的"魔方"原理。

食品保藏中某一单独栅栏因子的轻微增加即可对其货架期稳定性产生显著影响。例如，肉制品的稳定性可能取决于 F 值是 0.3 还是 0.4，A_w 值是 0.975 还是 0.970，pH 是 6.4 还是 6.2 等，而这些因子的总和决定了该食品是微生物稳定的、不稳定的或不定的。此外，通过这些栅栏的互效性使食品达到微生物稳定性，比应用单一而高强度的栅栏更有效，更益于食品防腐保质。

②常用栅栏因子：在提出"栅栏"这个专业术语之前，许多的食品科学家和技术专家实际上已经开始应用"栅栏因子"来进行食品的防腐与保藏，如在肉类的加工中使用的腌、熏、加香料、加热、冷冻等措施。到目前为止，食品保藏中已经得到应用和有潜在应用价值的栅栏因子的数量已经超过 100 个，其中已用于食品保藏的大约有 50 个。其中主要有物理栅栏、物理化学栅栏和微生物栅栏等。

物理栅栏，包括温度（巴氏灭菌、高温杀菌、冷冻、冷藏）、照射（紫外线、微波）、压力（高、低）、电磁能（电场脉冲、磁场脉冲、超声波）、包装气（气调、真空、充氮、二氧化碳）、包装材料（聚乙烯塑料、可食膜）等。物理化学栅栏，包括水分活度（高、低）、pH（高、低）、氧化还原电位（高、低）、防腐剂（有机酸、醋酸钠、磷酸钠等）、烟熏、气体（二氧化碳、臭氧）等。微生物栅栏，包括有益的优势菌、抗生素等。其他栅栏，包括游离脂肪酸、甲壳素、氯化物等。

③栅栏技术在食品加工中的应用：栅栏技术对于食品保藏来说是很有意义的，因为栅栏技术能够通过协同作用控制微生物对食品的破坏，保证得到稳定、安全的产品，并且由于它们协同的、相互作用的影响，使得在保藏技术中，可以降低各个因子的使用强度。这种技术作为稳定微生物体系，保证食品安全，提高感官质量等的保藏方法已成功地被证明。

（2）包装　食品包装的材料包括木材、纸与纸板、纤维织物、塑料、玻璃、金属、陶瓷及各种辅助材料（如黏合剂、涂膜材料等），其中纸类、塑料、金属和玻璃是食品包装材料的四大支柱。食品包装容器的形式、形状及方法，也因食品的特性、包装材料的性质及市场需求等而千姿百态，花样不断翻新。

包装可将食品与环境隔离，防止外界微生物和其他生物侵染食品。采用隔绝性能良好的密封包装，配合杀菌或抑菌处理，或控制包装内的 O_2 和 CO_2 浓度（降低 O_2 和提高 CO_2），或以 N_2 代替包装内的空气，均可抑制包装内残存的微生物或其他生物（如昆虫和螨）的生长繁殖，延长食品的保质期；包装可减小或避免干燥食品吸收环境中的水气而变质、生鲜食品蒸发失水而失鲜甚至干缩、冷冻肉水分升华而发生干耗和冻结烧等变质现象的发生。选用隔氧性能强、阻挡光线和紫外线性能好的包装材料对食品进行包装，可以减缓或防止食品在贮藏和流通中发生的化学变色如酶促褐变、羰氨反应、抗坏血酸氧化褐变、动物性和植物性天然色素的变化等，发生的化学变性如脂肪酸败、蛋白质变性等，许多维生素和无机盐的破坏损失等。选择适当的塑料薄膜材料进行包装，并结合低温条件，可使包装袋内维持低氧和较高的湿度条件，从而抑制食品的生理作用和生化变化，延缓食品的自然变质，延长贮藏期和货架期。

(3) 化学药剂处理　在食品生产、贮藏和流通中，为了抑制微生物危害和控制食品自身氧化变质，常常使用一些对食品无害的化学剂对食品进行处理，以增强食品的贮藏性和保持其良好的质量。比较常用的化学药剂有防腐剂、脱氧剂和保鲜剂。

按照对微生物作用的程度，可将食品防腐剂分为杀菌剂和抑菌剂，具有杀菌作用的物质称为杀菌剂，而仅具有抑菌作用的物质称为抑菌剂。食品脱氧剂是一类能够吸收 O_2 的物质。当脱氧剂随食品密封在同一包装容器中时，能通过化学反应脱除容器内的游离氧及容留于食品中的氧，并生成稳定的化合物，从而防止食品氧化变质。同时，反应后形成的缺氧条件也能有效地防止食品生霉和生虫。食品保鲜剂的作用与防腐剂有所不同，它除了针对微生物的作用外，还对食品自身的变化如鲜活食品的蒸腾作用、呼吸作用、酶促反应等起到一定的抑制作用。

用上述的化学药剂处理食品，必须考虑食品的卫生与安全，应严格按照食品安全国家标准规定控制其用量和使用范围。而且各种化学药剂的特性及其作用不同，实际应用中必须有的放矢，绝对不可盲目乱用。

(4) 辐照处理　辐照保藏食品，主要是利用放射性同位素 ^{60}Co 或 ^{137}Cs 产生的穿透力极强的电离射线 γ 射线，当它穿过活的有机体时，就会使其中的水和其他物质电离，生成游离基或离子，从而影响机体的新陈代谢过程，严重时可杀死活细胞。从食品保藏的角度而言，就是利用辐照达到杀菌、灭虫、调节生理生化变化等效应，从而延长食品的贮藏期和保持食品的良好质量。

【项目小结】

本项目从三个方面介绍食品在贮运中发生的变化,分别是食品在贮运中的生理生化变化、食品在贮运中的颜色变化及食品在贮运中的败坏。与此同时还学习了呼吸作用、蒸腾作用、成熟、衰老、休眠、后熟、陈化、僵直、软化等基本概念。其中食品在贮运中的生理生化变化是本项目的重点,包括果蔬产品、粮食产品采后生理生化变化,畜肉产品、鱼产品死后的生化变化,引起食品败坏的主要因素等。该项目的学习能帮助我们掌握果蔬产品采后生理生化指标测定的原理,学会新鲜肉类和水产品的鉴别方法。

复习思考题

一、名词解释

1. 呼吸跃变期
2. 呼吸温度系数
3. 衰老

二、选择题

1. 下列果实存在呼吸跃变的有(　　　)。
   A. 苹果　　　　B. 樱桃　　　　C. 菠萝　　　　D. 草莓

2. 与荔枝果实衰老、劣变相关的因素有(　　　)。
   A. 呼吸作用　　B. 乙烯作用　　C. 膜脂过氧化　D. 以上都是

3. 栅栏因子共同防腐作用的内在统一称作栅栏技术。常见的栅栏因子有(　　　)。
   A. 温度　　　　　　　　　　B. pH
   C. A_w　　　　　　　　　　D. Eh(降低氧化还原电位)

4. 影响果蔬呼吸强度的因素有很多,但最主要的因素是(　　　)。
   A. 贮藏方式　　B. 气体成分　　C. 温度　　　　D. 以上都是

三、填空题

1. 食品的败坏分为_____、_____和_____三种类型。
2. 休眠期可分为三个阶段:第一阶段为_____,是从生长到休眠的过渡阶段;第二阶段为_____,是贮藏的安全期;第三阶段为_____。
3. 脂肪酸败有三种类型:_____、_____和_____。
4. 食品贮藏中湿度的控制因食品的理化特性、有无包装、包装性能等而异,可分别控制为_____、_____、_____和_____。

四、问答题

1. 生鲜食品贮藏过程中主要发生哪些生理生化变化?
2. 什么是呼吸作用?衡量呼吸作用强弱的指标有哪些?
3. 呼吸作用对果蔬贮藏保鲜的意义是什么?

4. 控制果蔬蒸腾作用的措施有哪些?
5. 什么是果实的成熟、生理成熟、完熟和后熟?
6. 植物体内乙烯的生物合成途径是什么?
7. 乙烯与呼吸模式有何关系?
8. 什么是果蔬的休眠?什么是果蔬的采后生长?
9. 休眠与采后生长对果蔬贮藏保鲜的意义是什么?
10. 什么是侵染性(病理性)病害?什么是生理性病害?
11. 什么是肉类的宰后僵直和软化?它们对贮藏保鲜分别有何意义?
12. 果蔬采后软化的原因是什么?
13. 畜肉在贮藏过程中如何保鲜?
14. 鱼死后有哪些变化?

食品贮藏保鲜常用技术

【知识目标】

1. 能够陈述食品贮藏保鲜的各种概念。
2. 熟练陈述食品贮藏保鲜的各种方法。

【技能目标】

1. 了解各种食品贮藏保鲜方法的概念和原理，同时掌握其应用条件。
2. 根据不同食品及其特性，能正确选取合适的贮藏方式。

【必备知识】

1. 掌握食品冷藏保鲜、冻结保鲜、冰温贮藏保鲜原理。
2. 知晓食品冷却冷藏的类型。
3. 掌握食品冰温保鲜的方法。
4. 熟知食品气调库保鲜贮藏期间的管理。
5. 了解基因工程关键技术。

一、食品低温保鲜技术

（一）食品冷藏保鲜技术

1. 食品的冷藏保鲜原理

冷藏是指食品保持在冷却或冻结终了温度的条件下，将食品低温贮藏一定时间。根据食品冷却或冻结加工温度的不同，冷藏又可分为冷却物冷藏和冻结物冷藏两种。冷却物冷藏温度一般在0℃以上，冻结物冷藏温度一般为-18℃以下。对一些多脂鱼类和冰淇淋，欧美国家建议冷藏温度为-30~-25℃，以获得较高的品质和较长贮藏期。

食品在冷藏过程中食品表面水分的蒸发（又称干耗）是一个需要特别注意的问题。因为蒸发不仅造成食品的质量损失，而且使食品发生干缩现象，降低了品质，使食品的味道和外观变坏。

2. 食品冷却技术

冷却是指将食品的温度降低到某一指定的温度，但不低于食品汁液的冻结点。冷却的温度通常在10℃以下，其下限为-2~4℃。食品的冷却贮藏，可延长它的贮藏期，并能保持其新鲜状态。但由于在冷却温度下，细菌、霉菌等微生物仍能生长繁殖，而冷却的动物性食品只能做短期贮藏。

3. 食品冷却类型

常用的冷却食品的方法有冷风冷却、差压式冷却、冷水冷却、碎冰冷却、真空冷却等。具体使用时，应根据食品的种类及冷却要求的不同，选择其适用的冷却方法。表2-1为上述冷却方法的一般使用范围。

表2-1　　　　　　　　冷却方法的一般使用范围

冷却方法	肉	禽	蛋	鱼	水果	蔬菜	烹调食品
冷风冷却	○	○	○		○	○	○
差压式冷却	○	○	○		○	○	
冷水冷却		○		○	○	○	
碎冰冷却		○		○	○	○	
真空冷却					○	○	○

（1）冷风冷却　冷风冷却是利用被风机强制流动的冷空气使被冷却食品的温度下降的一种冷却方法，它与自然冷却的区别在于配置了较大风量、风压的风机，所以又称为强制通风冷却方式，是一种使用范围较广的冷却方法。

冷风冷却使用最多的是冷却水果、蔬菜，冷风机将冷空气从风道中吹出，冷空气流经库房内的水果、蔬菜表面吸收热量，然后回到冷风机的蒸发器中，将热量传递给蒸发器，空气自身温度降低后又被风机吹出。如此循环往复，不断地吸收水果、蔬菜的热量并维持其低温状态。冷风的温度可根据选择的贮藏温度进行调节和控制。

冷风冷却还可以用来冷却禽、蛋、调理食品等。冷却时通常把被冷却食品置于金属传送带上，可连续作业。

冷风冷却可广泛地用于不能用水冷却的食品上，其缺点是当室内温度低时，被冷却食品的干耗较大。

（2）差压式冷却　这是近几年开发的新的冷风冷却技术。图2-1所示为差压式冷却的装置。将食品放在吸风口两侧，并铺上盖布，使高、低压形成2~4kPa压差，利用这个压差，使-10~5℃的冷风，以0.3~0.5m/s的速度通过箱体上开设的通风孔，顺利地在箱体内流动，用此冷风进行冷却。根据食品种类不同，差压式冷却一般需4~6h，有的可在2h左右完成。一般最大冷却能力为货物占地面积70m^2，若大于该值，可对贮藏空间进行分隔，在每个小空间设吸气口。

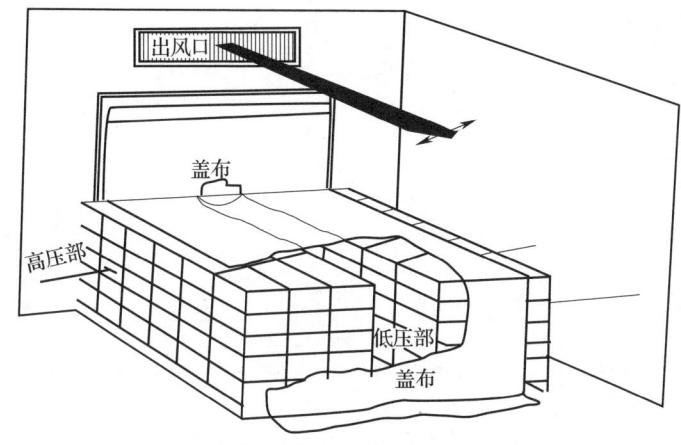

图 2-1　差压式冷却装置示意图

（3）冷水冷却　冷水冷却是通过低温水把被冷却的食品冷却到指定的温度的方法。冷水冷却可用于水果、蔬菜、家禽、水产品等食品的冷却，特别是对一些易变质的食品更适合。冷水冷却通常用预冷水箱来进行，水在预冷水箱中被布置于其中的制冷系统的蒸发器冷却，然后与食品接触，把食品冷却下来。如不设预冷水箱，可把蒸发器直接设置于冷却槽内，此种情况下，冷却池必须设搅拌器，由搅拌器促使水流动，使冷却池内温度均匀。现代冰蓄冷技术的研究与完善，为冷水冷却提供了更广阔的应用前景。具体做法是在冷却开始前先让冰凝结于蒸发器上，冷却开始后，此部分冰就会释放出冷量。

冷水冷却有如下三种形式。

①浸渍式：浸渍式冷却设备，一般在冷水槽底部有冷却排管，上部有放冷却食品的传达带。将欲冷却食品放入冷却槽中浸没，冷水被搅拌器不停地搅拌，被冷却对象靠传送带在槽中移动，经冷却后输出。

②喷水式：又分为喷淋式和喷雾式。冷水冷却方法中以喷水式应用较多。喷水式冷却设备如图 2-2 所示，它主要由冷却水槽、传送带、冷却隧道、水泵和制冷系统等部件组成。在冷却水槽内设冷却盘管，由压缩机制冷，使盘管周围的水部分结冰，因而冷却水槽中是冰水混合物，泵将冷却的水抽到冷却隧道的顶部，被冷却食品则从冷却隧道的传送带上通过。冷却水从上向下喷淋到食品表面，冷却室顶部的冷水喷头，根据食品不同而大小不同：对耐压产品，喷头孔较大，为喷淋式；对较柔软的品种，喷头孔较小为喷雾式，以免由于水的冲击造成食品损坏。

③混合式（喷水和浸渍）：冷水冷却比冷风冷却速度快，而且没有干耗。缺点是若冷水被污染后，就会通过冷水介质传染给其他食品，影响食品冷却质量。

（4）碎冰冷却　冰是一种很好的冷却介质，它有很强的冷却能力。在与食品接触过程中，冰融化成水要吸收 334.53kJ/kg 的相变潜热，使食品迅速冷却。

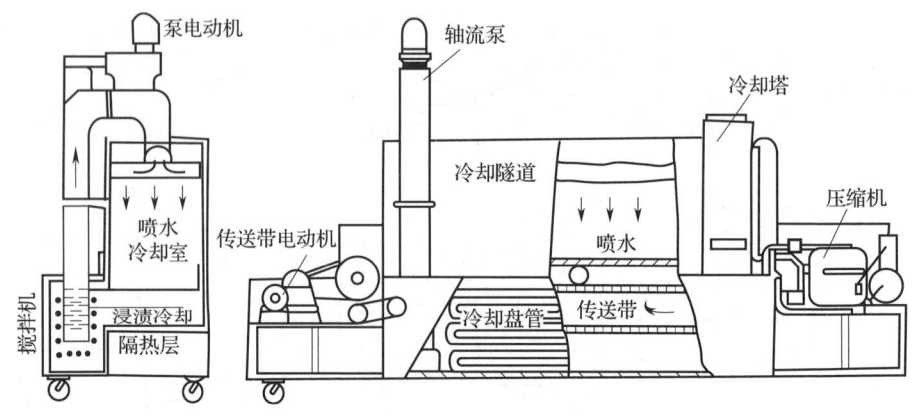

图 2-2 喷水式冷水冷却设备示意图

冰价格便宜、无害，易携带和贮藏。碎冰冷却能避免干耗现象。

用来冷却食品的冰有淡水冰和海水冰两种。一般淡水鱼用淡水冰来冷却，海水鱼可用海水冰冷却。淡水冰可分为机制块冰（块重100kg/块或120kg/块，经破碎后用来冷却食品）、管冰、片冰、米粒冰等多种形式，按冰质可分成透明冰和不透明冰。不透明冰是因为形成的冰中含有许多微小的空气气泡而导致不透明。从单位体积释放的冷量来讲，透明冰要高于不透明冰。海水冰也有多种形式，主要以块冰和片冰为主。随着制冰机技术的完善，许多作业渔船可带制冰机边制边用，但要注意，不允许用被污染的海水及港湾内的水来制冰。

常用碎冰的密度和比体积如表2-2所示。

表 2-2　　　　　　　　常用碎冰的密度和比体积

碎冰规格/dm	密度/（kg/m^3）	比体积/（m^3/t）
大冰块（约10×1×5）	500	2.0
中冰块（约4×4×4）	550	4.82
细冰块（约1×1×1）	560	1.78
混合冰（大冰块和细冰块混合，0.5~12）	625	1.60

在海上，渔获物的冷却一般有加冰法（干法）、水冰法（湿法）和冷海水法三种。

①加冰法：要求在容器的底部和四壁先加上冰，随后层冰层鱼、薄冰薄鱼。最上面的盖冰冰量要充足，冰粒要细，撒布要均匀，融冰水应及时排出以免对鱼体造成不良影响。

②水冰法：在有盖的泡沫塑料箱内，以冰加冷海水来保鲜鱼货。海水必须先预冷到-1.5~1.5℃再送入容器或舱中，再加鱼和冰，鱼必须完全被冰浸盖。用

冰量根据气候变化而定,一般鱼与水之比为2∶1~3∶1。为了防止海水鱼在冰水中变色,用淡水冰时需加盐,如乌贼鱼要加盐3%,鲷鱼要加盐2%。淡水鱼则可用淡水加淡水冰保藏运输,不需加盐。水冰法操作简便,用冰省,冷却速度快,但浸泡后肉质较软弱,易于变质,故从冰水中取出后仍需冰藏保鲜。此法适用于死后易变质的鱼类,如鲐、鲹、竹刀鱼等。

③冷海水法:主要是以机械制冷的冷海水来冷却保藏鱼货,其与水冰法相似,水温一般控制在-1~0℃。冷海水法可大量处理鱼货,所用劳力少、卸货快、冷却速度快。缺点是有些水分和盐分被鱼体吸收后使鱼体膨胀,颜色发生变化,蛋白质也容易损耗,另外因舱体的摇摆,鱼体易相互碰擦而造成机械伤口等。冷海水法目前在国际上被广泛地用来作为预冷手段。

(5)真空冷却 真空冷却又名减压冷却。它的原理是利用水在不同压力下的沸点不同,如表2-3所示。由表可见,只要改变压力,就可改变水分的沸腾温度,真空冷却装置就是根据这个原理设计的。如在通常的101.3kPa压力下,水在100℃沸腾,当压力为0.66kPa时,水在1℃就可沸腾。在沸腾过程中,要吸收气化潜热,这个相变热正好用于水果、蔬菜的真空冷却。为了利用这个原理组装设备,必须设置冷却食品的真空槽和可以抽掉真空槽内空气的装置。图2-3为真空冷却装置示意图。

表2-3 水的蒸汽压与沸点的关系

压力/Pa	沸点/℃	压力/Pa	沸点/℃
$1.01×10^5$	100	872	5
$2.0×10^4$	60	656	1
7378	40	401	-5
2337	20	260	-10
1227	10	38	-30

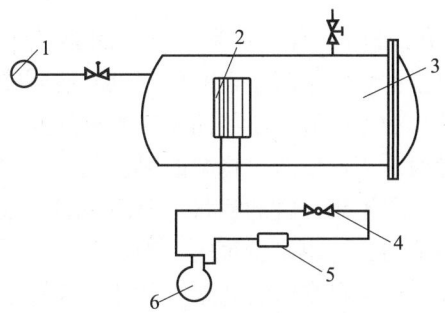

图2-3 真空冷却装置示意图
1—真空泵 2—冷却器 3—真空冷却槽
4—膨胀阀 5—冷凝器 6—压缩机

真空冷却装置中配有真空冷却槽、制冷装置、真空泵等设备，如图2-3所示。装置中配有的制冷装置，不是直接用来冷却蔬菜的。由于水在666.6Pa压力、1℃温度下变成水蒸气时，其体积要增大将近20万倍，此时即使用二级真空泵来抽，也不能使真空冷却槽内的压力维持在666.6Pa。制冰装置的作用是让水汽重新凝结于蒸发器上而排出，保持了真空冷却槽内压力的稳定。

真空冷却主要用于生菜、芹菜等叶菜类的冷却。收获后的蔬菜，经过挑选、整理，放入有孔的容器内，然后放入真空槽内，关闭槽门，启动真空冷却装置。当真空槽内压力降低至666.6Pa时，蔬菜中的水分在1℃低温下迅速汽化。水变成水蒸气时吸收的2253.88kJ/kg的汽化潜热使蔬菜本身的温度迅速下降到1℃。例如，生菜从常温24℃冷却到3℃，冷风冷却需要25h，而真空冷却只需要0.5h。

真空冷却是目前最快的一种冷却方法。真空冷却设备具有冷却速度快、冷却均匀、品质高、保鲜期长、损耗小、干净卫生、操作方便等优点，但设备初次投资大，运行费用高，以及冷却品种有限，一般只适用于叶菜类，如白菜、甘蓝、菠菜、韭菜、菜花、春菊、生菜等。近期也有将真空预冷设备用于蒸煮米饭的冷却。

4. 食品在冷藏期间的变化

食品在冷却贮藏时，虽然温度较低，但还是会发生一系列的变化。所有的变化中除肉类在冷却过程中的成熟作用外，其他均会使食品的品质下降。

(1) 水分蒸发　食品在冷却时，不仅食品的温度下降，而且食品中汁液的浓度会有所增加，食品表面水分蒸发，出现干燥现象。当食品中的水分减少后，不但造成质量损失（俗称干耗），而且使植物性食品失去新鲜饱满的外观，当减重达到5%时，水果、蔬菜会出现明显的凋萎现象。肉类食品在冷却贮藏中也会因水分蒸发而发生干耗，同时肉的表面收缩、硬化，形成干燥的皮膜，肉色也有变化。鸡蛋在冷却贮藏中，因水分蒸发而造成气室增大，使蛋内组织挤压在一起而造成质量下降。

(2) 冷害　在冷却贮藏时，有些水果、蔬菜品温虽然在冻结点以上，但当贮藏温度低于某一界限温度时，果蔬正常的生理机能遇到障碍，失去平衡，这称为冷害。冷害症状随品种的不同而各不相同，最明显的症状是表皮出现软化斑点和核周围肉质变色，像西瓜表面凹斑、鸭梨的黑心病、马铃薯的发甜等。另有一些水果、蔬菜，在外观上看不出冷害的症状，但冷藏后再放到常温中，就丧失了正常的促进成熟作用的能力，这也是冷害的一种。

(3) 移臭（串味）　有强烈香味或臭味的食品，与其他食品放在一起冷却贮藏，香味或臭味就会传给其他食品。例如，洋葱与苹果放在一起冷藏，葱的臭味就会传到苹果上去。这样，食品原有的风味就会发生变化而导致品质下降。有时，一间冷藏室内放过具有强烈气味的物质后，在室内留下的强烈气味会串给接下来放入的食品。另外，冷藏库还带有一些特有的臭味，俗称冷臭，这种冷臭也会串给冷却食品。

（4）果蔬的生理作用　水果、蔬菜在收获后仍是有生命的活体。为了运输和贮藏上的便利，果蔬一般在收获时尚未完全成熟，因此收获后需经历后熟过程。在冷却贮藏过程中，水果、蔬菜的呼吸作用、后熟作用仍在继续进行，体内各种成分也不断发生变化，例如，淀粉和糖的比例、糖酸比、维生素 C 的含量等，同时还可以看到颜色、硬度等的变化。

（5）肉的成熟作用　刚屠宰的动物的肉是柔软的，并具有很高的持水性，经过一段时间放置后，就会进入僵硬阶段，此时肉质变得粗硬，持水性也大大降低。继续延长放置时间，肉就会进入解硬阶段，此时肉质又变软，持水性也有所恢复。进一步放置，肉质就进一步柔软，口味、风味也有极大的改善，达到了最佳食用状态。这一系列变化是体内进行的一系列生物化学变化和物理化学变化的结果。由于这一系列的变化，使肉类变得柔嫩，并具有特殊的鲜、香风味。这种变化过程称为肉的成熟。这是一种受人欢迎的变化。由于动物种类的不同，成熟作用的效果也不同。对猪、家禽等肉质原来就较柔嫩的品种来讲，成熟作用不十分重要。但对牛、绵羊、野禽等，成熟作用就十分重要，它对肉质的软化与风味的增加有显著的效果，提高了它们的商品价值。但是必须指出的是，成熟作用如果进行得过分的话，肉质就会进入腐败阶段，一旦进入腐败阶段，肉类的商品价值就会下降甚至丧失。

（6）脂类的变化　冷却贮藏过程中，食品中所含的油脂会发生水解、脂肪酸的氧化、聚合等复杂的变化，其反应生成的低级醛、酮类物质会使食品的风味变差、味道恶化，使食品出现变色、酸败、发黏等现象。这种变化进行得非常严重时，就被称为"油烧"。

（7）淀粉老化　食品中的淀粉是以 α-淀粉的形式存在的，但是在接近 0℃ 的低温范围内，糊化了的 α-淀粉分子又自动排列成序，形成致密的高度晶化的不溶性淀粉分子，迅速出现了淀粉的 β 化，这就是淀粉的老化。老化的淀粉不易为淀粉酶作用，所以也不易被人体消化吸收。淀粉老化作用的最适温度是 2~4℃。例如面包在冷却贮藏时淀粉迅速老化，味道就变得很不好吃。当贮存温度低于-20℃或高于 60℃时，均不会发生淀粉老化现象。

（8）微生物的增殖　在冷却、冷藏状态下，微生物特别是低温微生物，它的繁殖和分解作用并没有被充分抑制，只是速度变得缓慢了一些，其总量还是增加的，如时间较长，就会使食品发生腐败。低温细菌的繁殖在 0℃ 以下变得缓慢，但如果要它们停止繁殖，一般来说温度要降到-10℃以下，对于个别低温细菌，在-40℃的低温下仍有繁殖现象。

（9）寒冷收缩　宰后的牛肉在短时间内快速冷却，肌肉会发生显著收缩现象，以后即使经过成熟过程，肉质也不会十分软化，这种现象称为寒冷收缩。一般来说，宰后 10h 内，肉温降低到 8℃ 以下，容易发生寒冷收缩现象。但这温度与时间并不固定，成牛与小牛，或者同一头牛的不同部位的肉都有差异。例如成牛，肉温低于 8℃，而小牛则肉温低于 4℃。

（二）食品冻结保鲜技术

1. 食品冻结保鲜的原理

冻结是指将食品的温度降低到食品汁液的冻结点以下，使食品中的水分大部分冻结成冰。冻结温度带国际上推荐为 -18℃ 以下。冻结食品中微生物的生命活动及酶的生化作用均受到抑制、水分活度下降，因此可进行长期贮藏。

宰杀后的鱼、肉、禽等动物性食品是没有生命力的生物体，它们对引起食品腐败变质的微生物侵入无抵御能力，也不能控制体内酶的作用，一旦被细菌污染，细菌迅速生长、繁殖，就会造成它们腐败变质。把动物性食品放在低温条件下贮藏，酶活力就会减弱，微生物的生命活动受到抑制，就可延长它的贮藏期。通常，非活体食品的贮藏温度越低，其贮藏期越长。动物性食品在冻结点以上的冷却状态下，只能作 1~2 周的短期贮藏；如果温度降至冻结点以下，国际上推荐的冻结温度一般为 -18℃ 或 -40℃。冻结食品中微生物的生命活动及酶的生化作用均受到抑制，水分活度下降，冷冻食品可以作长期贮藏，并符合温度越低，品质保持越好，实用贮藏期越长的原则。

食品在冻结过程中所含水分要结冰，鱼、肉、禽等动物性食品若不经前处理直接冻结，解冻后的感官品质变化不大，但水果、蔬菜类植物性食品若不经前处理直接冻结，解冻后的感官品质就会明显恶化。所以蔬菜冻前须进行烫漂，水果要进行加糖或糖液等前处理后再去冻结。如何把食品冻结过程中的水变成冰结晶及将低温造成的影响减小或抑制到最低程度，是冻结工序中必须考虑的技术关键。

2. 食品的冻结方法

按食品在冷却、冻结过程中放出的热量被冷却介质（气体、液体或固体）带走的方式进行分类。

（1）鼓风式冻结　用空气作冷却介质强制循环对食品进行冻结，是目前应用最广泛的一种冻结方法。由于空气的表面导热系数较小，在空气自然循环中冻结的速度很慢。工业生产中已不大采用。增大风速，能使冻品表面导热系数增大，这样冻结速度可加快。

（2）接触式冻结　这种冻结方法的特点是将被冻的食品放置在两块金属板之间，依靠导热来传递热量。由于金属的热导率比空气的表面导热系数大数十倍，故接触式冻结法的冻结速度快。它主要适用于冻结块状或规则形状的食品。

半接触式冻结法主要是指被冻的食品的下部与金属板直接接触，靠导热传递热量。上部由空气强制循环，进行对流换热，加快食品冻结。

（3）液化气体喷淋冻结　又称为深冷冻结。这种冻结方法的主要特点是将液态氮或液态二氧化碳直接喷淋在食品表面进行急速冻结。用液氮或液态二氧化碳冻结食品时,其冻结速度很快,冻品质量也高,但要注意防止食品的冻裂。

(4)沉浸式冻结 沉浸式冻结的主要特点是将被冻的食品直接沉浸在不冻液(盐水、乙二醇、丙二醇、酒精溶液或糖溶液)中进行冻结。由于液体的表面导热系数比空气的大好几十倍,故沉浸式冻结法的冻结速度快,但不冻液需要满足食品卫生要求。

3. 快速冻结与慢速冻结

食品的冻结分为快速冻结和慢速冻结。食品快速低温冻结具有高质量地长期保存食品的优越性。主要是因速冻食品冰结晶小、质地好、解冻后可逆性大,不会导致细胞受损伤。速冻后的食品贮藏在-30℃左右的冻藏室内,保持优良品质可达10个月以上。

国际制冷学会对食品冻结速度的定义做了如下规定:食品表面至热中心点的最短距离与食品表面温度达到0℃后,食品热中心点的温度降至比冻结点低10℃所需时间之比,称为该食品的冻结速度v(cm/h)。

快速冻结速度≥5~20cm/h

中速冻结速度≥1~5cm/h

慢速冻结速度=0.1~1cm/h

目前国内使用的各种冻结装置,由于性能不同,冻结速度差别很大。一般鼓风式冻结装置,冻结速度为0.5~3cm/h,属中速冻结;流态化冻结装置冻结速度约为5~10cm/h,液氮冻结装置冻结速度为10~100cm/h,均属快速冻结装置。

4. 食品的冻结装置

目前世界上采用的食品冻结装置主要有以下几种。

(1)强烈吹风连续式冻结装置

①流态化冻结装置:随着我国速冻调理食品、速冻果蔬和虾类的迅速发展,用于单体快速冻结食品(IQF)的带式流态化冻结装置得到了广泛的应用,如图2-4所示。

流态冻结是使小颗粒食品悬浮在不锈钢网孔传送带上进行单体冻结的。由于风从传送带底部经网孔进入时风速很高,为7~8m/s,把颗粒食品吹起,形成悬浮状态进行冻结。冻结时,食品间的风速为3.5~4.5m/s,由于传送带上部的空间大,故冷风的速度降低,不致将冻结后的食品吹走。

②螺旋带式冻结装置:螺旋带式冻结装置,广泛用于冻结各种调理食品(如肉饼、饺子和鱼丸等)。对虾、鱼片等的冻结装置如图2-5所示。

螺旋带式冻结装置采用一个或两个转筒,外围绕有向一个方向转动的不锈钢传送带,可绕10~20圈。传送带的一边紧靠在转筒上,由转筒带动,不论传送带有多长,其所受张力都不大,因而使用寿命长,驱动功率小。由于传送带的圈数可任意确定,所以时间、速度、进出料方向等都可以自由选择。

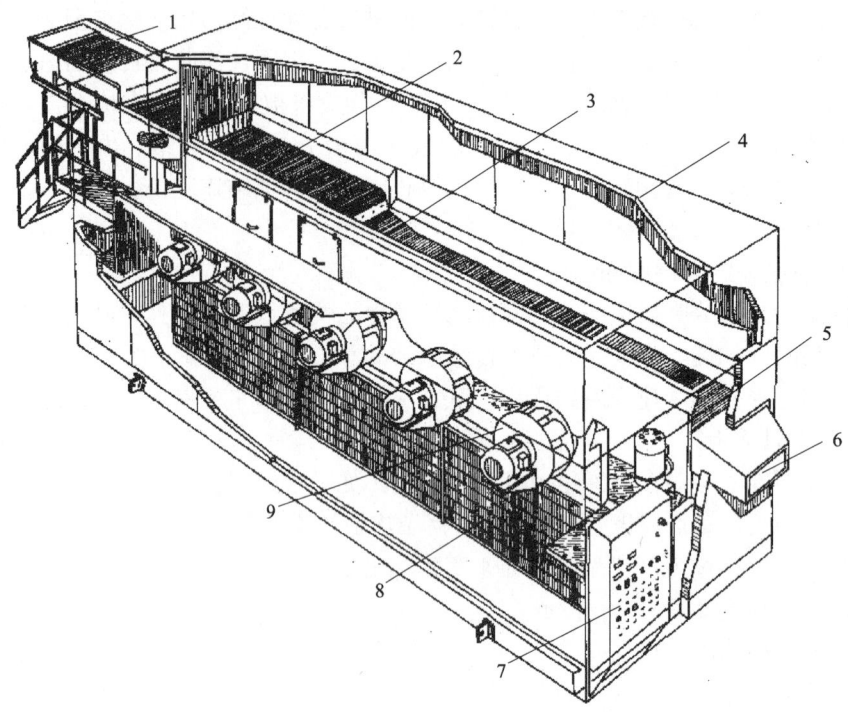

图 2-4　带式流态化冻结装置示意图

1—振动布料进冻口　2—表层冻结段　3—冻结段　4—隔热箱体
5—网带传动电动机　6—出冻口　7—电控柜及显示器　8—蒸发器　9—离心式风机

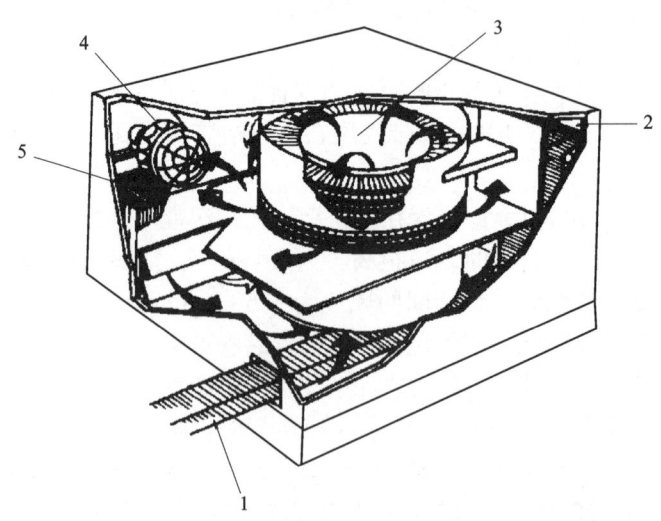

图 2-5　螺旋带式冻结装置示意图

1—进冻口　2—出冻口　3—转筒　4—风机　5—蒸发管组

冻结品放在传送带上，传送带由下部进去上部出来，空气由上部向下吹，或者采用双向垂直状态空气流吹，使冷空气与冻结品呈逆式对流换热状态，冻品在这里进行冻结，食品厚25mm时，40min左右就可以冻好。此种冻结装置体积小，仅占一般传送带式冻结装置所占面积的25%。工人能在常温下操作，效率高、干耗少。用不锈钢制作的传送带易于清洁，但该装置在间隔生产时，则电耗大、成本高。

（2）隧道式冻结装置　隧道式冻结装置不受食品形状的限制，食品是在吊轨上传送，故劳动强度小，在我国肉类加工厂和水产冷库中被广泛应用。该装置多使用轴流风机，风速大、冻结速度快（但食品干耗大），蒸发器融霜采用热氨和水同时进行，故融霜时间短。隧道式冻结装置分下吹风和上吹风两种，一般认为冻鱼应用下吹风，而冻猪肉用上吹风较好。

①直吹风隧道式冻结装置：这种冻结装置的特点是风量大、冻结速度快，如图2-6所示。

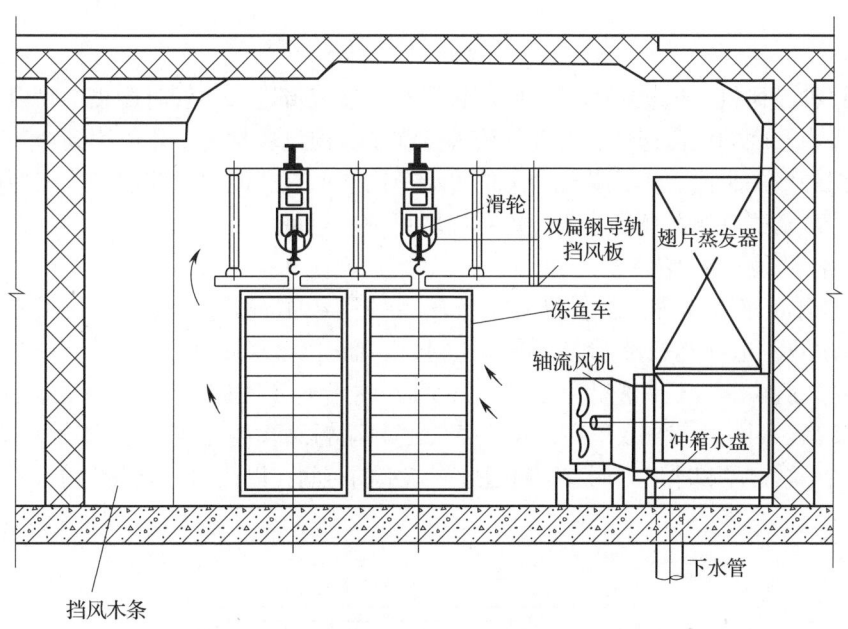

图2-6　直吹风隧道式冻结装置示意图

该冻结装置中轴流风机安装在冷风机蒸发器的下部，直接对鱼车吹风，鱼盘周围的空气流速不低于2.5m/s。由于翅片采用套片时，传热效果较绕片式好，表面霜层薄，每冻结4~5次冲霜一次。

②上吹风隧道式冻结装置：这种冻结装置如图2-7所示，设计时多采用双进风离心式冷风机。空气经扩散风道直接吹向装在冻结装置一侧的翅片盘管，然后由盘管下面的出风口吹出。经过悬挂的白条肉后再由开设在挡风板上的与吊轨成平行方向的风口回到风机中。

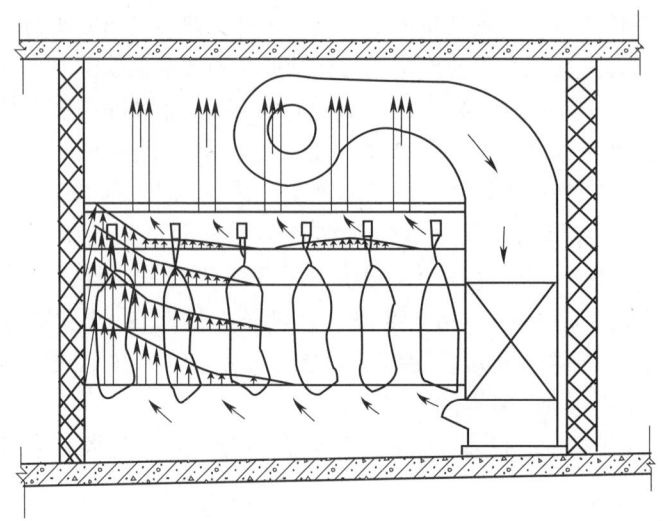

图 2-7 上吹风隧道式冻结装置示意图

这种冷风机的风机与盘管之间配置风道,使气流进入盘管时能集中喷射,加强盘管内管间的气流速度,并使气流速度在装置内比较均匀,才能达到全装置内的肉温一致的目的,因此装配合适的可调节的导风板,能使风速均匀,缩短冻结时间。隧道式冻结装置在水产冷库和肉联厂中应用最广。

（3）接触式冻结装置

①钢带冻结装置：该装置有一条环装的厚约 1mm 的不锈钢传送板带,如图 2-8 所示。在传送板带下侧有低温不冻液（氯化钙盐水或丙二醇溶液）喷淋而进行冻结。所喷淋的不冻液温度为 $-40\sim-35$℃。由于不锈钢传送板带能完全接触被冻结的食品,因此热传导效率高,并有清洗装置保持板面卫生,输送板调速器,可依不同的冻结食品和厚度,调节物料通过冻结室的时间,以达到完全冻结的目的。

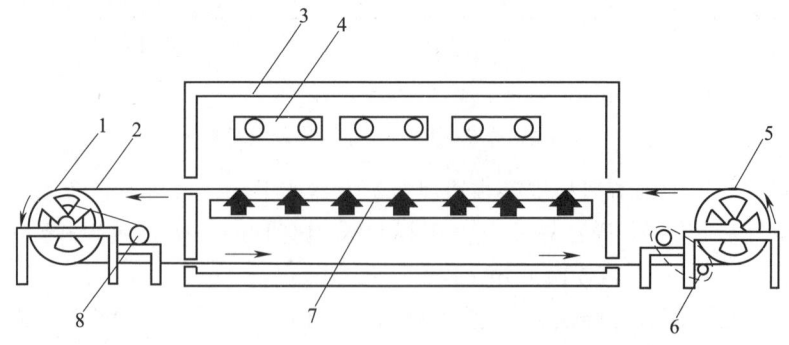

图 2-8 钢带（连续式）冻结装置示意图
1—主动轮 2—不锈钢传送带 3—绝热层 4—空气冷却器
5—从动轮 6—钢带清洗器 7—平板蒸发器 8—调速装置

钢带冻结装置适合冻结调理食品、水产品及农产品。冻结 20~25mm 厚度的食品约需 30min。

②管架式冻结装置：管架式冻结装置内设置用光滑排管组装的管架，被冻结的食品放在管架上，处于低温状态下在管架上逐渐冻结。

管架式冻结装置分空气自然循环式（目前已很少采用）和吹风式（如图2-9所示）两种。自然循环式空气与冻结食品之间的热交换较差，冻结速度慢。吹风式冻结速度快，因此冻结质量好。吹风式管架冻结装置内装有轴流风机，使空气循环。装配风机的位置不同，则吹风的形式也不同，有顺流吹风式、直角吹风式（横吹）和下压吹风式三种。

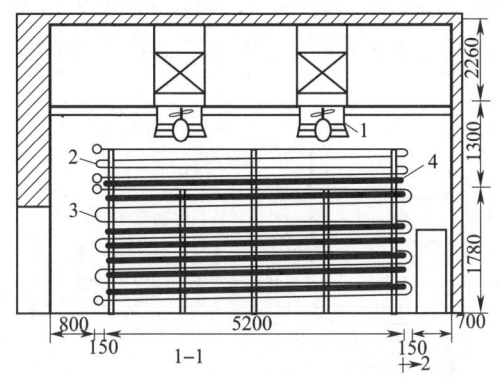
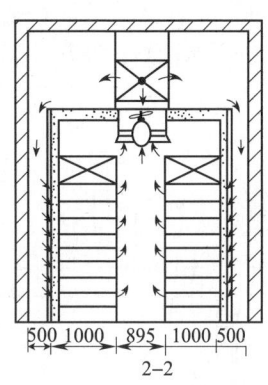
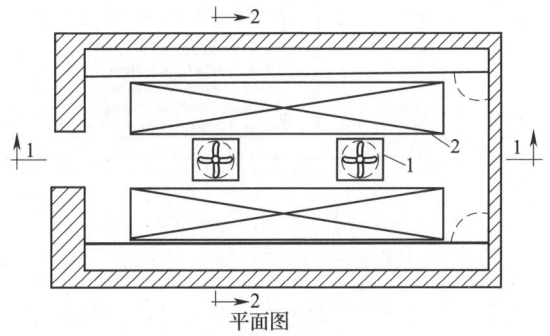

图 2-9　吹风式管架冻结装置（单位：mm）
1—轴流风机　2—顶管　3—管架式排管　4—出风口

顺吹式气流与排管平行，风速为3m/s左右，冻结速度快。

横吹式气流与排管垂直，风机装配在管架排管的顶部，并设置风道和导风板，使气流有组织地吹向被冻结的食品，空气流速为1.5~2.0m/s。该种吹风形式冻结速度快，冻品质量好。

下压吹风式是将风机装设在两组管架之间的通道上，因风向下吹，使整个冻结装置内空气流动呈混乱状态。与前两种形式比较，冷风的分布不均匀，不同部位的冻结食品存在一定的温差。

管架式排管定期用热氨冲霜,并使管内润滑油排出。

③平板冻结装置:平板冻结装置的工作原理是将食品放在各层平板中间,用液压系统移动平板,以便进出货操作和冻结时使平板与食品紧密接触。平板大多采用铝合金制成,它是内部具有管形格栅的空心板,制冷剂或不冻液在管内流动,平板两面均可传热,所以导热系数大,冻结时间短,占地面积小,可以放在船上或陆上车间内生产。

卧式平板冻结装置(如图 2-10 所示)多数由 11 块平板组成,用液压系统使平板上升和下降,每层平板可调范围为 110~115mm,使用时被冻结的包装食品或托盘上下两面都必须与平板很好接触,若有空隙,则冻结速度明显下降。但必须控制好液压,考虑到食品在冻结过程中因冻结膨胀压的产生,其压力将增大一倍,故液压也不能过高,通常控制在 50kPa 左右。对于不同的产品,还需作适当的调整。

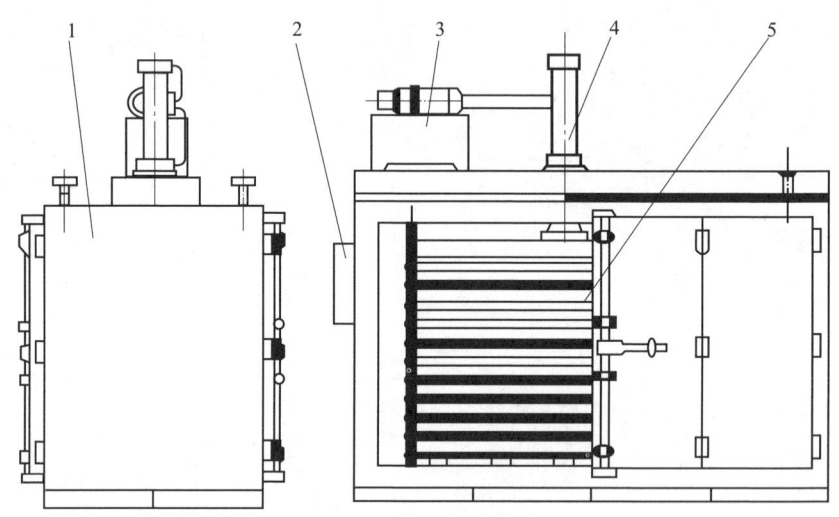

图 2-10　卧式平板冻结装置示意图
1—隔热箱体　2—电控箱　3—油压系统　4—升降油缸　5—平板蒸发器

该装置适用于鱼片、对虾和肉类小包装等食品的速冻加工。

④回转式冻结装置:回转式冻结装置的转筒由不锈钢制成,它有二层壁,外壁即转筒的冷表面,它与内壁之间组成的空间可供制冷剂直接蒸发进行制冷。制冷剂为氨或氟利昂,它从中间有孔的圆筒转动轴中输入,在二层壁的空间内作螺旋状的运动,蒸发后的气体也从转轴排出。

该装置是一种新型的连续直接接触式冻结装置,它适合于鱼片、虾仁等水产品的单体快速冻结(IQF)。由于这种冻结装置占地面积小,连续冻结生产效率高,目前欧美各国的水产品加工厂中多在使用。

回转式冻结装置工作原理如图 2-11 所示。需要冻结的水产品如生虾、虾仁和鱼片等,一个个单体由进冻传送带 1 被送至转筒的冷表面上进行冻结,由于水产品是湿的,与转筒冷表面一接触,立即粘在转筒表面。进料传送带再给水产品稍施以压力,使它与转筒冷表面接触得更好,并在转筒冷表面上快速冻结。转筒回转一次,水产品即可冻好,然后经刮刀从转筒表面刮下,送入出冻传送带 2 输送到包装生产线。该装置上有隔热外壳,底部还有检查和清洁用的小门。

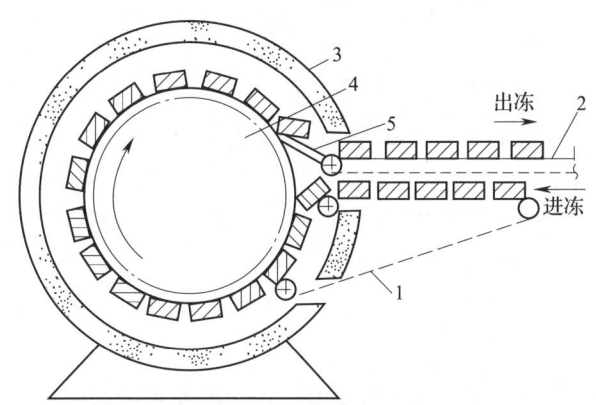

图 2-11　回转式冻结装置工作原理图
1—进冻传送带　2—出冻传送带　3—隔热壳体　4—转筒　5—刮刀

用回转式冻结装置,当虾和虾仁进冻温度为 10℃,出冻温度为 -18℃ 时,冻结时间为 15~20min。

（4）直接冻结装置

①盐水浸渍冻结装置：盐水浸渍冻结装置是将水产品直接浸在低温盐水中进行冻结。由于流动盐水的传热性能好,水产品冻结速度快,如图 2-12 所示。

盐水浸渍冻结的方法是把鱼放到渔船后部的盐水槽中,每个鱼槽能容纳 30~60t 的冻品,而在新型的渔船上总容量达 600~800t。最有效的盐水冻结法是应用食盐溶液,其温度可维持 -21℃（氯化钙盐水可维持 -35℃）的低温。为了避免浸入鱼时温度大幅度的波动,盐水量必须多于鱼的数量。盐水与鱼的比例应是大于 50∶1,才能保持温度稳定。蒸发器的配管要多,因为蒸发器与整槽盐水之间的温差不能太大,一般为 1℃。

用盐水作冷媒直接冻结鱼类由于使用盐水浸鱼冻结,盐分就会向鱼的表层渗透,但当鱼表层冻至 -1.5℃ 时,这种渗透作用就会终止。用该装置冻结的鱼类略带咸味,但含盐量不超过 1.5%,故不影响食用,但因冻鱼表面变色,失去光泽,外观较差,所以多用来作为罐头原料。

②液氮喷淋冻结装置：液氮喷淋冻结装置是使食品直接与喷淋的液氮接触而冻结。液氮的特点是在大气压下于 -195.8℃ 沸腾蒸发。当其与食品接触时可吸收 199kJ/kg 的蒸发潜热,如再升温至 -20℃,其比热容以 1.05kJ/kg 计,则还可以再吸收 183.89kJ/kg 的潜热,二者合计可吸收 383.39kJ/kg 的热量。

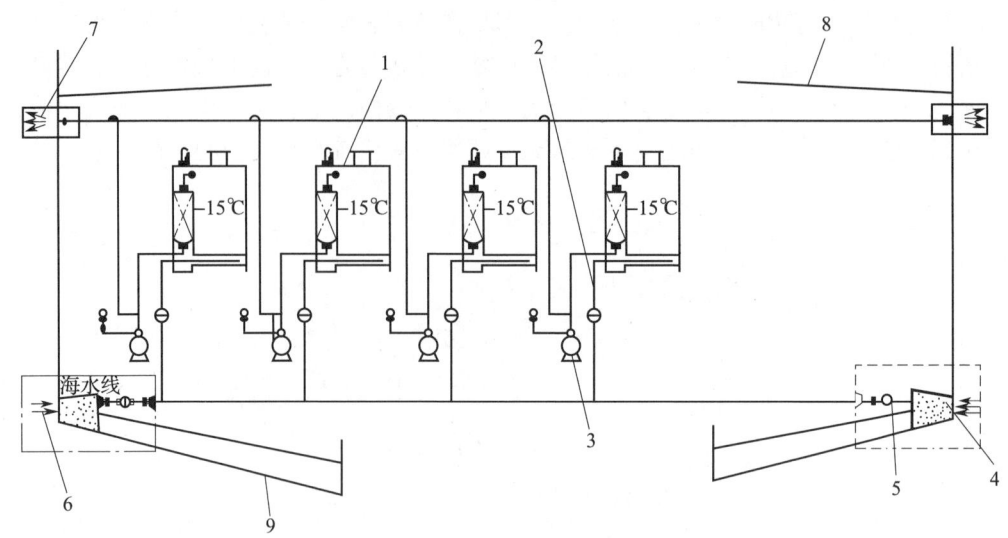

图 2-12 拖网渔船盐水浸渍冻结系统示意图

1—冻鱼盐水槽 2—过滤器 3—盐水泵 4、6—进水口 5—过滤器
7—排水口 8—主甲板 9—船底

液氮冻结装置如图 2-13 所示，在隧道的中间是不锈钢丝制的网状传送带，食品置于带上，随带移动。箱体外以泡沫塑料隔热，传送带在隧道内依次经过预冷区、冻结区、均温区，冻结完成后到出口处。液氮贮于室外，以 3.5kPa 的压力引入到冻结区进行喷淋冻结。吸热汽化后的氮气温度仍很低，为 $-10 \sim -5$℃，由搅拌风机送到进料口，冷却刚进入隧道的食品，此即预冷区。食品由预冷区进入冻结区，即与喷淋的 -195.8℃液氮接触，食品瞬时即被冻结，因为时间短，食品表面与中心的瞬时温差很大，为使食品分布均匀，由冻结区进入均温区数分钟。1~3cm 厚的食品，在 10~15min 即可冻到 -18℃ 以下。冻 1kg 的食品需液氮 1kg 左右。

用液氮喷淋冻结装置冻结食品有下述优点。

a. 冻结速度快。-196℃ 的液氮喷淋到食品上，冻结速度快，比平板冻结装置快 5~6 倍，比空气冻结装置快 20 多倍。

b. 冻结质量好。因冻结速度快，结冰速度大于水分移动速度，细胞内外同时产生细小、分布均匀的冰结晶，对细胞无损伤，故解冻时汁液流失少，可逆性大，解冻后能恢复到冻前的新鲜状态。

c. 干耗小。单体冻结的食品，大多需在包装前进行冻结，干耗大，采用液氮冻结可减少干耗。以牡蛎单体冻结为例，吹风冻结干耗为 8%，而液氮喷淋冻结干耗为 0.8%。

d. 液氮喷淋冻结装置生产效率高，占地面积小，设备投资省。

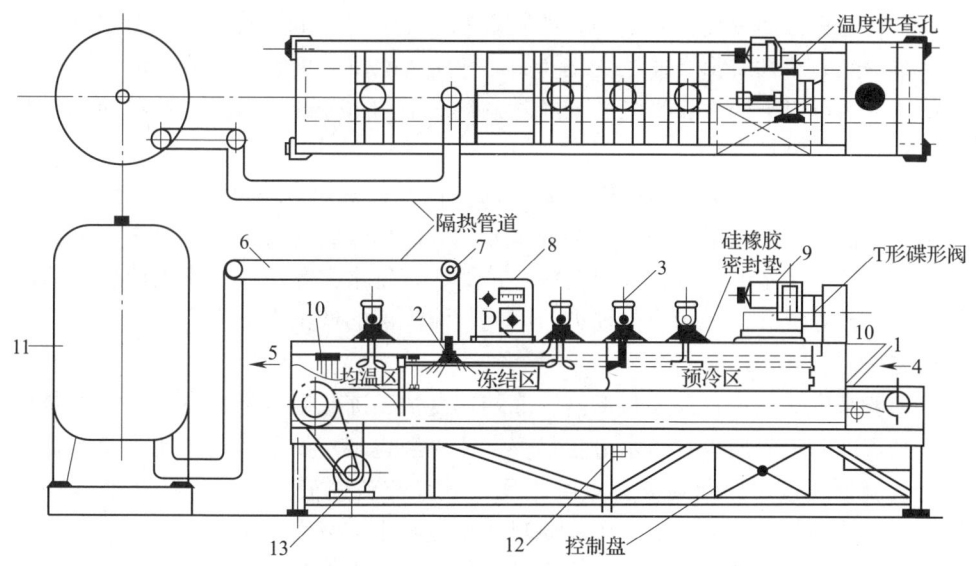

图 2-13 液氮喷淋冻结装置示意图

1—不锈钢丝网传送带　2—喷嘴　3—搅拌风机　4—进料口
5—出料口　6—供液氮管线　7—调节阀　8—温度计　9—排气风机
10—硅橡胶幕带　11—液氮贮罐　12—电源开关　13—无级变速器

由于具有上述优点,液氮冻结在工业发达的国家中被广泛应用。它存在的问题是:由于冻结速度极快,食品表面与中心产生极大的瞬间温差,易导致食品龟裂,所以过厚的食品不宜采用此法,一般食品厚度应小于10cm。工作温度限制在 $-120 \sim -60$℃。另外,液氮冻结的成本较高,如冻结每1kg食品需液氮1.1~1.2kg。因其价格较高和来源受限等问题,其应用受到一定的限制。

从以上列举的冻结装置来看,食品速冻工艺总的趋势是低温、快速冻结,冻品的形式也从大块盘装冻结向单体快速冻结(IQF)发展。目前用于冻结食品的装置种类很多,在选用时应根据食品的种类和特性,选择合适的冻结装置,并要考虑到设备的投资、运转费用等经济问题,以保证其可行性。

5. 食品冻结期间的变化

(1) 物理变化

①体积膨胀、产生内压:0℃时水结成冰,体积约增加9%,在食品中体积约增加6%。含水分多的食品冻结时体积会膨胀。食品冻结时,首先是表面水分结冰,然后冰层逐渐向内部延伸。当内部的水分因冻结而体积膨胀时,会受到外部冻结层的阻碍,产生内压称做冻结膨胀压。当食品厚度大、含水率高、表面温度下降极快时易产生龟裂。

②物理特性的变化：因水和冰的物理特性的不同，冻结前后食品的比热容、热导率等热力学性质都会发生变化。如对一定含水量的食品，冻结点以上的比热容要比冻结点以下的大；当温度下降时，食品中的水分开始结冰，其热导率就变大，食品的冻结速度加快。

③体液流失：食品经过冻结、解冻后，内部冰晶融化成水，如不能被组织、细胞吸收恢复到原来的状态，这部分水分就分离出来成为流失液。流失液不仅是水，还包括溶于水的成分，如蛋白质、盐类、维生素类等。体液流失使食品的质量减小，营养成分、风味也受损失。因此，流失液的产生率成为评定冻品质量的指标之一。

一般来说，如果食品原料新鲜，冻结速度快，冻藏温度低且波动小，冷藏期短，则解冻时流失液少。若水分含量多，流失液也多。如鱼和肉相比，鱼的含水量高故流失液也多；叶菜类和豆类相比，叶菜类流失液多；经冻结前处理如加盐、糖、磷酸盐时流失液少。食品原料切得越细小，流失液也越多。

④干耗：食品冻结过程中，因食品中的水分从表面蒸发，造成食品的质量减少，俗称"干耗"。干耗不仅会造成企业很大的经济损失，还给冻品的品质和外观带来影响。例如，日宰2000头猪的肉联厂，干耗以2.8%或3%计算，要年损失600多吨"肉"，相当于15000头猪。

干耗发生的原因是冻结室内的空气未达到水蒸气的饱和状态，其蒸气压小于饱和水蒸气压，而鱼、肉等含水量较高，其表面层接近饱和水蒸气压，在蒸气压差的作用下食品表面水分向空气中蒸发，表面层水分蒸发后内层水分在扩散作用下向表面层移动。由于冻结室内的空气连续不断地经过蒸发器，空气中的水蒸气凝结在蒸发器表面，减湿后常处于不饱和状态，所以冻结过程中的干耗在不断进行着。

此外，冻结室中的空气温度和风速对食品干耗也有影响。空气温度低，相对湿度高，蒸汽压差小，食品的干耗也小。对风速来说，一般概念是风速加大，干耗增加。但如果冻结室内是高湿、低温，加大风速可提高冻结速度，缩短冻结时间，食品也不会过分干耗。

(2) 组织变化　蔬菜、水果类植物性食品在冻结前一般要进行烫漂或加糖等前处理工序，这是因为植物组织在冻结时受到的损伤要比动物组织大。新鲜的水果、蔬菜等植物性食品是具有生命力的有机体，在冻结过程中其植物细胞会被致死，这与植物组织冻结时细胞内的水分变成冰结晶有关。当植物冻结致死后，因氧化醇的活性增强而使果蔬褐变。为了保持原有的色泽，防止褐变，蔬菜在速冻前一般要进行烫漂处理，而动物性食品因是非活性细胞则不需要此工序。

(3) 化学变化

①蛋白质冻结变性：鱼、肉等动物性食品中，构成肌肉的主要蛋白质是肌原纤维蛋白质。在冻结过程中，肌原纤维蛋白质会发生冷冻变性，表现为盐溶性降

低、ATP 酶活力减小、盐溶液的黏度降低、蛋白质分子产生凝集使空间立体结构发生变化等。蛋白质变性后的肌肉组织，持水力降低、质地变硬、口感变差，作为食品加工原料时，加工适宜性下降。如用蛋白质冷冻变性的鱼肉作为加工鱼糜制品的原料，其产品缺乏弹性。

②变色：食品冻结过程中发生的变色主要是冷冻水产品的变色，从外观上看通常有褐变、黑变、褪色等现象。水产品变色的原因包括自然色泽的分解和产生新的变色物质两方面。自然色泽被破坏，如红色鱼皮的褪色、冷冻金枪鱼的变色等，产生新的变色物质如虾类的黑变、鳕鱼肉的褐变等。变色不但使水产品的外观变差，有时还会产生异味，影响冻品的质量。

(4) 生物和微生物的变化

①生物：生物是指小生物，如昆虫、寄生虫之类，经过冻结都会死亡。

②微生物：引起食品腐败变质的微生物有细菌、霉菌和酵母，其中与食品腐败和食物中毒关系最大的是细菌。微生物的生长、繁殖需要一定的环境条件，温度就是其中一个重要条件。当温度低于最适温度时，微生物的生长受到抑制；当温度低于最低温度时，微生物即停止繁殖。引起食物中毒的细菌一般是中温菌，在10℃以下繁殖减慢，4.5℃以下停止繁殖。霉菌和鱼类的腐败菌一般是低温菌，在0℃以下繁殖缓慢，-10℃以下停止繁殖。

冻结阻止了微生物的生长、繁殖。食品在冻结状态下贮藏，冻结前污染的微生物数随时间的延长会逐渐减少，但不能期待利用冻结可杀死污染的微生物，只要温度回升，微生物就很快繁殖起来。所以食品冻结前要尽可能减少细菌污染，才能保证冻品的质量。

冻结阻止了细菌的生长、繁殖，但由于细菌产生的酶还有活性，尽管活性很小但还有作用，它使生化过程缓慢进行，降低了食品的品质，所以冻结食品的贮藏仍有一定期限。

6. 食品冻结期间的管理

(1) 食品冻藏时的物理变化与管理

①冰结晶的长大：冻结食品在-18℃以下的低温冷藏室中贮藏，食品中90%以上的水分已冻结成冰，但其冰结晶是不稳定的，大小也不全部均匀一致。在冻结贮藏过程中，如果冻藏温度经常变动，冻结食品中微细的冰结晶量会逐渐减少、消失，大的冰结晶逐渐生长，变得更大，整个冰结晶数量大大减少，这种现象称为冰结晶的长大。巨大的冰结晶使细胞受到机械损伤，蛋白质发生变性，解冻时汁液流失量增加，食品的口感、风味变差，营养价值下降。

为了减少冻藏过程中因冰结晶的长大给冻结食品的品质带来的不良影响，可从两个方面采取措施来加以防止：a. 采用快速深温冻结方式，使食品中90%的水分在冻结过程中来不及移动，就在原位置变成微细的冰结晶，其大小、分布都较均匀。同时由于冻结终温低，提高了食品的冻结率，使食品中残留的液相减少，从而减少冻结贮藏中冰结晶的长大；b. 冻结贮藏室的温度要尽量低，并要保持稳定、少变动，特别要避免-18℃以上的温度变动。

②干耗与冻结烧：食品在冷却、冻结、冻藏的过程中都会发生干耗，因冻藏期限最长，干耗问题也更为突出。冻结食品的干耗主要是食品表面的冰结晶直接升华造成的。

当冻藏室的围护结构隔热不好，外界传入的热量多；冻藏室内收容了品温较高的冻结食品；冻藏室内空气温度变动剧烈；冻藏室内蒸发管表面温度与空气温度之间温差太大；冻藏室内空气流动速度太快等都会使冻结食品的干耗现象加剧。这样不仅使冻结食品脱水，造成质量损失，而且冰晶升华后留存的细微空穴大大增加了冻结食品与空气的接触面积。在氧的作用下，食品中的脂肪氧化酸败，表面发生黄褐变，使食品的外观损坏，食味、风味、质地、营养价值都变差，这种现象称为冻结烧（Freezer burn）。冻结烧部分的食品含水率非常低，接近2%~3%，断面呈海绵状，蛋白质脱水变性，食品品质严重下降。

为了减少和避免冻结食品在冻藏中的干耗与冻结烧，在冷藏库的结构上要防止外界热量的传入，提高冷库外墙围护结构的隔热效果。对一般冷库来讲，要维护好冷库的外围结构，减少外界热量传入，将冷库的围护结构外表面刷白，减少进入库内的辐射热量；维护好冷藏门和风幕，在库门处加挂棉门帘或硅橡胶门帘，减少从库门进入的热量；减少开门的时间和次数，减少不必要进入库房的次数，库内操作人员离开时要随时关灯，减少外界热量的流入。在冷库内要减少库内温度与冻品温度及空气、冷却器之间的温差，合理地降低冻藏室的空气温度和保持冻藏室较高的相对湿度，温度和湿度不应有大的波动。

对于食品本身来讲，可采用加包装或镀冰衣的方法。镀冰衣主要用于冻结水产品的表面保护，特别是针对多脂肪鱼类。镀冰衣可让冻结水产品的表面附着一层薄的冰膜，在冻藏过程中由冰衣的升华替代冻鱼表面冰晶的升华，使冻品表面得到保护。同时冰衣包裹在冻品的四周，隔绝了冻品与周围空气的接触，就能防止脂类和色素的氧化，使冻结水产品可作长期贮藏。冻鱼镀冰衣后再进行内包装，可取得更佳的冻藏效果。此外，如果在货垛上覆盖帆布篷或塑料布，可减少食品干耗。对于采用冷风机的冻藏间来说，商品都要包装或镀冰衣，库内气流分布要合理，并要保持微风速（不超过0.2~0.4m/s）。

(2) 食品冻藏时的化学变化与管理

①蛋白质的冻结变性：食品中的蛋白质在冻结过程中会发生冻结变性，在冻藏过程中，因冻藏温度的变动和冰结晶的长大，会增加蛋白质的冻结变性程度。

②脂类的变化：冷冻鱼脂类的变化主要表现为水解、氧化以及由此产生的油烧。鱼类在冻藏过程中，脂肪酸往往因冰晶的压力由内部转移到表层，因此很容易在空气中氧的作用下发生自动氧化，产生酸败臭。脂肪酸败并不是油烧，只有当与蛋白质的分解产物共存时，脂类氧化产生的羰基与氨基反应，脂类氧化产生

的游离基与含氮化合物反应,氧化脂类互相反应,其结果使冷冻鱼发生油烧产生褐变。

鱼类在冻藏过程中,脂类发生变化的产物中还存在有毒物质,例如丙二醛等,对人体健康有害。另外,脂类的氧化会促进鱼肉冻藏中的蛋白质变性和色素的变化,使鱼体的外观恶化,风味、口感及营养价值下降。由于冷冻鱼的油烧主要是由脂类氧化引起的,因此可采取下列措施加以预防:a. 采用镀冰衣、包装等方法,隔绝或减少冷冻鱼与空气中氧的接触;b. 降低水产品的冻藏温度,尽可能使反应基质,即高度不饱和脂肪酸凝固化,可大大降低脂类氧化反应的速度。许多试验证明,冻藏温度在-35℃以下才能有效地防止脂类氧化。同时库温要稳定、少变动;c. 冻藏室要防止氨的泄漏,因为环境中的氨会加速冷冻鱼的油烧。另外,鲨鱼、鳐等鱼类最好不要与其他鱼类同室贮藏;d. 使用脂溶性抗氧化剂,最好用天然抗氧化剂。

③色泽的变化:冻结食品在冻藏过程中,除了因制冷剂泄漏造成变色(如氨泄漏时,洋葱、结球甘蓝、莲子的白色会变成黄色,胡萝卜的橘红色会变成蓝色)外,其他凡在常温下发生的变色现象,在长期的冻藏过程中都会发生,只是进行的速度十分缓慢。

a. 脂肪的变色。如前所述,多脂肪鱼类,如带鱼、沙丁鱼等,在冻藏过程中因脂肪氧化会发生氧化酸败,严重时还会发黏,产生异味,丧失食品的商品价值。

b. 蔬菜的变色。蔬菜在速冻前一般要将原料进行烫漂处理,破坏导致褐变的相关酶类,使速冻蔬菜在冻藏中不变色。如果烫漂的温度与时间不够,过氧化酶失活不完全,绿色蔬菜在冻藏过程中会变成黄褐色;如果烫漂时间过长,绿色蔬菜也会发生黄褐变,这是因为蔬菜叶子中含有叶绿素而呈绿色,当叶绿素变成脱镁叶绿素时,叶子就会失去绿色而呈黄褐色,酸性条件会促进这个变化。蔬菜在热水中烫漂时间过长,蔬菜中的有机酸溶入水中使其变成酸性的水,会促进发生上述变色反应。所以正确掌握蔬菜烫漂的温度和时间,是保证速冻蔬菜在冻藏中不变颜色的重要环节。

c. 红色鱼肉的褐变。红色鱼肉的褐变,最有代表性的是金枪鱼肉的褐变。金枪鱼肉在-20℃下冻藏2个月以上,其肉色由红色向暗红色、红褐色、褐红色、褐色转变,作为生鱼片销售商品价值下降。这种现象的发生,是由于肌肉中的肌红蛋白被氧化,生成了氧化肌红蛋白。金枪鱼是红肉鱼类,肌肉中含有大量的肌红蛋白。当鱼类死后,因肌肉中供氧终止,肌红蛋白与氧分离成还原型状态,呈暗红色。如果把鱼肉切开放置在空气中,还原型肌红蛋白就从切断面获得氧气,并与氧结合生成氧合肌红蛋白,呈鲜红色。如果继续长时间放置,含有二价铁离子的氧合肌红蛋白和还原型肌红蛋白都会自动氧化,生成含有三价铁离子的氧化肌红蛋白,呈褐色。金枪鱼肉的变色程度取决于氧化肌红蛋白生成率的高低,即氧化肌红蛋白生成率为20%以下、30%、50%和70%以上时，金枪鱼肉分别呈鲜红色、暗红色、褐红色和褐色。

随着冻藏温度的降低，肌红蛋白氧化的速度减慢，褐变推迟发生。当冻藏温度在-78~-35℃时，氧化肌红蛋白生成率的变化不大，色泽保持时间长。因此，为了防止冻结金枪鱼肉的变色，冻藏温度至少在-35℃以下，如果采用-60℃的超低温冷库，保色效果更佳。

d. 虾的黑变。虾类在冻结贮藏中，其头、胸、足、关节及尾部常会发生黑变，出现黑的斑点或黑箍，使商品价值下降。产生黑变的原因主要是氧化酶（酚酶或酚氧化酶）使酪氨酸氧化，生成黑色素所致。芋类和水果因冻结造成细胞破坏而出现的褐变现象与此类似。

黑变的发生与虾的鲜度有很大关系。新鲜的虾冻结后，因酚酶无活力，冻藏中不会发生黑变；而不新鲜的虾其氧化酶活性化，在冻结贮藏中就会发生黑变。

防止的方法是煮熟后冻结，使氧化酶失去活力；摘除酪氨酸含量高、氧化酶活力强的内脏、头、外壳，洗去血液后冻结。由于引起虾黑变的酶类属于需氧性脱氢酶类，故采用真空包装较为有效。另外，用水溶性抗氧化剂浸渍后冻结，冻后再用此溶液镀冰衣，冻藏中也可取得较好的保色效果。

e. 鳕鱼肉的褐变。鳕鱼肉在冻结贮藏中会发生褐变，主要原因是还原糖类物质与氮化合物产生的美拉德（Maillard）反应所造成的。鳕鱼死后，鱼肉中的核酸系物质反应生成核糖，然后与氨化合物反应，以 N-配糖体、紫外光吸收物质、荧光物质作为中间体，最终聚合生成褐色的类黑精，使鳕鱼肉发生褐变。

-30℃以下的低温贮藏可防止核酸系物质分解生成核糖，也可防止发生美拉德反应。此外，鱼的鲜度对褐变有很大的影响，因此一般应选择鲜度好，死后僵硬前的鳕鱼进行冻结。

f. 箭鱼肉的绿变。冻结箭鱼的肉呈淡红色，在冻结贮藏中其一部分肉会变成绿色，这部分肉称为绿色肉。这种绿色肉在白皮、黑皮的旗鱼类中也能看到，通常出现在鱼体沿脊骨切成2片的内面。绿色肉发酸或有异臭味，严重时出现阴沟臭似的恶臭味。

绿变现象的发生，是由于鱼的鲜度下降，因细菌作用生成的硫化氢与血液中的血红蛋白或肌红蛋白反应，生成绿色的硫血红蛋白或硫肌红蛋白而造成的。此现象目前除注意保持冻结前的鲜度外，别无他法防止。

g. 红色鱼的褪色。含有红色表皮色素的鱼类，在冻结贮藏过程中常可见到褪色现象，如红娘鱼、带纹红鲉等。这种褪色受光的影响很大，紫外光线350~360nm 照射时，褪色现象特别显著。红色鱼的褪色是由于鱼皮红色色素的主要成分类胡萝卜素被空气中的氧所氧化的结果。当有脂类共存时，其色素氧化与脂类氧化还有相互促进作用。降低冻藏温度可推迟红色鱼的褪色。

食品在冻藏中发生变色的机理是各不相同的，需要采用不同的方法来加以防止。但是在冻藏温度这一点上有共同之处,即降低温度可使引起食品变色的化学反应速度减慢,如果降至-60℃左右,红色鱼肉的变色几乎完全停止。因此为了更好地保持冻结食品的品质,特别是防止冻结水产品的变色,国际上水产品的冻藏温度更趋于低温化。

(三) 食品冰温贮藏保鲜技术

1. 食品的冰温贮藏保鲜原理

将食品贮藏在0℃以下至各自的冻结点范围内,它是属于非冻结冷藏。冰温冷藏可延长水产品的贮藏期,但可利用的温度范围狭小,一般在-2.0~-0.5℃,故温度带的设定非常困难。

冰温的机理包含两个方面:①将食品温度控制在冰温带内可维持其细胞的活体状态;②当食品冰点较高时,可以人为加入一些有机或无机物质,迫使冰点降低,扩大冰温带。

冰温贮藏技术的出发点是认为,贮藏产品是一个具有生命的活体,在一定条件下经过冷却处理后,生物体会分泌出含有糖、蛋白质、醇类等不冻液物质以保持生存状态,生物学上称此过程为"生物体防御反应"。当冷却温度临近冻结点(冰点)时,贮藏产品达到一种近似"冬眠"的状态,从而使产品在"冬眠"状态下保存,这时产品新陈代谢率最小,所消耗的能量最小,可以有效地保存贮藏产品的品质与能量。下式可表达冰点与溶液浓度之间的关系。

$$\Delta t = k_f c(B)$$

式中　Δt——冰点与零度相比下降的度数

　　　k_f——系数

$c(B)$——浓度

不同的果蔬品种具有不同的冰点温度,这是由果蔬内部各种成分的溶液浓度所决定的,因此在冰温保鲜贮藏中的一个重要前提是如何使果蔬产品在尽可能低的温度条件下维持生命特征,同时保持产品品质。

冰温贮藏具有四个优点:①不破坏细胞;②有害微生物的活动及各种酶的活力受到抑制;③呼吸活性低,保鲜期得以延长;④能够提高水果、蔬菜的品质。其中第4点是冷藏及气调贮藏方法都不具备的优点。

冰温贮藏也有缺点:①可利用的温度范围狭小,一般为-2.0~-0.5℃,故温度带的设定十分困难;②配套设施的投资较大。

2. 食品冰温贮藏保鲜方法

(1) 冰点调节贮藏　生物组织的冰点均低于0℃。当温度高于冰点时,细胞始终处于活体状态。这是因为生物细胞中溶解了糖、酸、盐类、多糖、氨基酸、肽类、可溶性蛋白质等许多成分,而各种天然高分子物质及其复合物以空间网状结构存在,使水分子的移动和接近受到一定阻碍而产生冻结回避,因而细胞液不同于纯水,冰点一般在-3.5~-0.5℃。

当冰点较高时，向食品中添加冰点调节剂（如盐、糖等）使其冰点降低，能在一定程度上增加保鲜效果。与冰点调节贮藏相结合，产生的协同作用能进一步延长保鲜期。

（2）超冰温技术　目前，冰温贮藏技术主要用于新鲜食品的保存、加工领域，随着技术的发展，超冰温技术应运而生。通过调节冷却速度等，使贮藏食品温度达到冰点以下但仍保持生鲜过冷却状态的温度领域称为超冰温带。食品温度在到达某一未冻结状态的下限温度称为破坏点。从结冰点开始到破坏点显示的未冻结状态的这个温度领域是超冰温领域。在此温度领域内即使温度在通常冰点温度以下，生物体也不会冻结。

超冰温技术的最大优点就是增加了活体的耐寒性，在更有利于贮藏品保存的同时必然增加糖、蛋白质、醇类等不冻液物质，使贮藏品的口感与风味均得到明显提高。

（3）冰膜贮藏技术　即在冰温贮藏之前，在果蔬表面附上一层人工冰保护膜，以避免冷空气直接流过果蔬表面而发生干耗或冻害，主要是为一些低糖果蔬的冰温贮藏开发的。洋白菜等具有层状构造的蔬菜，在冰温贮藏时极易出现干耗、低温冻害或部分冻结等问题。经冰膜处理的洋白菜贮藏在-0.8℃环境下，表面仅出现了微弱冻害，两个月后变成深绿色，缓慢升温后又可以恢复到原有的颜色。

3. 食品冰温贮藏技术的应用

（1）冰温贮藏技术在果蔬产品上的应用　目前，冰温技术在果蔬保鲜方面的研究较多。许多研究结果表明，利用冰温技术贮藏果蔬，可以明显降低果蔬细胞组织的新陈代谢，在色、香、味及口感方面都优于普通冷藏，可保持其良好的原有品质，新鲜度几乎与刚采收的果蔬处于同等水平。

利用冰温贮藏技术对一些采收期集中、多汁高糖、不耐贮藏的果蔬，可以延长其采后保鲜期，此外，对于成熟度较高和组织冰点较低的果蔬产品，冰温贮藏是更好的选择。

（2）冰温贮藏技术在水产品上的应用　目前在活鱼和虾蟹流通领域已有相关研究报道。在冰温带贮藏水产品，使其处于活体状态，减缓新陈代谢，可较长时间地保存其原有的色、香、味和口感。随着研究的不断深入，冰温保鲜技术在多种水产品的贮藏保鲜中将具有更广阔的应用前景。

（3）冰温贮藏技术在禽畜肉类产品上的应用　冰温贮藏技术目前在畜禽肉类保鲜方面的研究较少，而仅有鸡肉和鲜猪肉的冰温保鲜的相关研究报道。

冰温气调保鲜技术已具备了一定的技术基础，在肉类保鲜中将具有重要的实际应用价值和良好的发展前景。

(四) 食品冷藏链流通技术

1. 食品冷链流通的概念

冷藏链建立在食品冷冻工艺学的基础上，以制冷技术为手段，使易腐农产品从生产者到消费者之间的所有环节，即从原料（采摘、捕、收购等环节）、生产、加工、运输、贮藏、销售流通的整个过程，始终保持合适的低温条件，以保证食品的质量，减少损耗。因此冷藏链建设要求把所涉及的生产、运输、销售、经济和技术性等各种问题集中起来考虑，协调相互间的关系，以确保易腐农产品的加工、运输和销售。食品冷藏链由冷冻加工、冷冻贮藏、冷藏运输和冷冻销售四个方面构成。

目前冷链所适用食品范围包括：初级农产品（蔬菜、水果；肉、禽、蛋）；水产品；花卉产品；加工食品（速冻食品）；禽、肉、水产品等包装熟食；冰淇淋和乳制品；快餐原料等。

2. 食品冷链流通的特点

由于食品冷链是以保证易腐食品品质为目的，以保持低温环境为核心要求的供应链系统，所以它比一般常温物流系统的要求更高，也更加复杂。

首先，它比常温物流的建设投资要大得多，是一个大的系统工程。

其次，易腐食品的时效性要求冷链各环节具有更高的组织协调性。

最后，食品冷链的运作始终和能耗成本相关联，有效控制运作成本与食品冷链的发展密切相关。

3. 食品冷链流通的管理

（1）食品冷藏链主要环节　食品冷链由冷冻加工、冷冻贮藏、冷藏运输及配送、冷冻销售四个方面构成。

①冷冻加工：包括原料前处理、预冷、速冻三个环节，也可称为冷藏链中的"前端环节"。原料前处理、预冷、速冻，对冷藏链中冷食品（指冷却和冻结食品）的质量影响很大。因此，前端环节是非常重要的。具体包括肉禽类、鱼类和蛋类的冷却与冻结，以及在低温状态下的加工作业过程，也包括果蔬的预冷，各种速冻食品和乳制品的低温加工等。在这个环节上主要涉及的冷链装备有冷却、冻结装置和速冻装置。

②冷冻贮藏：包括食品的冷却贮藏和冻结贮藏，以及水果蔬菜等食品的气调贮藏，是冷藏链的"中端环节"。它是保证食品在贮藏和加工过程中的低温保鲜环境。在此环节主要涉及各类冷藏库、冷藏柜、冻结柜和家用冰箱等。

③冷藏运输：包括食品的中、长途运输及短途配送等物流环节的低温状态，贯穿于整个冷藏链的各个环节中。它主要涉及铁路冷藏车、冷藏汽车、冷藏船、冷藏集装箱等低温运输工具。在冷藏运输过程中，温度波动是引起食品品质下降的主要原因之一，所以运输工具应具有良好性能，在保持规定低温的同时，更要保持恒温的温度，在远途运输方面显得尤其重要。

④冷冻销售：包括各种冷链食品进入批发零售环节的冷冻贮藏和销售，它由生产厂家、批发商和零售商共同完成，是冷藏链的"末端环节"。随着大中城市各类连锁超市的快速发展，各种连锁超市正在成为冷链食品的主要销售渠道，在这些零售终端中，大量使用了冷藏、冻陈列柜和贮藏库，由此逐渐成为完整的食品冷链中不可或缺的重要环节。

（2）食品冷藏链主要设备构成　贯穿在整个冷藏链各个环节中的各种装备、设施，主要有原料前处理设备、预冷设备、速冻设备、冷藏库、冷藏运输设备、冷冻冷藏陈列柜（含冷藏柜）、家用冰柜、电冰箱等，如图2-14所示。

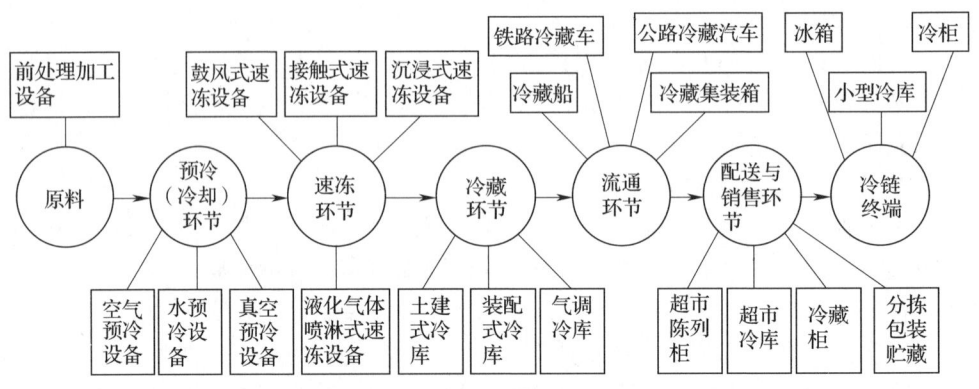

图2-14　食品冷藏链主要设备

二、食品气调保鲜技术

气调贮藏是指通过调整和控制食品贮藏环境的气体成分和比例以及环境的温度和湿度来延长食品的贮藏寿命和货架期的一种技术。在一定的封闭体系内，通过各种调节方式得到不同于正常大气组成的调节气体，以此来抑制食品本身引起食品劣变的生理生化过程或抑制作用于食品的微生物活动过程。

（一）食品气调保鲜技术

气调贮藏，即调节气体成分贮藏，是当前国际上果蔬保鲜广为应用的现代化贮藏手段。它是将果蔬贮藏在不同于普通空气的混合气体中，其中 O_2 含量较低，CO_2 含量较高，有利于抑制果蔬的呼吸代谢，从而保持新鲜品质，延长贮藏寿命。气调贮藏是在冷藏的基础上进一步提高贮藏效果的措施，包含着冷藏和气调的双重作用。

气调贮藏的方式有两种：一种是要求 CO_2 和 O_2 的气体成分都有较严格的指标，允许变化范围较小，根据各种产品的特性而定，即机械气调贮藏（CA 贮藏）；另一种是自发气调贮藏（MA 贮藏），这种方式不规定严格的气体指标，允许有较大幅度的变动，贮藏中不进行人工调气，仅定期放风，进行自动调气。自发气调贮藏方法较机械气调贮藏简便，气味浓度变化较大，要达到设定的浓度所需时间较长,所以贮藏效果比不上机械气调贮藏。

1. 对果蔬的要求

气调贮藏法多用于果蔬的长期贮藏。因此,无论是外观或内在品质都必须保证原料产品的高质量,才能获得高质量的贮藏产品,取得较高的经济效益。入贮的产品要在最适宜的时期采收,不能过早或过晚,这是获得良好贮藏效果的基本保证。另外,只有呼吸跃变型的果蔬采取气调贮藏,才能取得显著效果。

2. O_2、CO_2 和温度的配合

气调贮藏是在一定温度条件下进行的。在控制空气中的 O_2 和 CO_2 含量的同时,还要控制贮藏的温度,并且使三者得到适当的配合。

(1) 气调贮藏的温度要求　实践证明,采用气调贮藏法贮藏果品或蔬菜时,在比较高的温度下,也可能获得较好的贮藏效果。这是因为新鲜果品和蔬菜之所以能较长时间地保持其新鲜状态,是由于人们设法抑制了果蔬的新陈代谢,尤其是抑制了呼吸代谢过程。这些抑制新陈代谢的手段主要是降低温度,提高 CO_2 浓度和降低 O_2 浓度等,可见,这些条件均属于果蔬正常生命活动的逆境,而逆境的适度应用,正是保鲜成功的重要手段。任何一种果品或蔬菜,其抗逆性都有各自的限度。例如,一些品种的苹果在常规冷藏的适宜温度是 0℃,如果进行气调贮藏,在 0℃再加以高 CO_2 和低 O_2 的环境条件,则苹果会承受不住这三方面的抑制而出现伤害等病症。这些苹果在气调贮藏时,其贮藏温度可提高到 3℃左右,这样就可以避免 CO_2 伤害。绿色番茄在 20~28℃进行气调贮藏的效果,与在 10~13℃普通空气中贮藏的效果相仿。由此可看出,气调贮藏法对热带及亚热带果蔬来说有着非常重要的意义,因为它可以采用较高的贮藏温度从而避免产品发生冷害。当然这里的较高温度也是很有限的,气调贮藏必须有适宜的低温配合,才能获得良好的效果。

(2) O_2、CO_2 和温度的互作效应　气调贮藏中的气体成分和温度等各条件,不仅个别地对贮藏产品产生影响,而且各因素之间也会发生相互联系和制约,这些因素对贮藏产品起着综合的影响,即互作效应。气调贮藏必须重视这种互作效应,贮藏效果的好与差正是这种互作效应是否被正确运用的反映。要取得良好贮藏效果,O_2、CO_2 和温度必须有最佳的配合。而当一个条件发生改变时,另外的条件也应随之做相应的调整,这样才可能仍然维持一个适宜的综合贮藏条件。不同的贮藏产品都有各自最佳的贮藏条件组合。但这种最佳组合不是一成不变的。当某一条件因素发生改变时,可以通过调整另外别的因素而弥补由这一因素的改变所造成的不良影响。因此,同一个贮藏产品在不同的条件下或不同的地区,会有不同的贮藏条件组合,都会有较为理想的贮藏效果。

在气调贮藏中,低 O_2 浓度有延缓叶绿素分解的作用,配合适量的 CO_2 则保绿效果更好,这就是 O_2 与 CO_2 两个因素的正互作效应。当贮藏温度升高时,就会加速产品叶绿素的分解,也就是高温的不良影响抵消了低 O_2 及适量 CO_2 对保绿

的作用。

(3) 贮前高浓度 CO_2 处理的效应　人们在实验和生产中发现，刚采摘的苹果大多对高浓度 CO_2 和低浓度 O_2 的忍耐性较强。在气调贮藏前给以高浓度 CO_2 处理，有助于加强气调贮藏的效果。

(4) 贮前低浓度 O_2 处理　在贮藏之前，将苹果放在 O_2 浓度为 0.2%~0.5% 的条件下处理 9d，然后继续贮藏在 $p(CO_2):p(O_2)$ 为 1:1.5 的条件下，对于保持苹果的硬度和绿色，以及防止褐烫病和红心病，都有良好的效果，由此看来，低浓度 O_2 处理或贮藏，可能形成气调贮藏中加强果实耐藏力的有效措施。

(5) 动态气调贮藏　在不同的贮藏时期控制不同的气调指标，以适应果实从健壮向衰老不断地变化，对气体成分的适应性也在不断变化的特点，从而得到有效延缓代谢过程，保持更好的食用品质的效果。此法称为动态气调贮藏（Dynamic controlled atom sphere，DCA）。西班牙 Alique 在金冠苹果的贮藏试验中，第一个月维持 $p(O_2):p(CO_2)$ 为 3:0；第二个月为 3:2，以后为 3:5，温度为 2℃、相对湿度为 98% 的条件下，贮藏 6 个月比一直贮于 $p(O_2):p(CO_2)$ 为 3:5 条件下的果实保持较高的硬度，含酸量也较高，呼吸强度较低，各种损耗也较少。

3. 气体组成及指标

(1) 双指标 1　总和约为 21%，普通空气中含 O_2 约 21%，CO_2 仅为 0.03%。一般的植物器官在正常生活中主要以糖为底物进行有氧呼吸，呼吸商约为 1。所以贮藏产品在密封容器内，呼吸作用消耗掉的 O_2 与释放出的 CO_2 体积相等，即二者之和近于 21%。如果把气体组成定为两种气体之和为 21%，例如，10% 的 O_2、11% 的 CO_2，或 6% 的 O_2、15% 的 CO_2，管理上就很方便。只要把蔬菜果品封闭后经一定时间，当 O_2 浓度降至要求指标时，CO_2 也就上升达到了要求的指标。此后，定期地或连续从封闭贮藏环境中排出一定体积的气体，同时充入等量新鲜空气，这就可以较稳定地维持这个气体配比。这是气调贮藏发展初期常用的气体指标。它的缺点是，如果 O_2 含量较高（>10%），CO_2 就会偏低，不能充分发挥气调贮藏的优越性；如果 O_2 含量较低（<10%），又可能因 CO_2 过高而发生生理伤害。将 O_2 和 CO_2 控制于相接近的指标（二者各约 10%），简称高 O_2 高 CO_2 指标，可用于一些果蔬的贮藏，但其效果多数情况不如低 O_2 高 CO_2 好。这种指标对设备要求比较简单。

(2) 双指标 2　这种指标的 O_2 和 CO_2 的含量都比较低，二者之和小于 21%。这是国内外广泛应用的气调指标。在我国，习惯上把气体含量在 2%~5% 称为低指标，5%~8% 称为中指标。一般来说，低 O_2 低 CO_2 指标的贮藏效果较好，但这种指标所要求的设备比较复杂，管理技术要求较高。

(3) O_2 单指标　前述两种指标，都是同时控制 O_2 和 CO_2 于适当含量。为了简化管理，或者有些贮藏产品对 CO_2 很敏感，则可采用 O_2 单指标，就是只控制

O_2 的含量，CO_2 用吸收剂全部吸收。O_2 单指标必然是一个低指标，因为当无 CO_2 存在时，O_2 影响植物呼吸作用的阈值大约为 7%，O_2 单指标必须低 7%，才能有效地抑制呼吸强度。对于多数果蔬来说，单指标的效果不如前述第二种指标，但相比第一种方式操作简单，容易推广。

4. 气体成分调节和管理

气调贮藏场所内的气体成分，从刚封闭时的正常空气成分转变到所规定的气体指标，这之间有一个降 O_2 和升 CO_2 的过渡期，可简称降 O_2 期。降 O_2 之后，则是使 O_2 和 CO_2 稳定在规定的指标范围内的稳定期。降 O_2 期的长短和稳定气体管理方法，既关系到果蔬的贮藏效果，也涉及所需的设备器材。主要有下列几种方式。

（1）自然降氧　自然呼吸降氧法（自发气调贮藏）指的是最初在气调系统中建立起预定的调节气体浓度，在随后的贮藏期间不再受到人为调整，是靠果蔬自身的呼吸作用来降低氧的含量和增加二氧化碳的浓度。

特点：操作简单、成本低、容易推广。特别适用于库房气密性好，贮藏的果蔬为一次整进整出的情况。但是对气体成分的控制不精细（稍作改进方式是在最初贮藏时加入一些干冰，以快速使 CO_2 浓度升高），降氧速度慢，降氧一般需 20d，中途不能打开库门进货或出货。此外，由于呼吸强度、贮藏环境的温度均高，故前期气调效果较差，如不注意消毒防腐，难以避免微生物对果蔬的危害。贮藏一段时间后，需补充新鲜空气，防止贮藏过程中产生的乙烯大量积累，以及冲淡 CO_2 和补充 O_2。

（2）快速降氧　快速降氧法（机械气调贮藏）即利用人工调节的方式，在短时间内将大气中的氧和二氧化碳的含量调节到适宜果蔬贮藏的比例的降氧方法。又称"人工降氧法"。

降氧方式包括如下几种。

①机械冲洗式气调冷藏：把库外气体通过冲洗式氮气发生器，加入助燃剂使空气中氧气燃烧来减少氧气，从而产生一定成分的人工气体（氧气为 2%~3%，二氧化碳为 1%~2%）送入冷藏库内，把库内原有的气体冲出来，直到库内氧气达到所要求的含量为止，过多的二氧化碳气体可用 CO_2 洗涤器除去。该法对库房气密性要求不高，但运转费用较大，故很少采用。

②机械循环式气调冷藏：把库内气体借助助燃剂在氧气发生器燃烧后加以逆循环再送入冷藏库内，以造成低 O_2 和 CO_2 环境（O_2 为 1%~3%，CO_2 为 3%~5%）。该法较冲洗式经济，降氧速度快，库房也不需高气密，中途还可以打开库门存取食品，然后又能迅速建立所需的气体组成，所以这种方法应用较广泛。

机械气调贮藏优点：a. 降氧速度快，贮藏效果好，对不耐贮藏的果蔬更加显著；b. 可及时排除库内乙烯，推迟果蔬的后熟；c. 库房气密性要求不高，降低了建筑费用。

（3）混合除氧　混合除氧法（又称半自然降氧法）主要包括以下两种方法。

①充 N_2 自然除氧法：该法为自然降氧法与快速降氧法相结合的一种方法：用快速降氧法把氧含量从21%降到10%较容易，而从10%降到5%则耗能较大，成本较高。因此，宜先采用快速降氧法，使氧迅速降至10%左右，然后再依靠果蔬的自身呼吸作用使氧的含量进一步下降，二氧化碳含量逐渐增多，直到规定的空气组成范围后，再根据气体成分的变化进行调节控制。

②充 CO_2 自然降氧法：它是在果蔬进塑料薄膜帐密封后，充入一定量的二氧化碳，再依靠果蔬本身的呼吸作用及添加硝石灰，使氧和二氧化碳同步下降。这样，利用充入二氧化碳来抵消贮藏初期高氧的不利条件，因而效果明显，优于自然降氧法而接近快速降氧法。

优点：贮藏初期氧气下降速度快，控制了果蔬的呼吸作用，所以比自然降氧法优越；而在中后期靠果蔬的呼吸作用自然降氧，比快速降氧法成本低。

（4）减压降氧　这是采用降低气压来使氧的浓度降低，同时室内空气各组分的分压都相应下降的降氧方法。又称为低压气调冷藏法或真空冷藏法，是气调冷藏的进一步发展。

原理：采用降低气压来使氧的浓度降低，从而控制果蔬组织自身气体的交换及贮藏环境内的气体成分，有效地抑制果蔬的成熟衰老过程，以延长贮藏期，达到保鲜的目的。一般的果蔬冷藏法，出于冷藏成本的考虑，没有经常换气，使库内有害气体慢慢积蓄，造成果蔬品质降低。在低压下，换气成本低，相对湿度高，可以促进气体的交换。另外，减压使容器或贮藏库内空气的含量降低，相应地获得了气调贮藏的低氧条件。同时，也减少了果蔬组织内部的乙烯的生物合成及含量，起到延缓成熟的作用。

气调贮藏保鲜特点如下。

①贮藏时间长：气调贮藏综合了低温和环境气体成分调节两方面的技术，推迟了成熟衰老，使得果蔬贮藏期得以较大程度的延长。

②保鲜效果好：气调贮藏应用于新鲜园艺产品贮藏时能延缓产品的成熟衰老，抑制乙烯生成，防止病害的发生，使经气调贮藏的水果色泽亮、果柄青绿、果实丰满、果味纯正、汁多肉脆，与其他贮藏方法比，气调贮藏引起的水果品质下降要少得多。

③减少贮藏损失，产生良好的社会和经济效益。

④货架期长，经气调贮藏后的水果由于长期处于低 O_2 和较高的 CO_2 作用下，在解除气调状态后，仍有一段很长时间的"滞后效应"。

⑤"绿色"贮藏：在果蔬气调贮藏过程中，由于低温、低氧和较高的二氧化碳的相互作用，基本可以抑制病菌的发生，贮藏过程中基本不用化学药物进行防腐处理。其贮藏环境中气体成分与空气相似，不会使果蔬产生对人体有害的物质。在贮藏环境中，采用密封循环制冷系统调节温度。使用饮用水提高相对湿

度，不会对果蔬产生任何污染，完全符合食品卫生要求。

（二）食品气调库保鲜技术

1. 食品气调库保鲜的原理

动画：气调库
（扫码学习）

气调库又称气调贮藏，是当今先进的果蔬贮藏保鲜方法。它是在冷藏的基础上，增加气体成分调节，通过对贮藏环境中温度、湿度、二氧化碳、氧气浓度和乙烯浓度等条件的控制，抑制果蔬呼吸作用，延缓其新陈代谢过程，更好地保持果蔬新鲜度和商品性，延长果蔬贮藏期和保鲜期（销售货架期）。通常气调贮藏比普通冷藏可延长贮藏期 0.5~1 倍，气调库内贮藏的果蔬，出库后先从"休眠"状态"苏醒"，这使果蔬出库后保鲜期（销售货架期）可延长 21~28d，是普通冷藏库的 3~4 倍。

2. 食品气调库保鲜的设备和要求

一般气调冷藏库主要由库房、制冷系统、气体发生系统、气体净化系统、压力平衡装置等组成。

（1）库房结构　气调冷藏库在隔热、制冷和维护等方面的结构和设备均与常规冷藏库基本相同，只是前者要求一定的气密性，以维持气调库所需的气体浓度，并在库内气压变化时库体可承受一定的压力。

①气密性：气密性好是气调贮藏的首要条件，关系到气调库质量的高低和产品贮藏的效果，选择气密层所用材料的原则有：a. 均匀一致，具有良好的气体阻绝性能；b. 机械强度和韧性大，当有外力作用和温变时不会撕裂、变形、折断或穿孔；c. 性质稳定、耐腐蚀、无异味、无污染，有较高食品安全性；d. 能抵抗微生物的侵染，易于清洗和消毒；e. 可连续施工，能把气密层制成一个整体，易于查找漏点和修补；f. 黏结牢固，能与库体黏为一体。

气密层所用的材料和结构有多种：最早用镀锌铁片或薄钢板焊接密封，后来又用高密度胶合板（即用塑料浸透过的胶合板）和铝箔夹心板（在铝箔两侧贴防潮纸或聚合薄膜）等。这些材料均能达到较好的气密性，还可比较方便地把普通冷库改建成为气调库。随着塑料工业的发展，气调库的气密结构有了新的突破：一是采用预制夹心板［一般用 10cm 厚的聚苯乙烯泡沫塑料（EPS）］，用聚苯乙烯泡沫塑料作夹心板，足以抵御 40℃ 温差而起较好的隔热作用，而外侧金属板兼有良好的隔气和气密性；二是采用聚氨酯泡沫塑料（PU）。具有很好的隔气和气密性能。所以一层聚氨酯泡沫塑料结构，可同时起到气密、隔气、隔热三方面作用。这种材料可预制成板材在现场铺设，也可直接在现场喷涂，并可加入适量的石棉、氧化硅、玻璃纤维和膨胀珍珠岩等作填充料。

气调库气密性能的优劣除取决于选用的材料外，还与施工质量密切相关。气密层巨大的表面积经常受到温度、压力及它们波动的影响，如施工不当或黏结不牢，气密层有可能被剥落而失去气密作用，尤其是当库体出现压力变化或负压时。通常土建的砖混结构设置气密层时多数设在维护结构的内侧,以便于检查和维修,而对于装配式气调库气密层则多用彩镀夹芯板方式设置。

为了提高库房的气密性和耐压能力,生产中经常采用的具体方法有:

a. 采用预制隔热嵌板建造库房。嵌板两面是表面呈凹凸状的金属薄板(镀锌钢板、镀锌铁板或铝合金板等),中间是隔热材料聚苯乙烯泡沫塑料,采用合成的热固性黏合剂将金属薄板牢固地黏结在聚苯乙烯泡沫塑料板上。嵌板用铝制呈"工"字形的构件从内外两面连接,在构件内表面涂满可塑的丁基玛碲脂,使到接口处完全地、永久地密封。在墙脚飞墙角与墙和天花板等转角处,皆用直角形铝制构件接驳,并用特制的铆钉固定。这种预制隔热嵌板,既可以隔热防潮,又可以作为隔气层。地板是在加固的钢筋混凝土的底板上,一层塑料薄膜(多聚苯乙烯等,0.25mm厚)作为闭(密)气障膜,一层预制隔热嵌板(地坪专用),再一层加固的10cm厚的钢筋混凝土为地面。为了防止地板由于承受荷载而使密封破裂,在地板和墙的交接处的地板上留一平缓的槽,在槽中灌满不会硬化的玛碲脂(黏合剂)。这种做法,具有施工简捷、经济、内外美观卫生的特点。用聚氨酯作喷涂材料,既能隔热又可形成气密层,已经在现代气调库建筑中广泛使用。

b. 建成的库内壁喷涂泡沫聚氨酯(聚氨基甲酸酯)。采用此法可获得非常优异的气密结构并兼有良好的保温性能,5.07~6cm厚的泡沫聚氨酯可相当10cm厚聚苯乙烯的保温效果。在喷涂泡沫聚氨酯之前,应先在墙面上涂一层沥青,然后分层喷涂,每层厚度约为1.2cm,直至喷涂达到所要求的厚度。

气体库的库门要做到密封是一个极其困难的问题,由于现代化库房使用机械操作,库门都很大。通常有两种做法:一是只设一道门,但要求此门既是保温门,又是密封门;二是设两道门,第一道门是保温门,第二道是密封门,可在门上设观察窗和取样孔,方便观察和从库内取样(产品和气体)。取样孔也可设置在墙的适当位置。观察窗和取样孔的设置增大了气密性要求的难度。

②压力平衡装置:气调冷藏库内常常会发生气压的变化(正压或负压)。如吸除CO_2时,库内就会出现负压。为保证库房的气密性,保障气调库的安全运行,保持库内压力的相对平稳,库房设计和建造时必须设置压力平衡装置,如气压袋和压力平衡器。气压袋常做成一个软质不透气的聚乙烯袋子,体积为贮藏容积的1%~2%,设在贮藏室的外面,用管子与贮藏室相通。贮藏室内气压发生变化时,袋子膨胀或收缩,因而可以始终维持贮藏室内外气压基本平衡。但这种设备体积大、占地多,现多改用水封栓压力平衡器,保持10mm厚的水封层,贮藏库内外气压差超过10mm水柱时便起自动调节作用。

③气密性测试:气调库在使用前,必须对其气密性进行测试,气密性能检验以气密标准为依据。具体方法是:用一个风量为3.4m³/min离心鼓风机和一倾斜式微压计与库房连接,关闭所有门洞,开动风机,加压使库内压力超过正常大气压力达到294Pa以上时停止加压,当压力下降至294Pa时开始计时,根据压力下

降的速度判定库房是否符合气密要求。压力自然下降 30min 后仍然维持在 147Pa 以上，气密优秀；30min 后压力在 107.8~147Pa 表明库房气密良好；30min 后压力不低于 39.2Pa 则为合格；而压力在 39.2Pa 以下则气密性不符合要求。美国采用的标准与联合国粮农组织略有不同，其限度压力为 245Pa，而非联合国粮农组织的 294Pa，判断合格与否的指标是半降压时间（即库内压力下降一半所需的时间），具体的要求是 30min（或 20min）。即半降压时间大于 30min（或20min）即为合格，否则就不合格。

气调库应具有一定的气密性，但是并非要求绝对密封，这在实际生产中也是难以实现的。根据气调贮藏中气体成分和贮藏工艺的要求，在能够稳定达到气调指标的基础上，以尽量节约投资、降低运行成本和便于操作为原则。从技术上来说，库内贮藏物体消耗的氧气多于漏入的氧气，就可认为气密性良好。一般的经验标准是，向库房充气或抽气而造成 0.1kPa 的正压或负压，压力变化越快或压力回升所需时间越短，气密性越差，30min 内不恢复到零即为合乎要求。

气密性达不到要求的气调库要查找泄漏部位，并进行补漏，通常采用现场喷涂密封材料的方法补漏。

（2）气调设备　气调库的气调设备主要有能降氧的氮气发生器、二氧化碳脱除器。

降氧机又称气体发生器或制氮机，目前使用的氮气发生器有 4 种类型：燃烧式制氮机、碳分子筛制氮机、空心纤维膜制氮机、裂解氨制氮机。

二氧化碳的脱除过去常用消石灰吸收，对小量贮藏产品可以使用，而大型的气调库中则不能使用。活性炭吸附脱除二氧化碳是目前国内外较常用的方法。此外可用水和氢氧化钠溶液脱除二氧化碳。

如何解决乙烯在气调系统内的积累问题，是世界范围内高度重视并正在研究的问题，至今没有理想的设备。目前常使用活性炭、高锰酸钾溶液或高锰酸钾制成的黏土颗粒和高温催化方式脱除乙烯。O_3 和紫外线也能氧化破坏乙烯。

（3）气调库的分类　按库内气体调节的方式不同，可分为如下两类。

①普通气调库：这是 1960 年以前普遍采用的形式。主要依靠产品自身的呼吸作用来调节气体成分，用送风机和二氧化碳洗涤器来控制浓度。特点：速度慢，库气密性要求高，不宜在贮藏期出库或观察，适宜整进整出产品，费用低。

②机械气调库：分为两类。一类是充气式气调库：利用氮气发生器产生一定浓度的 O_2、CO_2 持续地送入库内。速度快，气密性要求不太高，贮藏期可以观察和出入，费用最高。另一类是再循环式气调库：在充气式的基础上发展而来。该库主要特点是将库内的气体通过循环式气体发生器处理，去掉其中的 O_2，然后再输入库内。速度快，气密性要求高，贮藏期可随时出库或观察。

3. 食品气调库保鲜贮藏期间的管理

所谓贮藏期间的管理主要是指在整个贮藏过程中调节控制好库内的温度、相对湿度、气体成分和乙烯含量，并做好产品的质量监测工作。气调库的管理在库房的消毒、商品入库后的堆码方式、温湿度的调节和控制等与机械冷藏相似，但也存在一些不同。

(1) 库房准备　在入库前 7~10d 即应开机梯度降温，至产品入贮之前使库温稳定保持在 0℃ 左右，为贮藏作好准备。

(2) 入库品种、数量和质量　气调贮藏法多用于产品的长期贮藏。因此，无论是外观或内在品质都必须保证原料产品的高质量，入贮后才能长期气调贮藏并获得良好的品质，因此要选择优良的品种，配套的采后商品化处理技术如预冷、清洗、杀菌等，充分发挥气调的效果，获得高质量的贮藏产品，取得较高的经济效益。

鲜活产品入库贮藏应尽可能做到按种类、品种、成熟度、产地、贮藏时间要求等分库。如果一个品种不能充满贮藏室，要以其他品种补足时，也应贮入相同采收期和对贮藏条件有相同要求的品种。决不允许将不同种类、不同品种的水果或蔬菜混放在同一间贮藏室内，以免释放的乙烯及其他有害气体影响贮藏品质。

果蔬入库时不宜一次装载完毕，因果蔬释放的田间热和呼吸热，加上冷库门长时间开放引入外界的大量热量会使库温升高并使库温在很长时间降不下来，影响贮藏效果。因此要求分批入库，每次入库量不应超过库容总量的 20%，库温上升不应超过 3℃。对已经通过预冷处理的果蔬，可以酌情增加每次的入库数量。以苹果入库为列，如果贮藏室的温度达到 7℃ 时，即应停止入库，待温度降低后再继续入库。入库时机房应正常运转，送冷降温。

合理堆码，以利气体流通。要达到均匀降温的目的，在产品与墙壁和产品与地坪间需留出 20~30cm 的空气通道，在产品与库顶之间所留空间一般应在 80cm 以上（视库容大小和结构而定），此外，在产品的垛与垛之间也应留出一定的间隙，以利通风降温。堆垛的行向应与空气流通方向一致。如果库房体积不大，也可以不分垛。库内还应留有适当宽度的通道，以利工作人员和载重车出入。堆码时要离开蒸发器一定的距离，因蒸发器附近的温度过低，时常会产生低温伤害。堆码时除留出必要的通风和通道之外，应尽可能地将库内装满，减少库内气体的自由空间，从而加快气调速度，缩短气调时间，使果蔬在尽可能短的时间内进入气调贮藏状态。

(3) 温度管理　气调贮藏期间温度的管理与机械冷藏相同。新鲜园艺产品在入库前应先预冷，以散去田间热。入贮封库后的 2~3d 内应将库温降至最佳贮温范围之内，并始终保持这一温度，避免产生温度波动。

(4) 湿度管理　为了延缓产品由于失水而造成的变软和萎蔫，除核果、干果、洋葱等少数品种外，大部分易腐果蔬产品贮藏的相对湿度以保持在 85%~95% 为好。气调贮藏中推荐的相对湿度应以既可防止失水又不利于微生物的生长为度。

要想保持气调库中适当的相对湿度，必须有良好的防潮层，避免渗漏。同时蒸发器必须有足够的冷却面积，使蒸发器与产品之间的温差尽可能缩小。因此，只有在机械制冷的精确控制之下，才能保持较高的相对湿度。当蒸发器表面与库温温差加大时，相对湿度值就会下降。另一个保持湿度的方法是采用夹套库或薄膜大帐，这种结构和成本比普通库要高，操作也比较麻烦，但在商业上仍不失为一个良好的保湿途径。当然，塑料薄膜小包装或在库内加水增湿也不乏用处。在气调贮藏中增湿的另一个方法是设置加湿器，该设备有离心式、超声式等结构，但目前用得较多的是超声波加湿器，它利用高频振荡原理将水雾化，然后送入库内增加空气湿度。

相对湿度管理的重点是加湿器及其监测系统。贮藏实践表明，加湿器以在入贮1周之后打开为宜，开动过早会增加鲜果霉烂数量，启动过晚则会导致水果失水，影响贮藏效果，开启程度和每天开机时间的长短，则视监测结果而定，一般以保证鲜果没有明显的失水同时又不致引起染菌发霉为宜。

现代化的气调库由于气密材料能气密隔热防潮，气调库长期处于密闭状态，一般不进行通风换气，能保持库内较高的湿度，有时还会出现相对湿度偏高的现象。如果出现高湿情况，则要除湿，除湿最简单的方法是通风或用吸湿剂，如CaO吸收水分。

（5）气体成分管理　气调贮藏的核心是气体成分的调节。根据产品的生物学特性、温度与湿度的要求决定气调的气体组分后，采用相应的方法进行调节使气体指标在尽可能短的时间内达到规定的要求，并且在整个贮藏过程中维持在合理的范围内。

快速制氮降氧运行：在进库果蔬达到设计贮藏量且冷却至最适贮藏温度后，应迅速封库制氮降氧，使果蔬尽早进入气调贮藏状态。若库内形成规定的气调浓度所用时间拖长，会影响果蔬的贮藏期。考虑到在降氧的同时也应使二氧化碳的浓度尽快升高到所规定的浓度，以及库内二氧化碳浓度的升高要依靠果蔬的呼吸作用，所以在封库降氧时，通常将库内空气的氧含量从21%快速降到比所规定的氧浓度高出2~3个百分点，再利用果蔬的呼吸作用来消耗这部分过量的氧气，同时做好运行记录。利用气调设备快速降氧时，应根据果蔬入库的先后顺序，降好一间再降另一间，不必等到所有库房全部装完后再降，否则会引起入库早的果蔬降氧延误。

另一种调节气体成分的方法是采用将不同气体按配比指标要求人工预先混合配制好后通过分批管道输入气调库，从贮藏库输出的气体经处理调整成分后再重新输入分配管道注入气调库，形成气体的循环。运用这种方法调节气体成分时，指标平稳、操作简单、效果好。

二氧化碳的脱除：当库内气体中的二氧化碳的浓度比规定值高出0.5%~

1.0%时，可用二氧化碳脱除机或碳分子筛制氮机，使库内气体中的二氧化碳浓度降至所需求的范围内。

氧气的补充：气调库中贮藏的果蔬，其呼吸作用会消耗氧气，使库内气体中的氧浓度降低。当库内气体中的氧浓度低于允许范围的下限时，应采取通风换气（如开启气调门中间的小门），向库内输入部分新鲜空气的方法；或者利用气调系统中的补空气管向库内输送空气。

稳定运行：气调库内形成规定的气调工况后，便可认为进入了稳定状态。但由于库内果蔬的呼吸作用、库房的气密性等因素的影响，库内形成的气调工况不可能绝对地保持稳定，这个阶段的主要任务就是使气调库在允许的范围内相对处于稳定状态。

按照气调贮藏技术的要求，温度波动的范围应控制在±0.5℃以内，O_2、CO_2 的浓度最好能控制在±0.3%的允许波动范围内，乙烯浓度控制在允许值以下，相对湿度应保持在85%~95%。

气体成分分析和校正：各个气调间应装有两处取样的地方，一处供日常测试取样，另一处供校验纠正用。对气调库中的气体成分，每天最少应检测一次，每星期最少应校正一次，每年对气调系统所有管线至少要做一次压力测试。气调库运行前和运行期间，测氧仪和二氧化碳检测仪应经常进行校核（如用奥氏气体分析仪），确保使用仪器的测试准确度，避免因检测失误而造成损失。

(6) 质量检测　从产品入库到出库，始终做好贮藏产品的质量检测是非常重要的。保持气调贮藏参数的基本稳定，仅仅是为产品创造了一个良好的外部贮藏条件，质量检测必不可少。在气调贮藏期，除了经常从气调门上的观察窗，用肉眼观察产品的外在变化，从取样孔取出样品检测外，还应定期进库检查。在气调库贮藏的初期，每月进库检查一次；取样检查时，应将产品切开，以便了解产品内部的变化。并将一部分样品放置于常温条件下，了解产品的变化情况。根据检测的数据调整贮藏期限，并不断地总结气调贮藏的经验。除了产品质量安全性外，工作人员的安全性不可忽视，由于气调库的气体浓度对人的生命安全是有危险的，氧气浓度越低危险越大，因此工作人员应在有安全保证的情况下进入库内，平时气调库应上锁以保证人员安全。

(7) 出库　在果蔬等鲜活产品出库之前，首先要解除库内的气调环境，移动气调库密封门交换库内外的空气，待氧含量回升到18%~20%时，有关人员才能进库。气调果蔬最好一次性尽快出库，如果一次发运不完，也应分批出库。在销售期间仍应保持冷藏要求的低温高湿度条件，直至货物出库完毕才能停机。因货物出库期间，人员和货物频繁地进出库房，使库温波动加剧，此时更应经常开启密封门，使库内外空气交流。在密封门关闭的情况下，容易产生内外压力不平衡，将会威胁到库体围护结构的安全性。

三、食品生物保鲜技术

（一）基因工程技术

动画：食品生物
保鲜技术
（扫码学习）

园艺产品是人们日常生活中的重要食品来源，园艺产品采后处理技术的研究和应用，对丰富园艺产品市场供应品种和满足人们的生活需要起着重要的作用。近年来，随着新技术的发展，生物技术在园艺产品上的应用越来越广泛，使得人为调控园艺产品采后的生理代谢变得更为有效。

1. 生物工程的基本概念

广泛意义上的生物技术（Biotechnology）也称为生物工程（Bioengineering），在国际上，生物工程应用得比生物技术这一术语更为普遍，而在我国生物技术更为通用。

国内外许多学者对生物技术下过多种大同小异的定义，把它们概括起来，可以把"生物技术"理解为"利用生物有机体（从微生物到高等动植物）或其组成部分（包括器官、组织、细胞或细胞器等）发展新产品或新工艺的一种技术体系"。

生物工程的内容包括基因工程、细胞工程、酶工程和发酵工程四个方面。基因工程（Genetic engineering）是对生物的遗传物质——核酸（Nucleic acid）的分离提取、体外剪切、拼接重组以及扩增与表达等技术；细胞工程（Cell engineering）是对生物的基本单位——细胞（有时也包括器官或组织）的离体培养、繁殖、再生、融合，以及细胞核、细胞质乃至染色体与细胞器（如线粒体、叶绿体等）的移植与改建等操作技术；酶工程（Enzyme engineering）是指利用生物有机体内的酶所具有的某些特异催化功能，借助固定化（Immobilization）技术、生物反应器和生物传感器等新技术、新装置，高效优质地生产特定产品的一种技术；发酵工程（Fermentation engineering），也有人称为微生物工程，是指给微生物提供最适宜的发酵条件生产特定产品的一种技术。

生物工程的四大组成部分虽然自成体系，可构成独立的完整技术，但在许多情况下又是高度渗透和密切相关的。基因工程和细胞工程可被看做是生物技术的核心基础。因为通过基因工程和细胞工程可以创造出许许多多具有特殊功能或多种功能的"工程菌株"或"工程细胞系"。这些"工程菌株"或"工程细胞系"往往可以使酶工程或发酵过程生产出更多、更好的产品，发挥出更大的经济效益。但是，酶工程和发酵工程有时往往又是生物技术产业化，特别是发展大规模生产的关键环节。

由此可见，把生物工程所包括的四大部分理解为完整的整体是非常重要的。

2. 基因工程技术在果蔬采后保鲜中的应用

乙烯是诱导果蔬采后成熟衰老的关键因素，通过转基因技术抑制果蔬采后乙烯的生物合成或阻止乙烯的作用,都可以达到抑制或延缓果蔬采后衰老的目的。基因工程技术应用于改善果蔬的贮运性能的研究举例如下。

(1) ACC 合成酶（ACC synthase） 1-氨基环丙烷基-1-羧酸合成酶催化 SAM→ACC 的转化,是乙烯生物合成的限速酶。番茄、甜瓜、冬瓜研究表明,ACC 合成酶是一个多基因家族,番茄 ACC 合成酶有 9 个同工酶,同工酶间的同源性仅为 50%~96%,其中只有两个同工酶是在果实中表达,与果实乙烯的生物合成有关,因此在构建反义基因时,应选择在果实中专一性表达的 ACC 合成酶的反义核苷酸序列。

美国加州大学伯克利分校的 Oeller 等最早将 ACC 合成酶的反义基因转入番茄,使果实乙烯生物合成的 99.5% 受到了抑制,转基因番茄果实的乙烯释放量仅为 0.1mL/g。与对照果相比,叶绿素的分解延迟了 10~20d,而番茄红素的合成完全被抑制,在室温下放置 90~120d,果实变为橘黄色,但不能软化,既无呼吸作用高峰的出现,也没有芳香物质的形成,只有在外源乙烯的作用下方可变红、软化、成熟,其风味质地等与正常果无差异,大大提高了番茄的贮运性能。随后许多国家进行了此方面的研究,中国科学院、北京大学、中国农业大学、山东农业大学等也进行了有关的研究。转基因番茄早已在美国、英国商品化生产,在我国也被获准上市。除番茄外,在西瓜、番木瓜等许多植物上也进行了类似的研究。

(2) ACC 氧化酶（ACC oxygenase） ACC 氧化酶催化 ACC→C_2H_4 的转化,在大多数植物组织中,ACC 氧化酶不是乙烯生物合成的限速酶,但在果实成熟过程中和植物组织培养中,该酶是一种限速酶,抑制 ACC 氧化酶的合成,将直接抑制乙烯的生物合成。ACC 氧化酶也是一个多基因家族,在番茄、甜瓜中有三个同工酶,其中一个同工酶在果实中表达。与 ACC 合成酶不同,ACC 氧化酶的同工酶间同源性很高,核苷酸序列间差异很小。

利用反义 RNA 技术抑制乙烯生物合成的研究始见于 1990 年,英国诺丁汉大学的 Hamilton 等将 ACC 氧化酶的反义基因转入番茄中,在转基因番茄的自交后代中,纯合株果实乙烯合成的 97% 被抑制。尽管转基因番茄果实转色的起始时间没有变化,但转色程度却降低,在室温下放置数周后,转基因果的抗过熟、抗皱皮能力明显好于未转基因果实。

此后,人们将 ACC 氧化酶的反义基因转入甜瓜,甜瓜乙烯的合成量不及对照果的 1%,乙烯生物合成的 99% 以上被抑制。我国华中农业大学也进行了该方面的研究,转基因番茄 ACC 氧化酶活力降低,乙烯的生物合成减少,贮藏性能明显提高。还有人将 ACC 氧化酶的反义基因转入花卉康乃馨中,康乃馨的乙烯释放高峰降低,并明显延迟了花瓣的衰老。

(3) 多聚半乳糖醛酸酶 最早将反义 RNA 技术用于果实采后研究的是英国的 Don Grierson 研究小组,他们把多聚半乳糖醛酸酶反义基因的部分片段转入番茄。所得的转基因果实在整个完熟阶段,多聚半乳糖醛酸酶的 mRNA 累积以及多聚半乳糖醛酸酶的生物活性都降低了。转基因果的自交后代中，含有 2 个拷贝多聚半乳糖醛酸酶反义基因的果实，它的多聚半乳糖醛酸酶活力降至正常果的 1%，即转基因果多聚半乳糖醛酸酶合成的 99% 被抑制，果实细胞壁的降解被阻止，但令人遗憾的是转基因果实的完熟过程，如乙烯的合成、番茄红素的累积以及软化过程并无改变，由此说明，尽管多聚半乳糖醛酸酶是导致果胶物质降解的关键酶，但它不是引起番茄果实软化的主要因素。在果实软化过程中，细胞壁降解酶或其他一些生化过程如 Ca^{2+} 的重新分布等可能起着更为重要的作用。

（4）果胶甲酯酶　果胶甲酯酶是催化果胶物质脱去甲氧基的酶，至少有 3 个基因编码这种酶，它广泛存在于植物组织中，在植物细胞壁代谢中起着重要的作用。与多聚半乳糖醛酸酶一样，反义 RNA 技术可明显地抑制番茄果实中果胶甲酯酶的生物合成，Hall 等通过基因工程的方法使番茄果实的果胶甲酯酶活力降至对照的 10%。在采后贮藏期间，转基因果的软化没有被抑制，但果胶物质酯化程度却明显高于未转化果，从而大大提高了转基因果实的加工性能。

（二）生物防治技术

1. 涂膜保鲜

随着人们消费观念的变化和环保意识的提高，人们越来越关注食品的营养价值、安全性和与之相关的环境问题。可食性涂膜同样以环境友好型包装材料著称，可部分用于取代合成或塑料包装材料。目前，国家正在积极推动包装材料向减塑方向发展，可食性膜在食品包装上的规模化应用迎来新的发展机遇。过去的几十年里，可食性包装在食品行业和相关研究领域中获得了迅猛发展。可食性涂膜材料取材广泛，其来源主要有多糖、蛋白质和脂类。通过包裹、喷涂或浸泡等方式使可食性涂膜材料直接附着在食品表面，获得额外的保护涂层，这种具有屏障作用的涂层能够减少气体扩散和水分散失，有效保持食品采后贮藏期间的品质。

可食性涂膜的有效性依赖于可食性涂膜材料自身的特性，尤其是添加的活性物质（活性多肽、精油等）会极大地改变可食性涂膜的机械性能、水分和气体透过性能、膜的形态特征等。在选择合适的可食性涂膜材料时，要考虑到涂膜材料各组分的化学和物理特性，并考虑成膜后的机械特性和气体渗透性等重要参数。了解成膜基质材料的物理和机械性能及其影响因素，涂膜的物理与机械性能的变化对水果贮藏保鲜效果的影响，将有助于可食性涂膜的开发、改进和应用。

（1）物理和机械性能　不同的可食性涂膜材料具有不同的物理机械性能。添加到涂膜基质中的助剂和活性添加物也会影响可食性涂膜的物理机械性能。测定可食性涂膜物理机械性能的通常做法是取适量配制好的涂膜溶液涂于或倾倒入干净平坦的平面或容器中（如培养皿），在一定的温度和相对湿度条件下充分干燥后，取下供测试用。

①水蒸气的渗透性：影响可食性薄膜水蒸气渗透性的因素有很多，主要包括

以下几点：

a. 可食性涂膜材料的亲水性和疏水性。水分子的亲水特性使得水分子与疏水性材料间的相互作用受到抑制，通常疏水性材料对水蒸气渗透性很低，而水分子与亲水性材料间却表现出相反的特性。研究发现可食性薄膜水蒸气渗透性随着材料的疏水性增加而减小，随着材料的亲水性增加而增加。

b. 可食性薄膜结晶状况。聚合物的结晶相不具有渗透性，半晶体中气体物质的传递主要在非结晶相进行，随着聚合物中结晶度的增加，气体的渗透性降低。

c. 膜分子间的作用力和膜的稳定性。此外，成膜后的微观构象如空间位阻、膜表面空洞和裂隙同样影响涂膜的水蒸气渗透性。

②O_2和CO_2的渗透性：水果采后仍然进行着生理代谢。可食性涂膜涂于水果表面能够形成一层物理性屏障，减少O_2和CO_2的渗透性，降低水果的呼吸速率，从而延缓水果的成熟进程。适宜的O_2和CO_2渗透性是选择涂膜材料的重要参数。涂膜材料对水蒸气的渗透性机制同样适用于O_2和CO_2。同水蒸气渗透性一样，可食性成膜材料间的作用力、膜晶体结构数量、粗糙度、膜表面空洞和裂隙显著影响可食性膜的O_2和CO_2的渗透性，但又有所不同。相对湿度显著影响可食性膜的O_2和CO_2渗透性。研究认为亲水聚合物链在高相对湿度条件下吸水膨胀，增加气体的溶解度和渗透性。另有研究发现，所有添加葡萄籽提取物和香芹酚的薄膜均可显著降低CO_2的渗透性，除了与薄膜微观结构和结晶状况有关外，还可归因于CO_2在添加有葡萄籽提取物和香芹酚薄膜中的低溶解性。此外，如果可食性薄膜中有抗氧化添加物（柠檬酸、抗坏血酸、紫苏精油、百里香精油和α-生育酚等），由于这些抗氧化添加物所具有的化学阻氧效应，通常会提高可食性薄膜对氧的阻隔能力，即降低O_2的渗透性。

③断裂延伸率和抗拉强度：组成可食性涂膜的蛋白质、多糖、脂质及其他添加物之间的相互作用决定了可食性涂膜的机械性能。机械性能反映薄膜的耐久力（Durability）和涂膜在被涂抹产品表面维持涂层连续的能力。由于机械性能不佳而使膜的机械完整性损失，会导致膜的O_2、CO_2和水蒸气阻隔能力降低。断裂延伸率（Breaking elongation，E）、抗拉强度（Tensile strength，TS）和弹性模量（Elastic modulus，EM）是用以说明薄膜机械性能是如何与其化学结构组成相关联的常用参数。其中，断裂延伸率用以测量薄膜的塑性（Plasticity），表征薄膜在拉伸断裂之前的延伸能力；抗拉强度则用以说明由化合物链间内聚力所引起的薄膜机械阻力。

薄膜中添加的活性成分依其自身的特性和对薄膜微观结构的影响，会对薄膜的机械性能参数产生不同影响。比如，小麦淀粉-壳聚糖可食性薄膜中加入柠檬酸会引起薄膜抗拉强度和断裂延伸率降低，添加紫苏精油和百里香精油的薄膜则分别提高了抗拉强度和降低了断裂延伸率；小麦蛋白膜中添加2%的牛至精油后的抗拉强度和断裂延伸率与对照相比分别降低71%和增加900%。植物叶片和蜂胶的乙醇提取物显能够著降低壳聚糖薄膜和明胶薄膜的断裂延伸率。研究认为添加活性物会导致薄膜结构出现不连续性，降低基质的凝聚力（Discontinuities）、聚合物链间相互作用被改变或对薄膜结晶状况产生影响，此外常温下精油以油滴形式存在于薄膜中对增强薄膜延展性也具有一定作用。

可食性薄膜中添加乳化剂、增塑剂和交联剂等助剂对可食性薄膜机械性能的影响同样得到了研究者的关注，尤其是增塑剂。甘油和山梨醇是可食性薄膜制备过程中常用的一种增塑剂。需要指出的是当可食性薄膜基质中增塑剂超过一定含量时（如质量分数50%）会对断裂延伸率表现出饱和效应甚至抗塑化效应（降低断裂延伸率）。钙盐是一种常用交联剂。藻阮酸盐薄膜中加入碳酸钙可增加抗拉强度并同时降低断裂延伸率；而发现硫酸钙可以提高大豆分离蛋白可食性薄膜的抗拉强度和断裂延伸率，氯化钙对薄膜的断裂延伸率影响明显对抗拉强度影响不明显。研究认为二价钙离子与带有负电荷的肽链羧基基团交联，阻止这些带电位点与水分子的相互作用，薄膜表现出刚性结构，薄膜机械性能发生变化；钙盐的溶解性也会对蛋白质薄膜的机械性能产生影响。

除了可食性薄膜组分对其机械性能产生影响以外，薄膜制备条件（压强、温度和湿度等）和制膜材料前处理方法（均质和电场处理等）也会影响薄膜的机械性能。

④薄膜的水溶性：薄膜的水溶性表征薄膜在水相中保持其完整性的能力，水溶性高表明薄膜对水的抵抗力低，可食性涂膜与涂膜产品同时食用需要涂膜具有较高的水溶性。可食性薄膜的水溶性在一定程度上决定了可食性薄膜的应用范围。膜材料及其添加的活性物质的亲水性、膜材料分子间的作用力、成膜后的结晶度均能够影响膜的水溶性。

增塑剂甘油同样影响可食性膜的水溶性。甘油的亲水特性使得甘油能够和水分子产生强烈的相互作用，并能够并入氢键网络体系中从而增加水溶性。甘油可以增加基质中分子链间空间，促使水分子向薄膜内部迁移，导致薄膜水溶性增加。此外，甘油可减轻淀粉老化，减少淀粉凝胶中结晶聚集；薄膜中形成的结晶减少，使得薄膜在水中易于膨胀和降解，薄膜水溶性增高。

不仅是添加入可食性薄膜中的活性成分自身影响薄膜的水溶性，其添加方式同样有影响。向壳聚糖中添加维生素E的两种方法，维生素E先于大豆卵磷脂加入壳聚糖中可降低壳聚糖的水溶性，然而，当维生素E与大豆卵磷脂混合后同时加入壳聚糖薄膜中可显著增加薄膜的水溶性。与后者相比，前者形成的薄膜表面具有较多的维生素E，维生素E具有疏水性可阻止水分子的大量依附，从而减少薄膜的水溶性；引起后者水溶性升高的机制目前还不清楚。

⑤微观结构：可食性薄膜的机械性能和气体渗透性能与其微观结构特征密切相关。许多可食性成膜材料自身能够形成紧密、平滑和连续规则的薄膜。然而，

当可食性薄膜基质中加入活性成分（植物精油等）和表面活性剂后，往往会导致薄膜出现异质结构（Heterogeneous structure）、表面粗糙度增加、结晶度发生变化、薄膜组织结构松散并出现孔洞和裂纹。详细来说，添加牛至精油后，原本平滑紧实连续的膜微观结构变得松散粗糙，随着添加量的提高，薄膜出现孔洞。葡萄籽提取物能够降低壳聚糖薄膜的结晶度。可食性薄膜中添加植物活性成分所引起的薄膜微观结构变化亦见于乳清分离蛋白膜和藻朊酸盐膜的研究报道。在薄膜干燥过程中，薄膜中的精油可能会向外挥发，从而形成微孔。羟丙甲基纤维素中添加茶树精油后薄膜出现不连续现象则被认为与茶树精油脂肪微粒嵌入羟丙甲纤维素网状连续相，在薄膜基质中形成不连续的两相。近年来，为了克服添加的活性成分对可食性涂膜材料成膜后微观结构特征的不良影响，研究人员尝试通过改进涂膜液制备方法，如纳米乳化，来改善成膜后的涂膜性能和微观结构特征，并取得了良好的效果。

(2) 涂膜对贮藏水果的影响

①失重率：水果中的水分向周围环境中迁移是引起水果在贮藏期间失重的主要原因。可食性涂膜在水果表面形成额外的层膜，阻塞气孔，从而降低蒸腾作用减少水果失重。研究发现可食性涂膜能显著降低草莓、椰枣、番石榴和香蕉等水果采后贮藏期间的失重。不同种类的多糖所具有的水蒸气渗透性往往不同，因而多糖类涂膜对水果的失重率影响也不同。单纯羟丙甲纤维素涂膜并不能降低李子的失重率。而藻朊酸盐和壳聚糖涂膜能够分别显著降低李子和草莓在贮藏过程中的失重。如前所述，向涂膜材料中添加疏水性物质能够改变涂膜的水蒸气渗透性。研究发现，羟丙甲纤维素涂膜材料中加入香柠檬精油或蜂蜡能够分别显著降低葡萄和李子在采后贮藏期间的失重。

②硬度：在贮藏过程中水果的硬度随着贮藏时间的延长而下降，这与水果在贮藏过程中发生失水和细胞壁发生降解有关。贮藏水果失水越多，水果细胞膨压越小，硬度越小。可食性涂膜能够保持贮藏水果的硬度在很大程度上依赖于其阻水阻气性能。研究认为可食性涂膜能够有效维持草莓和葡萄等贮藏水果的硬度均与可食性涂膜具有的良好保水能力有关。另一方面，果实软化与细胞壁降解酶活性密切相关。细胞壁降解酶活性越高，持续时间越长，果实软化越快。可食性涂膜对细胞壁降解酶活性的影响同样引起了研究人员的关注。与对照组相比虫胶涂膜和壳聚糖涂膜均能够显著降低涂膜组果实细胞壁降解酶活性，因而能够较好地保持黄花梨和草莓等水果的硬度。

③总可溶性固形物（TSS）含量：水果的呼吸作用尤其是高呼吸作用会消耗可溶性糖类物质，降低总可溶性固形物含量。可食性涂膜通过降低涂膜水果周围O_2浓度和提高CO_2浓度来调节水果周围气体环境实现单果微气调的目的，从而影响水果乙烯的产生和呼吸作用强度。研究发现可食性涂膜可以降低水果的呼吸速率和生理代谢活动、抑制乙烯的生成、减缓水果的成熟进程，较好的保持果实总

可溶性固形物含量。之前的一项研究表明，贮藏前以淀粉基可食性涂膜处理苹果果实，不论是在室温贮藏还是低温贮藏均能够显著降低苹果果实的呼吸强度，有效保持苹果果实的总可溶性固形物含量。

④总抗氧化能力：水果具有的总抗氧化能力与水果含有的抗氧化物质（如次级代谢产物类黄酮和类胡萝卜素等）的种类和含量密切相关。与总抗氧化能力相关的另一部分重要化合物是抗氧化酶，如过氧化氢酶和过氧化物酶等。

涂膜对贮藏水果抗氧化能力的影响一方面是源于对 O_2 和 CO_2 阻隔能力，另一方面则与添加到涂膜基质中的活性成分有关，如抗氧化剂（抗褐变剂）和植物天然提取物。在一定情形下后者的作用大于前者。举例来说，海藻酸钠、脱乙酰结冷胶或低甲氧基果胶涂膜对鲜切梨抗氧化能力没有显著影响，当涂膜中加入抗褐变剂 N-乙酰半胱氨酸和谷胱甘肽后则极好地保持了鲜切梨的抗氧化能力。

为了增强可食性涂膜对水果的贮藏保鲜能力，有研究者从涂膜材料出发，尝试通过向涂膜基质中添加纳米微粒、利用辐照技术和涂膜材料酯化改性等方法来实现对涂膜材料的修饰和改进，并取得了良好的贮藏保鲜效果。举例来说，添加纳米 SiO_2 的壳聚糖涂膜能够增强红枣果实的抗氧化能力，有利于红枣采后贮藏。

⑤抗微生物：可食性涂膜能够减少微生物的生长与以下因素中的至少一项相关有关：涂膜在水果周围形成不利于微生物生长的微气调环境；涂膜在水果与周围环境之间形成一层屏障，阻止外界环境中的微生物对水果的侵染；涂膜材料本身具有抗微生物作用；涂膜中加入了具有抗微生物作用的添加物。

壳聚糖是具有抗微生物作用的典型涂膜材料。壳聚糖涂膜处理能够有效控制由炭疽病菌和可可球二孢病菌（*Lasiodiplodia theobromae*）引起的鳄梨采后病害，显著减少西红柿和葡萄侵染部位的病变，有效控制炭疽病的发生。此外，壳聚糖在控制番木瓜和甜樱桃采后病害方面同样效果显著。研究者对壳聚糖具有的抗微生物活性持有不同认识。一种观点认为是由于壳聚糖质子化的 NH_2 与细胞表面负电荷化合物间的静电相互作用；二是在生理 pH 条件下，水不溶性壳聚糖分子沉淀堆积在微生物细胞表面，在其周围形成一层防渗层，阻塞对活细胞具有极为重要作用的孔道，阻碍重要溶质的运输，并可能导致细胞壁不可修复性破坏，引起细胞内溶物的严重渗漏，最终导致细胞死亡；三是壳聚糖可能会影响到真菌体内特定酶的形成；四是壳聚糖能够穿透真菌细胞并与 DNA 结合，导致 mRNA 合成抑制，干扰酶活性，最终减少真菌生长。除壳聚糖以外，芦荟凝胶涂膜同样具有良好的抗微生物活性，而这可能是由于芦荟凝胶本身含有抗微生物活性成分。与对照相比芦荟凝胶涂膜能够显著减少甜樱桃和葡萄果实上的嗜常温好氧菌、酵母菌和霉菌数量。

为了提高涂膜的抗微生物能力，一种做法是对涂膜材料的结构和组成进行化学或物理修饰和改造，比如对壳聚糖进行 γ-辐照和 *N*-酰化作用；二是从涂膜方法入手，如利用多种材料预先共混获得复合涂膜后再用于水果贮藏保鲜或利用逐层涂膜技术将多种涂膜材料依次涂于水果表面进行水果的采后贮藏保鲜；三是向涂膜基质中添加具有抗微生物作用的物质。对于那些本身不具有或者仅具有微弱抗微生物能力的可食性涂膜材料而言，向其中加入抗微生物添加物后，可食性涂膜的抗微生物能力会获得显著提高。可以添加到可食性涂膜中的抗菌剂包括有机酸（苯甲酸、山梨酸）、脂肪酸酯（月桂酸甘油酯）、多肽（溶菌酶、乳链球菌肽）、植物精油（肉桂精油、牛至精油）、植物组织的提取物（酚类化合物）、盐类（亚硝酸盐、苯甲酸钠、对羟基苯甲酸酯钠、碳酸钾、山梨酸钾）、拮抗菌（罗伦隐球酵母、沼泽生红冬孢酵母）、植物生长调节因子（茉莉酸甲酯）、抗褐变剂（N-乙酰半胱氨酸、谷胱甘肽）。

⑥感官评定：可食性涂膜通常和涂膜水果同时被消费者所食用，尤其是对于鲜切水果而言。一定程度上可食性涂膜对水果感官品质的影响决定了可食性涂膜是否适于水果的贮藏保鲜。用于感官品质评价的指标包括色泽、外观、气味、风味、质地和总体可接受性等。

可食性涂膜对贮藏保鲜水果的感官品质影响一方面是来自涂膜材料及其保鲜效果。比如，1.5%壳聚糖处理的番木瓜可以正常后熟，且果实无皱缩，质地硬而酥脆，风味甜并具有番木瓜的特征芳香气味，感官品质较好。壳聚糖涂膜能够显著延长草莓的采后贮藏保鲜时间，并且不影响草莓的感官品质。然而，涂有结冷胶可食性涂膜的鲜切甜瓜在一开始其气味和口感得分就较低。可食性涂膜对水果感官品质的不良影响可能还和涂膜方法相关。由小麦蛋白和脂类物质（蜂蜡、硬脂酸和棕榈酸）制得的双层涂膜在保持草莓的硬度、减少失重方面效果显著；然而双层涂膜的草莓具有不透明的蜡质外观，在感官评定时被消费者拒绝；小麦蛋白和脂类物质共混并处理草莓，不但显著提升了草莓的货架期而且涂膜草莓在总体外观、颜色、风味和明亮度方面得到了消费者的认可。

涂膜材料中加入的抗真菌剂、天然植物提取物和抗褐变剂等添加剂是影响涂膜水果感官品质的另一重要因素。可食性涂膜中加入植物提取物有助于增强涂膜保持贮藏水果品质的能力、降低微生物的危害、延长水果的货架期。然而，将具有强烈特征风味和气味的植物提取物添加到涂膜基质中会对涂膜产品的感官品质产生不利影响，并影响到消费者的选择。

在过去的几十年里，研究者在可食性涂膜材料方面做了大量的研究工作，可食性涂膜材料日益丰富多样，其性能也得到了很大改观，这为可食性涂膜成功应用于水果贮藏保鲜奠定了基础。随着人们环保意识的不断提高，可食性涂膜在食品行业的大规模应用具有潜在的巨大经济效益和环境保护效益。考虑到单一材质涂膜存在的局限性，研究者提出使用两种或两种以上的材料来制取涂膜，以实现不同材料间的优势互补。基于此，多材质的共混涂膜、双层涂膜和多层涂膜成为可食性涂膜发展的一个重要方向。近年来，纳米材料、微胶囊包埋技术和纳米乳化等一些新材料新技术也不断被应用到可食性涂膜的研究当中，为可食性涂膜研究注入了新的活力。

尽管可食性涂膜在水果贮藏保鲜上表现优异，但也要看到，出于经济成本、安全性、消费者接受度和等方面的原因，目前可食性涂膜并未大规模应用于水果采后保鲜。涂膜材料按来源可分为多糖类、蛋白质类和脂质类。现阶段，研究者对可食性涂膜在水果贮藏保鲜方面的研究大都集中在多糖类涂膜上，而对蛋白质类和脂质类涂膜的研究和开发相对较少。此外，涂膜对水果感官品质的影响也应当引起研究者的重视，因为虽然一些可食性涂膜在水果贮藏保鲜方面效果明显，但也同时显著改变了涂膜水果原有的感官品质。为了提高可食性涂膜的功能性，获得具有良好感官品质的涂膜，还有许多工作有待研究。

2. 生物保鲜剂保鲜

（1）生物保鲜剂的保鲜机制　生物保鲜剂是指从动植物、微生物中提取或利用生物工程技术获得的对人体安全的保鲜剂。生物保鲜剂在食品保鲜中应用取得了较好的效果，其保鲜作用机制可以概括为：①含有抗菌活性物质，抑制或杀死食品中的腐败菌，保持食品鲜度；②抗氧化作用，防止食品中不饱和脂肪酸等氧化造成品质劣变；③抑制酶的活性，防止食品变色，保证良好的感官特性；④形成一层保护膜，防止微生物污染，减少水分散失，保持食品品质。利用生物保鲜剂进行保鲜是一种新兴的食品保藏方法，它是将某些具有抑菌或杀菌活性的天然物质配制成适当浓度的溶液，通过浸泡、喷淋或涂膜等方式应用于生鲜食品中，进而达到防腐保鲜的目的。生物保鲜剂能够抑制或杀灭食品中的微生物，隔离食品与空气的接触，延缓氧化作用，调节贮藏环境的气体组成和相对湿度，因其具有天然、高效、安全等优点，使其应用范围不断扩大，成为食品保鲜技术未来的发展方向。

生物保鲜剂大多直接来源于生物体自身的组成成分，相比于化学防腐剂来说，具有天然、安全、无毒的优点。使用生物保鲜剂既不会影响食品的食用特性和营养价值，也不会造成二次污染。自然界中生物活性物质资源丰富，生物保鲜剂的来源十分广泛。目前，生物保鲜剂的种类按其来源不同可分为植物类、动物类、微生物类和生物酶类保鲜剂等。

（2）植物类保鲜剂　植物类保鲜剂来源广泛，安全无毒且实用性强，可从果蔬、中草药、香辛料等多种植物中收集，并且很多成分都具有明显防腐保鲜功能。据成分性质的不同，可分为中草药、植物精油、酚类物质、生物碱以及植物多糖等几大类。

①中草药：据记载，人类利用中草药进行防腐、驱虫、保鲜的历史长达数千年之久。中草药具有疏水性的小分子有机化合物能够干扰微生物细胞膜组织，甚至溶破，从而抑制或杀死微生物；还可减小酶的活力，降低生理活动强度；形成厚度适宜、透气性适当的膜，可防止水分散失过快，控制 O_2 渗入速度，进而调控呼吸强度，防止营养物质过快消耗，从而有效延长果蔬贮存时间。

②植物精油：精油是指从芳香植物的根、茎、叶、树皮、种子或果实中提取的具有挥发性的油脂，是植物提取物中发挥杀菌作用的重要成分。许多植物如肉桂、丁香、薄荷、百里香、花椒等的精油均能抑制食品真菌性腐败，延长贮藏时间，提高贮藏品质。

③生物碱：生物碱是天然存在于多种植物根、茎、叶、树皮、种子内的一类含氮的碱性有机化合物，具有类似碱的性质，并有显著的生物活性。常见生物碱如槐胺碱、槐定碱、槐果碱、苦豆碱、苦参碱、莱曼碱和野靛碱等，能够抑制食品中病原菌生长。

④酚类物质：天然酚类物质存在于松树、胡麻、紫苏等植物中，绝大多数具有苯环及羟基结构，抗氧化能力较强，如茶多酚、儿茶酚、单宁酸等酚类物质，不仅能防治多种病虫害，而且具有广谱抗菌能力。

⑤植物多糖：从植物中提取的天然多糖类化合物，如海藻酸钠、魔芋葡甘聚糖等，无毒无味，可生物降解，具有优良的分散性、保湿性、成膜性、抗菌性、生物相容性等特点，且成本较低，现已成为食品贮藏保鲜领域研究的热点。

(3) 动物类保鲜剂　动物类保鲜剂是指从动物体内提取的天然抗菌活性成分，也可由动物分泌物得到，这类物质常具有杀菌、防腐等功能，可应用到食品保藏领域。

①壳聚糖：壳聚糖也称甲壳素，是从低等动物尤其是节动物（蟹壳、虾壳）中提取的一种多糖类物质，也存在于藻类、真菌细胞壁中，具有广泛的抗菌作用，能抑制许多细菌和霉菌的生长。用壳聚糖对果蔬进行涂膜保鲜，其膜层具有通透性、阻水性，可以对各种气体分子增加穿透阻力，形成了一种微气调环境，抑制果蔬的呼吸代谢和水分散失，减缓果蔬组织结构衰老，从而延长果蔬的采后寿命。

②蜂胶：蜂胶是蜜蜂从植物的新生枝条、叶、芽或树皮等组织上采集到树脂状分泌物后，混入其上颚腺等腺体分泌物和蜂蜡加工而成的芳香性胶状物，含有与胶原植物相似的大量有效成分。蜂胶作为一种广谱高效、天然无毒的保鲜剂，它克服了传统化学保鲜剂的不良影响，在食品保鲜中得到了广泛重视。蜂胶可用于各种果蔬的贮藏保鲜，并能较好地保持果蔬的光泽、颜色和风味，尤其在减少果蔬表面水分丧失和降低腐烂率上效果突出。

③胶原蛋白：胶原蛋白是由胶原纤维经过部分降解后得到的具有较好水溶性的蛋白质。它是一种白色、不透明、无支链的生物性高分子物质，在动物细胞中扮演结合组织的角色。可食性的胶原蛋白包装膜，一般具有良好的抗张强度、热封性和较高的阻气、阻油、阻湿性，可广泛用于各类食品的保鲜。在浸泡果蔬的糖液中，加入一定量的胶原蛋白溶液，可使果蔬表面形成保护膜，维持产品天然风味和新鲜度，防止发生腐败，延长保存期。

在肉制品加工与保鲜中，胶原蛋白膜是最成功的工业应用例子，在香肠生产中胶原蛋白膜已经大量取代天然肠衣。有实验表明，用胶原蛋白包裹肉制品后，可以减少汁液流失、色泽变化及脂肪氧化，保证肉制品的新鲜度和天然风味。

（4）微生物类保鲜剂　常用于食品保鲜的微生物有细菌、霉菌、放线菌和酵母菌等，其中应用最广泛的是细菌。微生物的抗菌保鲜效果在于它可以产生抗生素、细菌素、溶菌酶、蛋白酶、过氧化氢和有机酸，改变微生物 pH 环境因素，抑制或杀死食品中的有害微生物，或与有害微生物竞争食品中的糖类等营养物质，从而达到防腐保鲜的目的。

①菌体次生代谢产物：微生物发酵生产周期短，不受季节、地域和病虫害条件的限制，目前已有 50 多个国家和地区进行工业化生产微生物类保鲜剂，主要种类有乳酸链球菌素（Nisin）、纳他霉素和曲酸等，它们都是由微生物产生的次生代谢产物。

乳酸链球菌素是由某些乳酸链球菌产生的具有杀菌作用的小肽，可抑制引起食品腐败的革兰阳性菌的生长繁殖，是一种高效、无毒、安全、营养的生物保鲜剂。有研究表明，在新鲜鱼中添加乳酸链球菌素能很好地抑制产毒菌的生长和产毒，如添加质量浓度为 25mg/L 的乳酸链球菌素，对龙虾肉、鲑鱼、蟹肉组织无任何损伤，且明显降低了单核细胞增生李斯特菌的水平。乳酸链球菌素能够显著推迟鳕鱼片、鲱鱼片及烟熏鲭鱼等海产品中肉毒梭状芽孢杆菌产毒，抑制波特淋菌中毒。乳酸链球菌素能有效地抑制革兰氏阳性菌，但对革兰氏阴性菌抑制效果不明显。目前，发现比较好的抑菌方法是在食品中直接添加乳酸链球菌并配合 EDTA 和柠檬酸盐等螯合剂，实现对革兰氏阳性菌和革兰氏阴性菌的抑制。因此，将乳酸链球菌素与其他生物保鲜剂协同使用可起到良好的保鲜作用。

纳他霉素也称游链霉素，是一种由链霉菌发酵产生的多烯烃大环内酯类抗真菌剂，能够专性抑制酵母菌、霉菌等丝状真菌的形成，已成为 30 多个国家广泛使用的一种天然食品防腐剂。

②微生物菌体：利用微生物菌体如假单胞菌、酵母菌等进行保鲜，简单来说就是以菌制菌，该法是通过微生物菌体的增殖和菌体自身与有害微生物之间的竞争来抑制有害微生物的生长。在传统防腐剂不能很好发挥作用的条件下（如低温、低氧、有机酸含量过高等），此类保鲜剂具有潜在的巨大优势。国内外有人研究用木霉对果蔬进行防病处理，如美国、法国和英国利用多孢木霉对洋梨、蘑菇和苹果进行保鲜，我国也有用木霉对茉莉花、茄子、蜜柑等进行保鲜的报道。

③抗菌肽：抗菌肽是一类小分子肽，分布广泛，具有分子质量小、热稳定性好、抗菌谱广等特点。某些抗菌肽对部分细菌、真菌、原虫及病毒具有强力的杀伤作用。目前，抗菌肽在食品中应用的报道较少，但它可以作为一种优良抗菌性能的小肽和其他生物保鲜剂协同使用，提高保藏效果。乳链菌肽能有效抑制食品中芽孢杆菌及梭菌的生长繁殖，使产品保存期延长 4~6 倍，有利于食品的贮存和运输。

(5) 生物酶类保鲜剂　生物酶作为一种催化剂在食品保鲜中具有特殊作用，不同的食品保鲜应有不同的酶参与，目的是创造一个有利于保持食品品质的环境，防止因某些因素影响食品品质而发生腐烂变质。食品保鲜时需选用适宜的生物酶保鲜剂，使食品中所含的不利于保存的酶受到抑制或降低反应速度，最终实现保鲜目的。当前用于食品保鲜的生物酶主要有溶菌酶和葡萄糖氧化酶。

①溶菌酶：溶菌酶又称胞壁质酶，在自然界中普遍存在。根据作用微生物的不同，溶菌酶可分为细菌细胞壁溶菌酶和真菌细胞壁溶菌酶。溶菌酶是无毒无害的蛋白质，并具有一定的保健作用。溶菌酶在食品保鲜中应用是因为它能选择性地使微生物细胞壁溶解，从而使其失去生物活性，有利于食品长期贮藏。溶菌酶对食品营养成分亦无破坏作用，可作为天然防腐剂替代化学防腐剂，例如在奶酪加工过程中，加入一定量的溶菌酶，不仅能防止奶酪后期起泡和风味变差，还可起到抑菌作用，防止酪酸发酵，这是其他化学防腐剂无法比拟的。另外，有人研究了溶菌酶复合保鲜剂对虾、带鱼、扇贝柱和柔鱼的保鲜作用，结果发现此法扩大了溶菌酶原抗菌谱范围，增强了抗菌作用强度，使保鲜期得以延长。

②葡萄糖氧化酶：葡萄糖氧化酶，是利用黑曲霉等微生物经过发酵制得的高纯度酶制剂。近年来，葡萄糖氧化酶广泛应用于食品保鲜领域。葡萄糖氧化酶的保鲜作用体现在以下方面：通过葡萄糖氧化酶氧化葡萄糖生成葡萄糖酸，降低食品的 pH，抑制微生物的生长；葡萄糖氧化酶能消除贮藏环境中的氧，防止食品氧化变质。葡萄糖氧化酶在冷藏和冷冻条件下对部分水产品具有良好的保鲜性能，可有效减轻鲜鱼、对虾贮藏期间的黑变和酸败现象。葡萄糖氧化酶还可以去除果汁、饮料、罐头和果蔬干制品包装中的氧，避免产品氧化变色。

3. 抗冻蛋白保鲜

抗冻蛋白（Antifeeze proteins，AFPs）是一类抑制冰晶生长的蛋白质，能以非依数性形式降低水溶液的冰点，但对熔点影响甚微，从而导致水溶液的熔点和冰点之间出现差异。这一现象被称为热迟滞现象。因而抗冻蛋白亦称为热滞蛋白或温度迟滞蛋白（Thermal hysteresis proteins，THPs）。抗冻蛋白的抗冻活性（Antifreeze Activity）又称热滞活性（Thermal hysteresis activity，THA）被定义为其水溶液冰点与熔点之差值，差值越大，活性越强。AFPs 于 1969 年由 Devries 在南极 Mcmurdo 海峡的一种鱼（Notothenenid）的血液中首次发现，它能阻止体液内冰核的形成与生长，维持体液的非冰冻状态。这一发现引起了许多实验室的研究兴趣，研究对象从极区鱼扩展到昆虫，最后又扩展到植物，甚至微生物。科学家发现，原来抗冻蛋白在生物界广泛存在，是生物适应低温、抵御冻害的一种机制。人们试图分离纯化活性高的抗冻蛋白，并对它的基因及转基因研究，以期望将它用于改良某些生物的抗冻性能。这些研究对抗冻蛋白及其基因的结构、功能和作用机理有了较为深入的了解，并为抗冻蛋白的应用打下了良好的基础。随着人们生活水平的提高，果蔬鲜食比例呈增长趋势，果蔬保鲜是近年来的一个研究热点。

(1) 抗冻蛋白的特性

①热滞效应 (Thermal hysteresis action)：抗冻蛋白具有特殊的热迟滞性质，即其溶液的冰点低于熔点，是抗冻蛋白最基本的特性。抗冻蛋白降低鱼血清、昆虫、植物体液或水溶液冰点的效率比一般溶质要高，按质量浓度算比 NaCl 的效率高 2 倍；按物质的量浓度算，比 NaCl 的效率高 200~500 倍。说明抗冻蛋白降低体液冰点的机制与盐类（如 NaCl）不同。一般溶液（如 NaCl、蔗糖溶液等）的冰点是固、液两相蒸汽压平衡时的温度，因而冰点等于熔点。而抗冻蛋白在其溶液中只影响结冰过程，几乎不影响熔化过程，所以使冰点低于熔点。如 2% 抗冻糖蛋白溶液-0.9℃结冰，而结的冰直至温度上升至-0.02℃也不熔化。热滞是一种非理想溶液的行为，溶液的冰点下降是非依数性的，而其熔点的差值称为热滞值。在热滞中所谓的冰点并不是真正的"冰—水"平衡相变点，而是冰晶生长点。热滞值实际上是熔点与冰晶生长点之差值。抗冻蛋白的抗冻机制主要是由于冰晶与溶液的界面自由能的增加导致当温度从相变点进行降低一定值时，整个系统的自由能并不减少，从而防止冰晶生长，导致热滞现象。

②冰晶形态效应：抗冻蛋白有抑制冰晶生长的作用，而且这种作用在不同的方向上有强弱之分，因而引起冰晶形态的改变。在纯水中，冰通常以平行于晶格基面（a 轴）的方式生长，而在垂直于基面的方向（c 轴）很少生长，故冰晶格看起来呈扁圆状。在含有抗冻蛋白溶液中，随着抗冻蛋白的浓度（μmol/L）的增加，冰晶的形态由原来的椭圆形变为六棱锥状至针状。低浓度抗冻蛋白优先抑制冰晶沿 a 轴的实质，因此冰晶格的六边柱表面变得明显。高浓度抗冻蛋白条件下，冰晶主要沿 c 轴生长而形成六边双棱锥及针形晶体。有关抗冻蛋白与冰晶作用机理先后有人提出结合水学说、表面结合学说、吸附—抑制学说等。就目前研究来看吸附—抑制学说比较合理，但是解释抗冻蛋白吸附冰晶抑制其生长的理论依据尚不完善。

③抑制冰的重结晶：所谓重结晶是指在已经形成的冰晶体颗粒大小的重新分布，即一些冰晶增大，而另一些减小，并且大的冰晶越长越大，小的越来越小，直至消失。这种情形主要是由温度波动引起，对动植物组织尤其是植物组织因冰晶体的增大而产生严重的机械损伤。而抗冻蛋白具有抑制重结晶发生的作用，所形成的晶粒体积小而且比较均匀。

④调节动植物原生质体的过冷状态，使过冷点降低：许多寒冷地区昆虫和植物能在-25℃以下的环境下生存，免于冰冻伤害，仅依靠抗冻蛋白的热滞效应来降低冰点是不能解释的。事实上，它们抗冻性的提高是依靠原生质体的过冷作用，这可能暗示着抗冻蛋白在生物体内的抗冻作用不仅是降低冰点，更重要的作用是调节原生质溶液的过冷状态，使过冷点降低。

此外，抗冻蛋白还可以抑制玻璃化损伤，这也许通过阻断 Ca^{2+} 和 K^+ 通道达到对细胞膜的保护作用。

(2) 抗冻蛋白的结构与功能

①鱼类的抗冻蛋白：目前已了解的鱼抗冻蛋白大致可分为四类：抗冻糖蛋白（AFGPs），Ⅰ型抗冻蛋白（AFP Ⅰ），Ⅱ型抗冻蛋白（AFP Ⅱ）及Ⅲ型抗冻蛋白（AFP Ⅲ）。它们在分子结构上各异，其中研究得较详细的是Ⅰ型抗冻蛋白。

a. 抗冻糖蛋白。主要存在于生活在两极的某些鱼类中，如齿鱼类（Dissostichus）、贝氏肩鲨（Trematomus bernacchii）及北半球高纬度海域中的鱼如大西洋鳕（Gadus morhua）、北鳕（Boreogadus saida）的血液中。最初是在 Antarctic nototheniid 中发现抗冻糖蛋白是一种含双糖的三肽聚合体，多肽是由 (Ala-Ala-Thr)$_n$ 三肽重复单位组成，（n 为 4~50）；双糖为 β-D-半乳糖与 2-乙酰氨基-2-脱氧-α-D 半乳糖通过 β1-3 键连接，双糖以 α 糖苷键连接于苏氨酸残基的羟基上，在 C 端接 1~2 个 Ala，根据重复数 n 的多少形成一系列分子质量在 2.5~37.7kDa 的抗冻蛋白。糖基是决定抗冻性的主要基团，因为化学修饰（乙酰化和过氧化）糖基后会导致抗冻活性的消失。二糖结构中顺式构象的相邻羟基对抗冻活性至关重要。当二糖为半乳糖时，C_3、C_4 位上的羟基为活性基团。实验表明，这类抗冻糖蛋白的活性与分子质量有关，分子质量大者一般活性也高。

b. Ⅰ型抗冻蛋白。存在于美洲黄盖鲽鱼（Pseudopleuronectus americanus）、床杜父鱼（Myaxocephalus scorpius）等鱼类中。质量为 3.3~4.5kDa，富含丙氨酸，但无糖基。目前对 Winter flouder 的抗冻蛋白研究最为深入，其一级结构是由 11 个氨基酸残基组成的多肽单元 [Thr- (Alx)$_2$-Asx- (Alx)$_{7-}$] 重复串联而成，这其中 Alx 主要为丙氨酸，占总氨基酸的 60% 以上。间或有些利于 α-螺旋形成的非极性氨基酸如 Leu、Lys 等，而 Asx 则为 Asp 或 Asn。通过 X 射线研究其晶体结构，发现其一级结构具有单一的 α 螺旋结构，这种蛋白的一级结构决定其二级结构则形成相应的双亲螺旋结构（Amphiphilic），即亲水性氨基酸侧链位于螺旋轴的一侧，疏水性氨基酸侧链位于另一侧。从而形成这种双亲现象。其亲水性氨基酸具有较大的摆动性，这样可以黏附到不同的冰晶体表面促进与冰晶体结合，从而抑制冰晶生长。该结构有较好的热稳定性，Asn/Asp 的比例和苏氨酸是影响其抗冻活性的主要因子。

c. Ⅱ型抗冻蛋白。存在于美绒杜父鱼（Hemitripterus americanus）、彩虹胡瓜鱼（Osmerus mordax）、大西洋鲱（Clupea herengus）等鱼类中。分子质量为 14~16kDa，是目前唯一的在蛋白质序列中查出与其他蛋白具有同源性的一类蛋白，与动物 C 型凝集素同源。Ⅱ型抗冻蛋白的特点是不含糖类，富含半胱氨酸，其中 50% 的 Cys 能形成二硫键，这些二硫键对保持分子结构稳定性及抗冻活性有重要的作用。巯基乙醇或二硫苏糖醇处理会导致 THA 丧失。它们最初是在绒林父鱼（Sea raven）中发现的，对其脱氧核糖核酸（cDNA）序列分析及根据 cDNA 转译氨基酸顺序的分析表明该种成熟的抗冻蛋白可能来自一个大约 163 个氨基酸长度的前体蛋白，有129个氨基酸长的多肽，其二级结构是由一个少量α螺旋和β折叠以及大量转角结构组成，并有一个折叠的三级结构，1991年又在昆虫 Tenebrio molitor 和 Dendroidea canadensis 中发现这类蛋白。

d. Ⅲ型抗冻蛋白。主要存在于绵亚科鱼类。首先在鱼 Ocean pout 中发现Ⅲ型抗冻蛋白，其中8个抗冻蛋白从大洋条鳕中分离出来，和Ⅱ型抗冻蛋白一样，Ⅲ型抗冻蛋白是一种球状结构的蛋白分子，但它们既不富含 Ala 又不富含 Cys，质量约6kD，用 NMR 和 X 射线衍射技术分析表明，其二级结构主要由9个β折叠组成，其中8个组成一种β折叠三明治夹心结构，另一个β折叠则游离在其外，这种三明治的"夹心"就是两个反向平行的3个串联β折叠，其外边是两个反向平行的β折叠。β股之间有亲水域（4~8）可与冰表面结合。

e. Ⅳ型抗冻蛋白。是1987年从多棘麻杜父鱼（*Myoxocephalus octodecimipinosis*）的皮肤中纯化出的一种新型抗冻蛋白，大约108个氨基酸残基。在其N端连接有一个焦谷氨酸酰基团，并且含有高达17%的 Glu。该蛋白和膜载脂酰蛋白具有22%的同源性。圆二色谱分析表明该蛋白和载脂酰蛋白结构类似，有较高的α螺旋结构，其中4个α螺旋束反向平行排列，疏水基团向内，亲水基团向外这些亲水基团可能和冰晶表面结合。推测这种蛋白阻止冰晶体从皮肤表面渗入。

②昆虫的抗冻蛋白：昆虫抗冻蛋白的分子质量一般为8~20kD，无糖基，与鱼类Ⅰ型抗冻蛋白相似，含有较多的亲水性氨基酸（如 Thr、Ser、Asx、Glx、Lys、Arg）有40%~59%的氨基酸残基能形成氢键。有些昆虫抗冻蛋白类似于鱼类Ⅱ型抗冻蛋白，含有一定数量的半胱氨酸。和鱼类、植物抗冻蛋白相比，昆虫抗冻蛋白具有更高的抗冻活性和独特的化学结构特征。

③植物抗冻蛋白：植物抗冻蛋白研究起步较晚。绝大多数已研究的植物材料中，抗冻蛋白活性（热滞值通常为0.2~0.5℃）大大低于鱼类（0.51~1.5℃）和昆虫（3~6℃）。从研究结果来看，抗冻蛋白可能具有多重功能，既具有抗冻活性同时又有酶（如几丁质酶、β-1,3-葡聚糖酶）、抗菌（如甜味蛋白）、抗虫活性（植物或动物凝集素）。

（3）抗冻蛋白在果蔬保鲜中的应用前景　抗冻蛋白的特性在20世纪60年代末报道后，美国、加拿大、英国等国很多学者纷纷寻找它的应用，但抗冻蛋白只能很小限度的降低冰点，与常用的可食用的抗冻剂相比，效果不显著，且自然生产量很小，因此充分运用到食品中去条件不成熟。基因工程的发展为抗冻蛋白的应用提供了良好的条件，即运用基因过程的方法把异源的高活性的抗冻蛋白的基因转移到目标果蔬上，使之表达。这种遗传特性的改良，从根本上增强果蔬在田间的抗寒能力，而且会改善果蔬采后的贮藏加工特性。新鲜果蔬贮藏时均需有适宜的最低温度，低于此温度常造成果蔬的冰害和冻害。适宜低温点的选择往往取决于贮藏对象的耐低温能力。贮藏温度若能降低1℃，就可以明显延长某些果蔬的贮藏寿命。

速冻果蔬在冻藏解冻过程中常出现的主要问题是汁液流失（Drip loss）、软烂、失去原有的形态。造成汁液流失的原因与食品的原料处理、冻结方式、包装、冻藏条件以及解冻方式有关，最关键的因素是冻藏过程中的温度波动导致重结晶。能表达抗冻蛋白的转基因蔬菜可改善这种状况，提高速冻品的质量。这是因为转基因蔬菜在冻结与冻藏中冰晶对细胞和蛋白质的破坏很小，合理解冻后，部分融化的冰晶也会缓慢渗透到细胞内，在蛋白质颗粒周围重新形成水化层，使汁液流失减少，保持了解冻食品的营养成分和原有风味。

人们将鱼的 I 型抗冻蛋白渗入到植物叶和茎的组织中使其冰点降低了 1.8℃ 以上，在植物悬浮培养细胞低温保存时，抗冻蛋白可起到冰冻保护剂一样的作用，而抗冻蛋白也能降低植物细胞内冰晶形成速度，这表明鱼抗冻蛋白在植物中具有抗冻活性。抗冻蛋白广泛应用的主要问题为其来源和成本，许多科学家尝试用低廉的细菌来定向生产抗冻蛋白。

基因工程技术的发展，为利用因过程技术将抗冻蛋白基因导入植物中以得到高水平的表达，由此获得抗冻的植物品种有着诱人的前景。

4. 冰核细菌保鲜

自 Maki 在 1974 年首次从赤杨树叶中分离得到能够在 -2~5℃ 范围内诱发植物结冰发生霜冻的冰核细菌（Ice nucleation active bacteria，简称 INA 细菌）以来，冰核细菌已经引起了植物病理学、细菌学、植物生理学、园艺学和气象学等不同学科研究者的广泛关注，国际上先后召开了 6 次生物冰核作用学术研讨会，美国、日本、英国、中国、韩国、意大利、德国、法国和加拿大等 20 多个国家先后对其开展了广泛深入的基础理论和应用的研究，并已在冰核细菌的种类分布、成冰活性的影响因素、分子生物学及其应用等方面取得了较大的进展。最初人们对冰核细菌产生兴趣的原因主要是由于冰核细菌能诱发和加重霜冻敏感作物的霜冻害，目前冰核细菌已经成为一种重要的生物资源，被应用到人工造雪制冰、食品冷冻保鲜和冷冻浓缩、促冻杀虫、高敏检测、报告基因等领域，显示出巨大的发展潜力。

（1）生物学特性

①种类与分布：到目前为止，已发现 4 个属 23 个种或变种的细菌具有冰核活性。美国 5 个州的 95 种植物叶面细菌，在 75 种植物上发现了冰核细菌，其中以丁香假单胞菌（*Pseudomonas syringae*）最多，其次是草生欧文菌（*Erwinia herbicola*）。除上述两种细菌外，荧光假单胞菌（*P. fluorescens*）、斯氏欧文菌（*E. stewartii* Smith）、菠萝欧文菌（*E. ananas* Serrano）也具有冰核活性。1986—1993 年，从我国 17 个省的 68 种植物上分离得到 250 株冰核细菌，并进行了细菌形态、革兰染色、培养性状、生理生化特性和致病性的测定，确定我国有 3 个属（*Pseudomonas*、*Erwinina*、*Xanthomonas*）17 个种或变种的冰核细菌。其中 *P. marginalis*、*Pseudomonas* sp、*P. syringae* pvs、*E. herbicola* pvs、*E. amylovora* pvs、

Xanthomonas campestris pv. *cerealis* 6 个种为国内外首次记录具有冰核活性的细菌，而 *E. ananas* 和 *P. syringae* 为我国的优势种类。

冰核细菌种类及数量分布受地理纬度、气候条件、植物种类和季节等因素的影响而差异显著。在我国云南、广西亚热带地区，主要分布的是 *E. ananas*，占 80%以上；在东北、西北和华北温带地区，主要以 *P. syringae* 为主，占 52%。同一种植物上可以同时存在着几种冰核细菌，但因植物种类不同，上述所出现的冰核细菌种类差异较大，在水稻、小麦、玉米、香蕉等植物上主要分布的是 *E. ananas*，而在白菜、番茄和黄瓜上 *P. syringae* 占有绝对优势。

②冰核基因及冰核蛋白：大量研究表明，各种冰核细菌的生冰核能力均是由单独编码的冰核蛋白基因所决定，该基因的缺失会导致冰核活性的完全丧失。1983 年从 *E. herbicola* 克隆出了第一个冰核基因以来，目前分子生物学家已经从冰核细菌中克隆出 7 个冰核蛋白基因，并已经完成了测序。冰核细菌的冰核蛋白具有相似的一级结构，由 3 个可区分的结构域组成，即 C 端单一序列结构域、N 端单一序列结构域和中部具有高度重复序列结构域（分别约占基因全序列的 4%、15%、81%）。C 端单一序列结构域富含酸性和碱性氨基酸残基，属于高度亲水性结构域。N 端单一序列结构域含有几个较疏水片段，可能与冰核蛋白在细胞外膜上的定位有关。冰核蛋白中部重复的八肽是由 Ala-Gly-Tyr-Gly-Ser-Thr-Leu-Thr 构成的结构域，特异地富含 Ala、Gly、Thr 和 Ser，因此具有显著的亲水特性，该有规律的重复序列结构域在组成冰晶模板及发挥成冰活性上起着主导作用。冰核蛋白的二级结构被认为是由氢键连接而形成的 β 片层结构，重复的单位具有亲水性，现已根据这些资料，提出了冰核蛋白的结构模型。经超声波处理后，冰核细菌的冰核蛋白镶嵌或横跨于细胞膜，因此确定了冰核蛋白是一种膜间蛋白的表达形式。另外，冰核细菌表达的强冰核活性物质仅仅依靠细菌的冰核蛋白成分是不够的，磷脂酰肌醇、磷脂是冰核蛋白复合物的主要成分，而且是必要成分。

③影响冰核活性的因素：采用改进的 Vali 小液滴冻结法定量定性测定冰核细菌的冰核活性，发现影响冰核活性的主要因素为培养基的种类、培养温度、菌体浓度及菌种贮藏方法等。对 3 种冰核细菌进行了培养条件的研究，发现培养基的种类对菌体生长和成冰活性影响最为显著，其次是培养温度，一般的培养温度为 18~25℃。此外，一些外界因素例如重金属离子、巯制剂、尿素、巯基试剂、SDS、蛋白酶、植物外源凝集素等化学试剂和紫外线、钴的照射等物理作用均可对冰核细菌的冰核活性产生一定的影响。同时，一些抗生素如氯霉素、土霉素、链霉素等也可杀死菌体，但不一定破坏冰核蛋白的成冰活性。

(2) 安全性与预处理

①安全性：近年来，研究者均力图将冰核细菌应用到食品工业中去，其安全性就成为首先要考虑的问题。食品工业所应用的冰核细菌必须符合食品安全性

的要求，无毒性、无致病性、卫生。但是某些冰核细菌却具有不安全的因素。*Pseudomonas* 和 *Xanthomonas* 具有冰核活性的某些细菌菌株是植物病原菌，其代谢产物可能与人类的某些疾病有关，而具有冰核活性的 *Erwinia* 某些菌株与肠炎细菌有关，于是这些细菌应用的范围就受到了限制。

②预处理：冰核细菌应用于食品工业，从卫生学的角度考虑，在使用前对其进行预处理是十分必要的，目前的预处理技术主要是高静压灭菌和固定化两种方法。

用高静压灭菌技术可以对冰核细菌的细胞膜造成破坏，致使细胞的原生质液渗漏而导致其死亡，同时又可以保持冰核活性，这项技术有望成为杀灭该菌制备高冰核活性制剂的主要方式。同时也尝试用上述两种方法对冰核细菌进行固定化，一种是在半透膜中的固定化，可以避免冰核细菌进入周围的样品中；另一种是通过微胶囊技术来包埋冰核细菌，并保持其活性。冰核细菌的固定化在食品冷冻浓缩中的应用具有极为重要的意义。

另外，提取纯化冰核活性蛋白也是一种对冰核细菌进行预处理的方法，通过这种技术得到的冰核活性蛋白纯度极高，活性极强，但由于成本过高，操作烦琐，实现工业化存在着一定的困难，因此需要进一步探索成本较低的冰核活性蛋白分离方法。近年来，美国、日本等国家开始克隆冰核细菌的冰核蛋白基因，并导入酵母、乳酸杆菌等食用级安全微生物体内，直接应用这些微生物来表达冰核活性蛋白，但得到的蛋白往往冰核活性很低，安全性还有待进一步检验。

(3) 在食品冷冻保鲜中的应用　冷冻是食品进行长期保存的有效方法之一，但常规低温冷冻贮藏食品会出现过冷却现象，从而造成食品细胞受损，在解冻时导致细胞内含物流失，破坏甚至杀死细胞，不仅会引起食品变质，还会加快食品解冻后腐败变质的速度。冰核细菌具有在较高温度（-2~5℃）下形成规则、细腻、异质冰晶的能力，因此将一定浓度的冰核菌液喷于待冷冻的食品上，可在-2~5℃条件下贮藏。一方面可以提高冻结的温度，缩短冻结时间，节约能源，又可避免由于过冷却现象造成冷冻食品风味与营养成分损失过多等弊端，最大限度地保持食品原料中的芳香组分，改善冷冻食品的质地。将具有冰核活性的菌体蛋白碎片应用在基围虾的低温微冻保鲜技术上，在贮藏过程中，通过对虾体内各物质的检测，来判断贮藏虾体的品质与风味的变化。微冻保鲜 20d 后，经感官、品质和风味检测，虾体内各种物质变化均比较缓慢，保鲜效果良好，保鲜期可达 1 个月之久。用 0.1mL *P. syringae* 悬浮液（浓度为 10^7CFU/mL）进行冷冻处理鲑鱼肉，与未作处理的对照组相比，经处理的鲑鱼肉样品冰核温度为-1.5℃，而对照组为-4.9℃，当在 5℃连续冷冻几个小时后，经处理的整条鲑鱼被完全冻结，而对照组还有 30%没有冻结。

随着低温生物技术的发展，冰核细菌及其活性成分在食品冷冻保鲜中的应用显得更为重要，现已成为该领域研究的热点，也是该技术将来主要的研究方向。

然而，要想把冰核细菌真正应用到食品工业中，还必须要解决高活力冰核活性蛋白的高水平表达和冰核细菌及其活性成分对环境以及人类的安全性等问题，这些问题都将是今后研究工作的重点。冰核细菌在食品工业中的应用是生物技术与食品加工相结合的一项高新技术，冰核细菌将会在低温食品加工领域中显示出巨大的潜力，并且具有广阔的发展前景。

四、其他保鲜技术

（一）简易贮藏技术

简易贮藏是为调节果蔬供应期而采用的一类较小规模的贮藏方式，主要包括堆藏、沟藏（埋藏）、窖藏、通风库贮藏，以及由此而衍生的冻藏、假植贮藏，它们都是利用当地自然低气温来维持所需的贮藏温度，其设施简单，所需材料少、费用低。

这类贮藏方式是我国劳动人民在长期生产实践中发展起来的，各地都有一些适合本地区气候特点的典型方法，积累了一定的经验，是目前我国农村及家庭普遍采用的贮藏方式。

1. 堆藏

（1）堆藏方法　堆藏是直接把果蔬堆积在菜园、田间地面、浅坑或场院荫棚下，用一些覆盖物等材料覆盖，以维持适宜的温湿度条件，并防止产品伤热、受冻和水分蒸散的一种简易贮藏方法（如图 2-15 所示）。一般适于较温暖地区的越冬贮藏或寒冷地区秋冬之际短期贮藏。在北方，大白菜、甘蓝、洋葱、马铃薯等蔬菜常用此法贮藏，在南方也用此法贮藏柑橘等果实。一般绿叶菜类不宜堆藏。

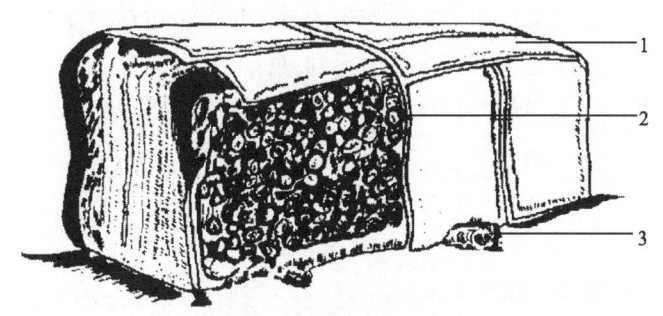

图 2-15　洋葱堆藏
1—苇席　2—洋葱　3—枕木

堆藏选择地势较高的地方，地面用秸秆、稻草等铺垫，以防底部过分潮湿而导致蔬菜腐烂。将果蔬直接堆成垛或码成堆，也可在室内散堆或围垛。堆的大小可根据实际情况灵活掌握，环境温度高时，堆可稍小，环境温度低时，堆可稍大；果蔬个体大，堆的空隙度也大，堆可稍大，果蔬个体小，堆的空隙度也小，堆可稍小；果蔬质地比较坚硬的或弹性比较大的，可堆得稍高些，质地比较脆嫩或柔软的，可堆得稍低些；小垛可堆成实心，大垛可堆成空心，以便通风。堆垛要稳固，以防倒塌。大堆贮藏时，应设置若干通气装置，最简单的是用高粱秆或玉米秆插入堆中，便于堆中空气流通，及时散发热量。围垛要及时翻倒，通风散热。温暖地区和季节，表面不必覆盖，但气温下降时要根据气温变化情况，分层加覆盖物，以维持适当的温度，并防冻、防风、防雨。常用的覆盖材料有苇席、草帘、作物秸秆等，一般就地取材。覆盖时间和厚度依气候变化情况而定，不同地区、不同季节和不同种类果蔬应采用不同的覆盖方法。一般在入贮初期果蔬带有较多的田间热，呼吸作用旺盛，释放的呼吸热较多，应注意通风散热。此时若气温较高，应在白天覆盖遮阳，防止日晒，夜间去掉覆盖物，进行通风散热。在温暖的地区或季节，覆盖有隔热的作用，可减少外界高温的影响。在寒冷的地区或季节，覆盖则有保温防冻的作用。

（2）堆藏的理论依据及特点　堆藏是将果蔬直接堆积在地上，故受地温影响较小，而主要受气温的影响。覆盖能缓和气温急剧变化带来的不利影响，避免贮温的过度波动；还能在某种程度上保持贮藏环境一定的空气湿度，甚至在堆内可能积累一定量的 CO_2，形成一定的自发气调环境，故堆藏具有一定的保鲜效果。堆藏效果的好坏在很大程度上取决于覆盖的方法、时间及厚度等因素。所以，采用堆藏这种贮藏方式，相比之下往往需要较多的经验；另一方面，由于堆藏受气温的影响很大，故在使用上受到一定限制。尤其在贮藏初期，若气温较高，则堆温难以下降，因此，堆藏不宜在气温较高的地区应用，而适用于比较温暖地区的晚秋、冬季及早春贮藏，在寒冷地区，一般只用作秋冬之际的短期贮藏。

2. 沟藏

沟藏也可称埋藏，是在预先挖好的沟内放入果蔬，以秸秆和泥土覆盖，达到贮藏保鲜的目的。沟藏的保温保湿性能比堆藏好。这种方法在北方多用来贮藏苹果、山楂、核桃、板栗等产品和萝卜、胡萝卜等根菜类蔬菜，如图 2-16 所示。

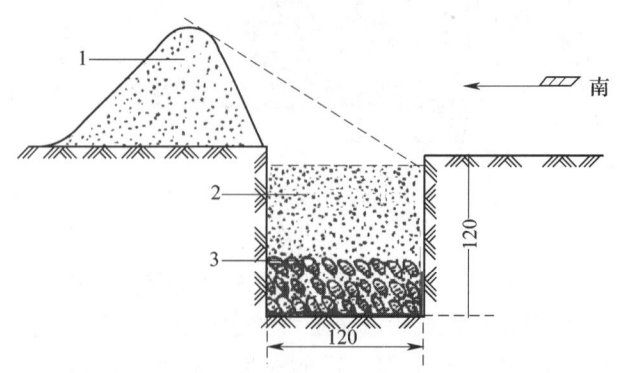

图 2-16　萝卜、胡萝卜沟藏示意图（单位：cm）
1—土堆　2—覆土　3—萝卜

（1）沟藏的理论依据及特点　随着季节的更替，气温和土温都在发生着变化，但变化的特点和规律有所不同。从秋到冬气温下降快，下降幅度大；土温下降慢，变化幅度小。在冬季气温较低的情况下，土温则比较稳定而且高于气温，入土越深温度越高。到翌年春天，气温上升快变化大；土温上升慢变化小。因此，在冬季和春季贮藏沟内的温度稳定、变化缓慢的特性，是贮藏果品的有利条件。

贮藏沟土壤湿润，能保持较高且稳定的相对湿度，可减轻新鲜果蔬的萎蔫，减少失重，有利于保持外观新鲜。沟内还可积累果蔬呼吸作用产生的二氧化碳，形成一定的自发气调环境，抑制微生物的活动，同时降低果蔬自身的呼吸程度，从而延长贮藏期。沟藏还具有构造简单，节省材料的特点，大多是以土为主要材料，可就地取材。沟藏还具有贮藏管理方便、经济效益高等特点。

（2）沟藏的方法及管理

①场地选择：贮藏沟应选在地势高燥，土质黏重，排水良好，地下水位较低之处，沟底部与地下水位距离应在1m以上。

②沟形规格：较温暖地区沿东西走向挖沟，可增大迎风面，增强贮藏前期的降温效果。寒冷地区为减少冬季寒风影响，以南北长为宜。沟的宽度和深度需根据各地区气候条件确定，沟的深度宜在冻土层以下，既可避免受冻又能得到较低的温度。沟的长度不限，视贮藏量而定。但沟宽不宜改变，加大沟宽气温和土温作用面积的比例也相应改变，对贮藏效果影响较大，降低贮藏沟的保温保湿性能，一般沟宽以1~1.5m为宜，若需加大贮藏量可用增加沟的长度来解决。在积雪较多的地区可沿沟长方向设置排水沟，以备积雪融化时排水之用。

③设置风障与阴障：在比较寒冷的地区，常在贮藏沟的北侧设置风障，以阻挡寒风的吹袭，有利保温。在冬季较为温暖的地区，常在沟的南侧设置阴障，以减少阳光的照射。

④覆盖技术：沟藏的覆盖技术与堆藏相似，具有遮阳、防雨、防寒、保暖、保湿及自发气调等作用。覆盖物可就地取材，如芦苇、作物秸秆等。随着气温的逐渐降低，覆盖层应逐渐加厚，覆盖土层要高出地面，以便排水。

3. 窖藏

贮藏窖包括棚窖、井窖和窑窖三种类型。窖藏在北方较普遍，南方也有使用。这些窖多是根据当地自然、地理条件的特点进行建造。由于土壤导热系数小，贮藏窖内温度变化缓慢且稳定，且土层越深温度越稳定，这有利于通过简单的通风设备来调节和控制。由于贮藏窖具有一定的深度，不仅保温而且保湿。窖藏与堆藏相比可随时入窖出窖，方便检查和管理，适于多种果蔬的贮藏。

（1）棚窖　也称土窖，在北方平原地区应用比较普遍，是一种临时或半永久性贮藏设施（如图2-17所示）。常用来贮藏苹果、梨、葡萄、芹菜、大白菜、马铃薯、胡萝卜等果蔬。棚窖的形式和结构，因地区气候条件和贮藏产品大同小异。可建成地上式、半地上式或全地下式。冬季寒冷的东北各省多建地下式窖，即在地面挖一长方形的窖体，入土深2.5~3m，用木材或工字铁架搭好棚架，上铺成捆的稻草或秫秸作为隔热保温、防雨材料，最后覆土压实。秸秆和泥土厚度要因气候条件而定，一般北京地区25cm左右，沈阳40cm左右，再往北可加厚到50cm，以保证库内温度适宜。窖顶需开设若干天窗便于通风，天窗的大小和数量无严格规定，大体上要根据当地气候条件和贮藏的果蔬种类估计通气面积的多少，如用于贮藏大白菜，需要有较大的通风面积，用于贮藏葡萄、马铃薯或苹果，天窗面积可小一些。除天窗外，还需在一端或两端开设适当大小的窖门，便于产品和操作人员出入，也起通风换气的作用。

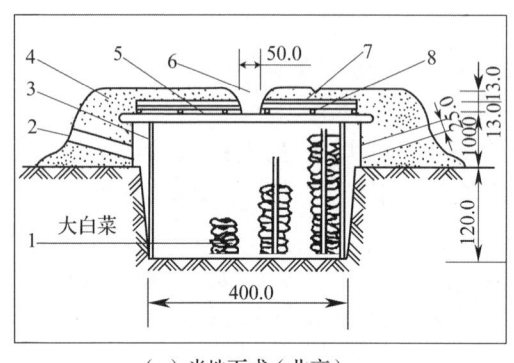
（a）半地下式（北京）

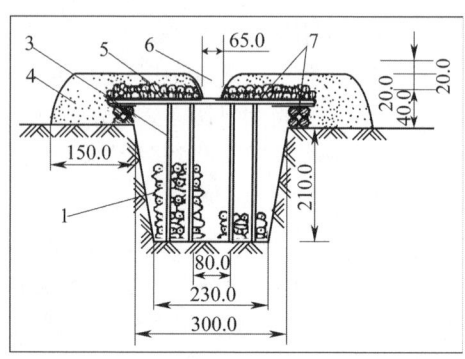
（b）地下式（沈阳）

图2-17 棚窖示意图（单位：cm）
1—大白菜 2—气孔 3—支柱 4—覆土 5—横梁 6—天窗 7—秸秆 8—檩木

在华北冬季气候不过分寒冷的地区，可采用半地下式，窖身一半深入地下或部分（1~1.5m）深入地下，窖的四周用土筑墙，高出地面1.5m左右，若土质不好不易打墙，地上部分可用砖砌墙，然后用土堆封。在墙两侧地上部靠近地面处每隔2~3m留一个通风口，天冷时堵死。窖顶、窖门、天窗可参考地下式。窖内的温度变化主要是根据所贮产品的要求以及气温的变化，利用天窗及窖门进行通风换气来调节和控制。窖内湿度过低时，可在地面上喷水或挂湿麻袋来进行调节。

（2）井窖 井窖的窖体深入地下，为的是借地下土层能维持较稳定的温度，窖越深，温度越高，也越稳定，适于贮藏甘薯、柑橘、姜等易受冷害的产品（如图2-18所示）。选择土质坚硬地势高且干燥的地方，从地面垂直向下挖直径约1m的井筒，深3~4m，再从井筒底部向平行方向挖一至数个贮藏窖，窖的长、宽、高无严格规定。一般高为1~1.5m，长3~4m，宽1~2m，窖顶为拱形，底面水平或稍具坡度。井筒口要用砖石砌成，高出地面并加盖，周围封土，以防雨水灌入窖内。在华北地区一般井窖内温度约在 10℃，是甘薯、姜等的适宜贮藏温度。在南方窖身较浅，宜用于柑橘贮藏。不足之处是窖的容量小，操作管理不便。

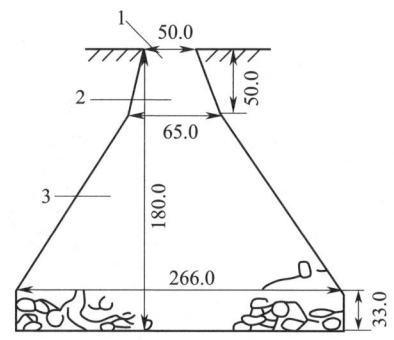

图 2-18　南充井窖示意图（单位：cm）
1—窖口　2—窖颈　3—窖体

（3）窑窖　窑窖在我国西北地区广泛应用。应选择地势干燥、土质黏重、地下水位低、空气畅通、交通运输方便的地方建造，多是利用山坡土丘沟壑挖洞（如图 2-19 所示）。一般长 6~8m、宽 1.0~2.0m、高 2.0~2.5m，拱形顶，窖身多是坐南朝北或坐西朝东。果蔬贮藏时可散堆，也可围垛，还可装筐码垛。窑窖洞的形状有喇叭式浅窖、双曲拱顶深窖等。

窖藏是靠土壤隔热保温性能及密闭性维持窖内适宜而稳定的温度、湿度、气体成分，受自然低气温的影响。在贮藏过程中，果蔬产品的呼吸代谢使窖内的温度升高、气体成分也发生了改变，不利于贮藏。根据这一特点，做好窖藏的管理，是果蔬安全越冬必不可少的措施。

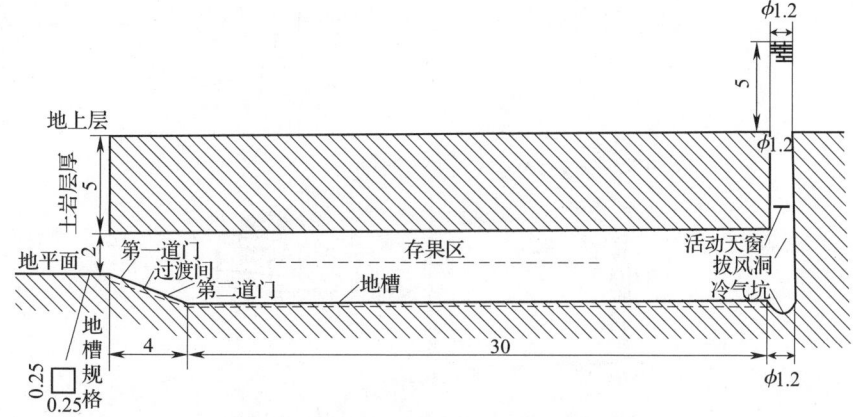

图 2-19　窖藏横剖面结构示意图（单位：m）

①清扫消毒空窖特别是旧窖：果蔬入窖前1~2周，要彻底消毒杀菌。采用熏蒸杀菌法，即每1m²用硫黄10g熏蒸或喷洒1%的甲醛溶液，密封2d后，将通气孔口全部打开，通风换光后使用。供贮藏包装用的材料，如篓、筐、纸壳箱、垫木等用具，用0.5%的漂白粉溶液浸泡0.5h或刷石灰，晒干后备用。

②入窖贮藏果蔬经挑选、预冷后，即可入窖贮藏。果蔬在窖内可采用堆藏、筐（箱）藏、塑料保鲜袋和塑料大帐贮藏。

③温度管理：根据外界气温变化，整个贮期分为以下三个不同阶段管理。

初期从入窖到冬至：入窖初期由于窖内温度较高，加上果蔬田间热和呼吸热，使窖内温度急剧升高，果蔬易伤热，此期主要管理是防止伤热，应迅速降温。方法是加大通风量，打开通气孔，选择一天当中温度最低时通风换气，防止热空气进入窖内。

中期从冬至到立春：此期是外界气温最低的时期，主要是防冻，堵严窖口和通气孔口，选择一天当中气温最高时通风换气，通风量不要过大，防止冻害发生。

后期：立春后为贮藏后期。此期气温回升，防止窖温升高，果蔬伤热。应选择气温较低时通风换气。在北方为防止寒流袭击，还要防冻关闭窖门和通气孔口。同时还要防止化冻水落入菜体上，引起果蔬腐烂。当贮藏果蔬全部出窖后，立即将窖内清扫干净，封闭窖门，通气孔口，以便秋季重新启用时，窖内仍能保持较低的温度。

④湿度管理：果蔬贮藏要求环境要有一定的湿度，以抑制产品的水分蒸发。窑窖经过多年的通风管理，土中的大量水分会随气流而流失，因此，窑窖贮藏必须有可行的加湿措施，一般可采取冬季贮雪贮冰、地面洒水、窖内挂湿草帘、产品出库后窖内灌水等。

4. 通风库贮藏

通风库贮藏是在具有良好隔热性能的永久性建筑中设置灵活的通风系统，以通风换气的方式维持库内比较稳定、适宜贮藏温度的一种贮藏方式（如图2-20所示）。

图2-20 自然通风库的通风系统示意图
1—一级拱 2—二级拱 3—进气孔

通风贮藏库依靠自然条件调节库内温度，使用上受到一定的限制。通风库类型通常有以下 4 种。

（1）地上式通风库　库身全部建在地上，库温受外界气温的影响较大，适合地下水位较高的地方。

（2）半地上式通风库　库身一半在地面以下，库温既受气温的影响，又受地温的影响，一般建在地下水位较低的地方。

（3）地下式通风库　库身全部在底下，仅库顶露出地面，库温主要受地温的影响，适合在冬季酷寒和地下水位低的地方。

（4）改良式通风库　库身在地面，石头墙，水泥地面，钢筋水泥库顶，隔热性能好，温度与湿度较稳定，变化幅度小。还可在贮藏库上加盖住房。

5. 冻藏

冻藏是指利用自然低温条件使蔬菜迅速冻结并保持冻结状态的贮藏方法。这一方法多见于北方地区，适于菠菜、芫荽、油菜、芹菜等耐寒绿叶蔬菜。

冻藏要求蔬菜冻结速度越快越好，因此要做到以下三点：冻藏沟要浅，覆盖物要少，要设荫障，这样可以避免阳光直射，加快蔬菜入沟后的冻结速度，并防止忽冻忽化造成的蔬菜腐烂损失。冻藏沟要窄，一般以 30~50cm 为宜，过宽蔬菜本身呼吸热不易排除，冻结速度慢。沟宽超过 100cm 时，要在沟底设通风道，以便散热降温，保持稳定的冻结状态。由于菠菜和芫荽等蔬菜具有比一般蔬菜特殊的抗冻能力，在解冻状态下仍保持生机。到出售前取出放在 0℃ 左右的条件下使之缓慢解冻，仍可恢复新鲜品质。冻藏蔬菜收获时间、覆土厚度等都需根据当地当时气候条件灵活掌握，温度过低便可产生伤害。

冻藏是我国北方地区贮藏蔬菜的一种方法。与埋藏沟的方法类似，利用自然低温使果蔬处于轻微冻结状态进行贮藏。果蔬冻藏使呼吸代谢减弱，微生物活动受到抑制，但产品仍能保持生机。冻藏温度不能过低，否则蔬菜易冻伤，升温后不能复鲜。如果蔬菜处于微冻状态，食用前经缓慢解冻，仍能恢复新鲜状态，保持其品质。冻藏主要应用于耐寒性强的果蔬，如苹果、柿子、菠菜、芹菜、芫荽、油菜等。冻藏的果蔬需经过解冻才能上市，解冻应缓慢进行，温度应逐渐升高，否则会使果蔬呈水烂状汁液外渗，食用时有冻性味，造成损失。解冻后的产品应立即销售或加工利用，不宜长久贮藏。

6. 假植贮藏

假植贮藏是在霜前把蔬菜连根收获，然后密集在有保护设施的场所内，进行假植贮藏，使蔬菜处于极其微弱的生长状态，保持正常的新陈代谢，达到长期保鲜的目的。

假植贮藏主要用于耐寒性较强的蔬菜，如芹菜、油菜、菜花、甘蓝等。这些蔬菜由于结构和生理上的特点，用其他方法贮藏时，容易脱水萎蔫，代谢反常，从而降低耐贮性和抗病性。假植贮藏可使蔬菜继续从土壤吸收一些水分，补充蒸散作用的损失，有的还能进行微弱的光合作用，使外叶的养分向食用部分转移，而仍能保持正常的生理状态。因而会延长贮藏期限，甚至有可能改进产品的品质。假植贮藏要连根收获，单株或成簇假植，株间应保留适当的空隙，以便进行通风，覆盖物一般不能接触蔬菜，根据土壤温度可以酌情适当灌小水。

简易贮藏无论采取哪一种方式，都要根据当地气候条件、果蔬的不同种类等选择窖（或沟）的深浅、宽窄、覆土厚度及覆土时间等。通过调整堆的高低、堆的大小、沟和窖的深浅、宽窄以及覆土厚度、入窖的时间等，达到贮藏环境的适宜温度、湿度、气体成分。还要掌握气温和土温的变化规律，以控制环境条件，延长果蔬贮藏期限。

（1）假植贮藏的特点　假植贮藏是我国北方秋冬季节贮藏蔬菜的特有方式。主要用于芹菜、油菜等叶菜类蔬菜。方法是在晚秋蔬菜充分长成之后，连根收起并密集地假植在阳畦或其他贮藏场所，如沟或窖中（如图2-21所示）。

图2-21　阳畦内假植贮藏的油菜

假值贮藏实际上是给蔬菜更换一个生长的环境条件，利用外界已经下降的温度，强迫蔬菜处于极其微弱的生长状态下，继续保持其缓慢的生长能力。同时又要防止因外界温度过低而产生冻害。这样，蔬菜还能从土壤中吸收少量的水分和养料，甚至进行微弱的光合作用。因而能长期地保持蔬菜的新鲜品质。此外，蔬菜密集假植在阳畦或浅沟内，常需盖草席防寒，也阻止了阳光照射蔬菜，起到软化蔬菜的作用。

最普遍用于假植贮藏的蔬菜是芹菜和油菜，莴苣、菜花、乌塌菜、小萝卜等也可用假植方式贮藏。

（2）假植贮藏的管理　蔬菜假植贮藏多在阳畦中进行，阳畦低于地面，类似浅沟，待贮藏的蔬菜连根挖起后，随即栽植在地沟中，适当浇水，当外界温度明显下降时，用草席覆盖防寒。较阳畦稍深一些的沟，也常用于芹菜假植贮藏。假植贮藏的管理技术，主要是在阳畦或浅沟内维持冷凉而不至发生冻害的低温环境，使蔬菜处于极缓慢生长的状态。芹菜、油菜等在 0℃ 左右的温度下贮藏比较适宜，避免贮藏初期因气温过高或栽植紧密而引起的芹菜黄萎、莴苣抽薹脱帮等损失。气温明显下降后，用一层或多层草席防寒，避免蔬菜受冻，必要时可立风幛保护（如图 2-21 所示）。

假植贮藏适用于北方冬季供应的蔬菜，随市场需要采收、销售。春季气温回升后，即需结束贮藏。

（二）化学保鲜技术

1. 食品防腐剂保鲜

（1）食品防腐剂简介　从广义而言，食品防腐剂是指能够抑制或者杀灭有害微生物的物质，使食品在生产、贮运、销售、消费过程中避免腐败变质。从狭义上讲，防腐剂是指能够抑制微生物生长繁殖的物质，也称抑菌剂；而能够杀灭微生物的物质则称为杀菌剂。抑菌剂和杀菌剂概念在植物保护学中有比较严格的区分，而在食品学中一般是从广义上来理解。

食品腐败变质是指食品受微生物污染，在适宜的条件下，微生物繁殖导致食品的外观和内在品质发生劣变而失去食用价值。开发与选用食品防腐剂（Antimicrobial preservatives）的标准是"高效低毒"，高效是指对微生物的抑制效果特别好，而低毒是指对人体不产生可观察到的毒害。微生物的代谢过程相对其他生物简单得多，一般各种物质都是直接通过细胞膜进入细胞内反应，任何对其生理代谢产生干扰的物质都可干扰微生物的生长。因此很多物质对人体无任何不良影响，但对微生物的生长影响很大。由于不同类的微生物的结构特点、代谢方式是有差异的，因而同一种防腐剂对不同的微生物效果不一样。

防腐剂抑制与杀死微生物的机理是十分复杂的，目前使用的防腐剂一般认为对微生物具有以下几方面的作用。

①破坏微生物细胞膜的结构或者改变细胞膜的渗透性，使微生物体内的酶类和代谢产物逸出细胞外，导致微生物正常的生理平衡被破坏而失活。

②防腐剂与微生物的酶作用，如与酶的巯基作用，破坏多种含硫蛋白酶的活力，干扰微生物体的正常代谢，从而影响其生存和繁殖。通常防腐剂作用于微生物的呼吸酶系，如乙酰辅酶 A 缩合酶、脱氢酶、电子转递酶系等。

③其他作用包括防腐剂作用于蛋白质，导致蛋白质部分变性、蛋白质交联而导致其他的生理作用不能进行等。

由于食品科学的发展相对来说时间较短，因而对防腐剂作用机理的解释还很不充分，还有待于进一步研究。

（2）常用食品防腐剂

①苯甲酸和苯甲酸钠：苯甲酸又称安息香酸，是各国允许使用而且历史比较悠久的食品防腐剂。苯甲酸为白色鳞片状或针状结晶，难溶于水，易溶于乙醇。苯甲酸钠易溶于水，生产上使用较为广泛。

苯甲酸和苯甲酸钠在酸性条件下，以未解离的分子起抑菌作用，其防腐效果视介质的 pH 而异，一般 pH<5 时抑菌效果较好，pH 2.5~4.0 时抑菌效果最好。例如当 pH 由 7 降至 3.5 时，其防腐效力可提高 5~10 倍。

联合国粮农组织和世界卫生组织规定，苯甲酸的每日允许摄入量（ADI）为 0~5mg/kg。根据我国卫生标准规定，苯甲酸和苯甲酸钠使用标准如表 2-4 所示。

表 2-4　　　　　苯甲酸和苯甲酸钠的使用标准

名称	使用范围	最大用量/（g/kg）	备注
苯甲酸	酱油、醋、果汁类、果子露、罐头	1.0	
苯甲酸钠	葡萄酒、果子酒、琼脂软糖	0.8	浓缩果汁不得超过 2g/kg。苯甲酸和苯甲酸钠同时使用时，以苯甲酸计，不得超过最大使用量
	汽酒、汽水	0.2	
	果子汽酒	0.4	
	低盐酱菜、面酱类、蜜饯类、山楂糕、果味露	0.5	

使用苯甲酸时，先用少量乙醇溶解，再添加到食品中。使用苯甲酸钠时，一般先配制成 20%~30% 的水溶液，再加入到食品中，搅拌均匀即可。

②山梨酸和山梨酸钾：山梨酸又名花楸酸，为无色针状或白色粉末状结晶，无臭或稍有刺激臭，耐光耐热，但在空气中长期放置易被氧化变色，防腐效果也有所降低。山梨酸难溶于水而易溶于乙醇等有机溶剂。山梨酸钾极易溶于水，也易溶于高浓度蔗糖和食盐溶液，因而在生产上被广泛使用。

山梨酸是一种不饱和脂肪酸，能在人体内参与正常的代谢活动，最后被氧化成 CO_2 和 H_2O，故国际上公认其为无害的食品防腐剂。山梨酸的每日允许摄入量为 0~25mg/kg。

山梨酸和山梨酸钾属于酸型防腐剂，以未解离的分子起抑菌作用，其防腐效果随 pH 降低而增强，但适宜的 pH 范围比苯甲酸广，以在 pH<6 的介质中使用为宜。根据我国卫生标准规定，山梨酸与山梨酸钾的使用标准如表 2-5 所示。

表 2-5　　　　　山梨酸及其钾盐使用标准

名称	使用范围	最大用量/（g/kg）	备注
山梨酸	经表面处理的鲜水果、新鲜蔬菜	0.5	山梨酸和山梨酸钾同时使用时，以山梨酸计，不得超过最大使用量（1g 山梨酸相当于 1.33g 山梨酸钾）
	酱油、醋、果酱类、人造奶油、氢化植物油	1.0	
	面包、糕点	1.0	
	低盐酱菜、蜜饯类、果冻	0.5	
	果酒	0.6	
山梨酸钾	葡萄酒	0.2	

使用山梨酸时，应先将其溶解在少量乙醇或碳酸氢钠、碳酸氢钾的溶液中，随后添加到食品中。为了防止山梨酸受热挥发，最好在食品加热过程的后期添加。山梨酸钾易溶于水，使用方便，但其1%水溶液的pH为7~8，有使食品pH升高的倾向，应予注意。

③对羟基苯甲酸酯：又名对羟基安息香酸酯或尼泊金酯，是苯甲酸的衍生物。目前主要使用的是对羟基苯甲酸甲酯、乙酯、丙酯和丁酯，其中对羟基苯甲酸丁酯的防腐效果最佳。此类物质为五色小结晶或白色结晶性粉末，无臭，开始无味，随后稍有涩味，难溶于水而易溶于乙醇、丙酮等有机溶剂。

对羟基苯甲酸酯也是由未解离分子发挥抑菌作用，其效力强于苯甲酸和山梨酸，而且使用范围更广，一般在pH 4~8范围内效果较好。

对羟基苯甲酸酯在人体内的代谢途径与苯甲酸基本相同，且毒性比苯甲酸低。毒性与烷基链的长短有关，烷基链短者毒性大，故对羟基苯甲酸甲酯很少作为食品防腐剂使用。

对羟基苯甲酸酯在世界各国普遍使用，通常用于清凉饮料、果酱、醋等，其每日允许摄入量为0~10mg/kg。根据我国卫生标准规定，对羟基苯甲酸酯类防腐剂使用标准如表2-6所示。

表2-6　　　　　　　　对羟基苯甲酸酯类防腐剂使用标准

名称	使用范围	最大用量/（g/kg）
对羟基苯甲酸酯类及其钠盐	经表面处理的鲜水果	0.012
	经表面处理的新鲜蔬菜	
	热凝固蛋制品（如蛋黄酪、松花蛋肠）	0.2
	醋、酱油、酱及酱制品，耗油、虾油、鱼露等	0.25
	碳酸饮料	0.2
	果蔬汁（肉）饮料，风味饮料	0.25

对羟基苯甲酸酯类在水中溶解度小，通常都是将其配制成氢氧化钠溶液、乙醇溶液或醋酸溶液使用。

④丙酸盐：作为食品防腐剂使用的丙酸盐通常是丙酸钠和丙酸钙，两者均为白色的结晶颗粒或结晶性粉末，无臭或略有异臭，易溶于水。

丙酸盐属酸性防腐剂，在pH较低的介质中抑菌作用强，例如，最低抑菌浓度在pH 5.0时为0.01%，在pH 6.5时为0.5%。丙酸盐对霉菌、需氧芽孢杆菌或革兰阴性杆菌有较强的抑制作用，对引起食品发黏的菌类如枯草杆菌抑菌效果好,对防止黄曲霉毒素的产生有特效,但是对酵母菌几乎无效。根据这一特性,丙酸盐常用于面包和糕点的防霉。

丙酸是食品中的正常成分,也是人体代谢的中间产物,丙酸盐不存在毒性问题,故每日允许摄入量无须作特殊规定。丙酸已广泛用于面包、糕点、果冻、酱油、醋、豆制品等的防霉。在以上食品中,丙酸盐(以丙酸计)的最大使用量为 2.5g/kg。

丙酸钠用于加工干酪,最大使用量为 3g/kg。在面包和西式糕点制造中,丙酸钠的最大使用量低于 2.5g/kg,面包发泡稍差些。

⑤脱氢醋酸和脱氢醋酸钠:脱氢醋酸为无色到白色针状或片状结晶,无臭或有微臭,易溶于乙醇等有机溶剂而难溶于水,故多用其钠盐作防腐剂。脱氢醋酸钠为白色结晶性粉末,在水中的溶解度可达到33%。

脱氢醋酸和脱氢醋酸钠是毒性很低、对热较稳定的防腐剂,适应的 pH 范围较宽,但以酸性介质中的抑菌效果更好。我国规定脱氢醋酸可用于腐乳、什锦酱菜、原汁橘浆,最大用量为 0.30g/kg。国外各种食品的最大用量:干酪、奶油、人造奶油 2g/kg,清凉饮料 0.05g/kg,酸乳和酸乳饮料 0.2g/kg。

脱氢醋酸钠为乳制品的主要防腐剂,常用于干酪、奶油和人造奶油,使用量为 0.61g/kg 以下。使用时一般是将 0.1%~0.2% 的水溶液喷洒在制品表面或包装材料上,喷洒量为 20~40mL/kg。

⑥天然防腐剂:天然食品防腐剂一般是指从动植物体中直接分离出来的,或从它们的代谢物中分离的具有防腐作用的一类物质。这些物质一般安全性较好,能满足人们对食品越来越高的要求。开发这类防腐剂将成为今后食品添加剂开发研究的热点。

⑦乳球菌肽:乳酸链球菌素又称乳酸菌肽,是由乳酸链球菌产生的一种多肽物质,商品名称为乳酸链球菌制剂,由乙醇结晶制得。该产品对革兰阳性菌有抑制作用,可用于乳制品和肉制品的抑菌防腐。对革兰阴性菌、霉菌和酵母菌一般无抑制作用。

乳酸链球菌素的安全性高,每日允许摄入量为 33000IU/kg。用于罐装食品、植物蛋白食品防腐的最大用量为 0.2g/kg,乳制品和肉制品的最大用量为 0.5g/kg。

⑧香辛料提取物:许多食用香辛料含有杀菌、抑菌成分。因此近年来有研究从香辛料中提取有效成分作为食品防腐剂。这些物质一般都既安全又有效。使用最多的是大蒜素。

大蒜属百合科植物,具有很强的杀菌、抑菌能力。大蒜的食疗作用早已被人们所认识,它可以治疗肠胃病、肺病、感冒等病症。大蒜起杀菌、抑菌作用的主要成分是蒜辣素和蒜氨酸。蒜辣素具有不愉快的臭气,而蒜氨酸则无味,因此蒜氨酸适合作食品防腐剂。在提取制备蒜氨酸时,应先加热杀死蒜酶,防止蒜氨酸转化为蒜辣素。

此外，丁香中所含的丁香油、肉豆蔻中所含的肉豆蔻油及芥子所含的芥子油均具有杀菌、抑菌作用，但是由于多数具有辛辣味，没有被作为食品防腐剂大量使用。

(3) 食品防腐剂使用注意事项

①卫生安全：卫生安全是食品防腐剂和其他任何种类的食品添加剂使用时都要首先考虑的问题，防腐剂必须对人体无毒害。防腐剂在尚未确定其使用后对人体毒害和使用条件以前，必须经过足够时间的动物生理、药理和生物化学试验，为防腐剂的安全使用提供科学的依据。

事实上，目前生产中使用的大多数人工合成的防腐剂，对人都有一定的毒性，尤其是过量使用和食用时，会对人体健康产生不利甚至非常有害的影响。因此，防腐剂的使用量应在能够产生预期效果的前提下必须是最低剂量的，使用品种及其剂量必须严格执行 GB 2760—2014《食品安全国家标准　食品添加剂使用标准》的规定。

②合理使用：使用防腐剂的主要目的是抑制或者杀灭食品保藏过程中引起腐败变质的微生物，延长食品的保存期。食品种类极多，理化性状差异很大，食品被污染的菌落不尽相同，各种防腐剂作用的菌落及对食品理化性状的适应性也有差异。同一种防腐剂对甲食品有很好的防腐效果，而对乙食品的防腐效果可能很差甚至无效，该防腐剂就可作为甲食品的防腐剂使用，而不能作为乙食品的防腐剂。例如，苯甲酸等多种防腐剂在酸性条件下具有很好的防腐效果，而在弱酸或者中性介质中的防腐作用显著降低甚至无效。说明每种防腐剂都有其使用范围，使用范围正确，用量合理，其防腐效果才能充分地显示。总之，对于防腐剂的作用范围和用量，一定要在严格遵守我国食品添加剂卫生标准的前提下，通过试验来选定。

③保持食品的固有品质：各种食品都有其固有的营养素含量和感观性状，使用防腐剂后，不能破坏营养素而使其含量明显下降，也不能使食品的色、香、味、形、质等感官性状发生明显异常变化而使消费者不予接受。对于某些防腐性能很好的食品添加剂，如果对食品固有品质产生这样或那样的影响，则应谨慎使用。

2. 食品抗氧化剂与脱氧剂保鲜

食品抗氧化剂是防止或延缓食品氧化，提高食品稳定性和延长食品贮藏期的食品添加剂。

食品在贮藏、运输过程中和空气中的氧发生化学反应，出现褪色、变色、产生异味异臭等现象，使食品质量下降，甚至不能食用。这种现象在含油脂多的食品中尤其严重，通常称为油脂的"酸败"。肉类食品的变色，蔬菜、水果的褐变等均与氧化有关。防止和减缓食品氧化，可以采取避光、降温、干燥、排气、充氮、密封等物理性措施，但添加抗氧化剂则是一种既简单又经济的方法。

(1) 食品抗氧化剂的作用机理　抗氧化剂的作用机理是比较复杂的。例如，油溶性抗氧化剂丁基羟基茴香醚（BHA）、二丁基羟基甲苯（BHT）、没食子酸丙酯（PG）及维生素 E 均属于酚类化合物（AOH），能够提供氢原子与油脂自动氧化产生的自由基结合，形成相对稳定的结构，阻断油脂的链式自动氧化过程。反应如下：

$$R·+AOH \rightarrow AO·+RH（稳定产物）$$
$$ROO·+AOH \rightarrow AO·+ROOH（稳定产物）$$

此时，抗氧化剂本身产生的自由基（AO·）似乎会继续进行反应。但是通常认为，抗氧化剂产生的醌式自由基（AO·），可通过分子内部的电子共振而重新排列，呈现出比较稳定的新构型，这种醌式自由基不再具备夺取油脂分子中氢原子所需要的能量，故属稳定产物。此类提供氢原子的抗氧化剂不能永久起抗氧化作用，而且不能使已酸败的油脂恢复原状，必须是在油脂未发生自动氧化或刚刚开始氧化时添加才有效。

酚类抗氧化剂使用时常常配合使用增效剂（SH），如柠檬酸、磷酸等，它们本身并没有抗氧化作用，但是可以增强抗氧化剂的作用。这是由于增效剂能对催化氧化作用的金属离子钝化，同时它们产生的氢离子又可以使抗氧化剂再生。

$$SH+AO· \rightarrow S·+AOH$$

食品抗氧化剂的种类很多，抗氧化作用的机理也不尽相同，但多数是以其还原作用为依据的：①抗氧化剂可以提供氢原子来阻断食品油脂自动氧化的连锁反应，从而防止食品氧化变质；②抗氧化剂自身被氧化，消耗食品内部和环境中的氧气从而使食品不被氧化；③抗氧化剂通过抑制氧化酶的活力来防止食品氧化变质。

(2) 常用抗氧化剂

①丁基羟基茴香醚：本品为白色或微黄色蜡样结晶性粉末，带有酚类的特异臭气和有刺激性的气味。它通常是 3-BHA 和 2-BHA 两种异构体的混合物。熔点 48～63℃，随混合比不同而异。不溶于水，易溶于乙醇（25g/100mL，25℃）、甘油（1g/100mL，25℃）、猪油（50g/100mL，50℃）、玉米油（30g/100mL，25℃）、花生油（40g/100mL，25℃）和丙二醇（50g/100mL，25℃）。3-BHA 的抗氧化效果比 2-BHA 强 1.5 倍，两者合用有增效作用。用量为 0.02% 时比 0.01% 的抗氧化效果增强 10%，但用量超过 0.02% 时效果反而下降。与其他抗氧化剂相比，它不会与金属离子作用而着色。丁基羟基茴香醚除抗氧化作用外，还有相当强的抗菌力。

相对来说，丁基羟基茴香醚对动物性脂肪的抗氧化作用较之对不饱和植物油更有效。它对热较稳定，在弱碱条件下也不容易被破坏，因此有一种良好的持久能力，尤其是对使用动物脂的焙烤制品，可与碱金属离子作用而呈粉红色。具一定的挥发性，能被水蒸气蒸馏，故在高温制品中，尤其是在煮炸制品中易损失。但可将其置于食品的包装材料中。丁基羟基茴香醚是目前国际上广泛应用的抗氧化剂之一，也是我国常用的抗氧化剂之一。

丁基羟基茴香醚的每日允许摄入量为 0~0.5g/kg（FAO）。GB 2760—2014 规定，油脂、油炸食品、干鱼制品、饼干、速食米、干制食品、罐头及腌腊肉制品为 0.2g/kg。与二丁基羟基甲苯、没食子酸丙酯合用时，二丁基羟基甲苯的总量不得超过 0.1g/kg，没食子酸丙酯不得超过 0.05g/kg，最大使用量以脂肪计。

②二丁基羟基甲苯：二丁基羟基甲苯为五色结晶或白色晶体粉末，无臭味或有很淡的特殊气味，无味。熔点 69.5~71.5℃（69.7℃，纯品），沸点 265℃。它的化学稳定性好，对热相当稳定，抗氧化效果好，与金属离子反应不着色。它不溶于水和丙二醇，易溶于大豆油（30g/100mL，25℃），棉籽油（20g/100mL，25℃），猪油（40g/100mL，50℃），乙醇 25%，丙酮 40%，甲醇 25%，苯 40%，矿物油 30%。

二丁基羟基甲苯稳定性高，抗氧化能力强，遇热抗氧化能力也不受影响，不与铁离子发生反应。二丁基羟基甲苯可以用于油脂、焙烤食品、油炸食品、谷物食品、乳制品、肉制品和坚果、蜜饯中。对于不易直接拌和的食品，可溶于乙醇后喷雾使用。二丁基羟基甲苯价格低廉，为丁基羟基茴香醚的 1/8~1/5，可用做主要抗氧化剂，目前它是我国生产量最大的抗氧化剂之一。

二丁基羟基甲苯的每日允许摄入量为 0~0.3mg/kg（FAO/WHO，1995）。GB 2760—2014 的规定同丁基羟基茴香醚。

③没食子酸丙酯：没食子酸丙酯为白色至浅褐色结晶粉末，或微乳白色针状结晶。无臭，微有苦味，水溶液无味。由水或含水乙醇可得到 1 分子结晶水的盐，在 105℃ 失去结晶水变为无水物，熔点 146~150℃。没食子酸丙酯难溶于水（0.35g/100mL，25℃），微溶于棉籽油（1.0g/100mL，25℃），花生油（0.5g/100mL，25℃）、金猪脂（10g/100mL，25℃）。其 0.25% 水溶液的 pH 为 5.5 左右。没食子酸丙酯比较稳定，遇铜、铁等金属离子发生呈色反应，变为紫色或暗绿色，有吸湿性，对光不稳定，发生分解，耐高温性差。没食子酸丙酯使用量达 0.01% 时即能自动氧化着色，故一般不单独使用，而与 BHA 复配使用，或与柠檬酸、异抗坏血酸等增效剂复配使用。与其他抗氧化剂复配使用量约为 0.005% 时，即有良好的抗氧化效果。

按照国家规定，没食子酸丙酯可用于油脂、油炸食品、干鱼、饼干、速食面、速食米、干制食品、罐头、腌制肉制品、果蔬罐头、果酱、冷冻鱼、啤酒、瓶装葡萄酒、果汁肉及肉制品、油脂火腿、糕点。

没食子酸丙酯的每日允许摄入量为 0~0.0002g/kg（FAO/WHO）。GB 2760—2014 的使用范围同丁基羟基茴香醚。限量为 0.1g/kg，丁基羟基茴香醚、二丁基羟基甲苯合用时，此两者总量不超过 0.1g/kg，本品不得超过 0.05g/kg。

④抗坏血酸即维生素 C：抗坏血酸为白色至浅黄色晶体或结晶性粉末，无臭，有酸味，熔点为 190℃。受光照则逐渐变褐，干燥状态下在空气中相当稳定，但在空气存在下于溶液中迅速变质，在中性或碱性溶液中尤为明显。pH 3.4~4.5 时稳定。易溶于水，溶于乙醇，本品 1g 溶于约 5mL 水和 30mL 乙醇。不溶于氯仿、乙醚和苯，呈强还原性。由于分子中有乙二醇结构，性质极活泼，易受空气、水分、光线、温度的作用而氧化、分解。特别是在碱性介质中或有微量金属离子存在时，分解更快。

维生素 C 作为抗氧化剂，可用于果汁、水果罐头、饮料、果酱、硬糖和粉末果汁、乳制品、肉制品。还可用作营养强化剂。

抗坏血酸的用量：果蔬汁（浆）1.5g/kg、茶（类）饮料 0.2g/kg（GB 2760—2014）。抗坏血酸的每日允许摄入量为 0~15mg/kg（FAO/WHO）。

⑤天然抗氧化剂：

a. 生育酚。也称维生素 E。生育酚混合浓缩物为黄色至褐黄色透明黏稠液体，可有少量晶体蜡状物，几乎无臭。它不溶于水，溶于乙醇，对热稳定。生育酚的混合浓缩物在空气及光照下，会缓慢地变黑。在较高的温度下，生育酚有较好的抗氧化性能，生育酚的耐光照、耐紫外线、耐放射线的性能也较丁基羟基茴香醚和二丁基羟基甲苯强。生育酚还有防止维生素 A 在入射线照射下分解的作用及防止 β-胡萝卜素在紫外光照射下分解的作用，还能防止甜饼干和速食面条在日光照射下的氧化作用。近年来研究结果表明，生育酚还有阻止咸肉中产生致癌物亚硝胺的作用。

生育酚的每日允许摄入量为 0.15~2mg/kg（FAO/WHO）。天然食品，无毒，根据 GB 2760—2014，其在各类食品中的添加量为：强化生育酚饮料 20~40mg/L，食用油脂 0.2g/kg。GB 14880—2012：芝麻油、人造奶油、色拉油、乳制品为 100~180mg/kg；婴幼儿食品为 40~70mg/kg。

b. 愈创树脂。愈创树脂（Guaiac）是原产于拉丁美洲的愈创树的树脂，其主要成分是 α-愈创木脂酸、β-愈创木脂酸、愈创木酸以及少量胶质、精油等。

愈创树脂为绿褐色至红褐色玻璃样块状物。其粉末在空气中逐渐变成为暗绿色。有香脂的气味、稍有辛辣味，熔点 85~90℃，易溶于乙醇、乙醚、氯仿和碱性溶液，难溶于二氧化碳和苯，不溶于水。它对油脂具有良好的抗氧化作用。按 FAO/WHO 规定，每日允许摄入量为 0~2.5mg/kg。

愈创树脂是最早使用的天然抗氧化剂之一，也是公认安全性高的抗氧化剂。我国虽然对愈创树脂早已有研究，但由于愈创树脂本身具有红棕色，在油脂中的溶解度小、成本高，所以目前还未列入食品添加剂。国外用于牛油、奶油等易酸败食品的抗氧化，一般只需添加 0.005% 即有效。愈创树脂在油脂中用量为 1g/kg 以下。愈创树脂还具有防腐作用。

c. 茶多酚。茶多酚为 30 余种酚化合物总称，主要包括儿茶素、黄酮、花青素、酚酸四类化合物，其中儿茶素的数量最多，占茶多酚总量的60%~80%。

从茶叶中提取的茶多酚抗氧化剂为白褐色粉末，易溶于水、甲醇、乙醇、醋酸乙酯、冰醋酸等。难溶于苯、氯仿和石油醚。对酸、热较稳定。160℃油脂中30min降解20%，pH在2~8时稳定，pH>8时和光照下氧化聚合，遇铁变成绿黑色络合物。茶多酚的抗氧化性能优于生育酚混合浓缩物，为丁基羟基茴香醚的数倍。茶多酚中抗氧化的作用成分主要是儿茶素。下面四种儿茶素抗氧化能力很强，它们是表儿茶素（EC）、表没食子儿茶素（EGC）、表儿茶没食子酸酯（ECG）和表没食子儿茶素没食子酸酯（EGCg）。它们的等浓度抗氧化能力的顺序为：EGCg>EGC>ECG>EC。

茶多酚与苹果酸、柠檬酸和酒石酸有良好的协同效应，与柠檬酸的协同效应最好。此外，与生育酚、抗坏血酸也有很好的协同效应。

我国食品添加剂使用卫生标准规定，茶多酚可用于油脂、火腿、糕点馅，用量为0.4g/kg。使用方法是先将其溶于乙醇，加入一定量的柠檬酸配成溶液，然后以喷洒或添加的方式用于食品。

茶多酚无毒，对人体无害。GB 2760—2014规定，茶多酚在各类食品中的允许添加量：复合调味品为0.1g/kg；肉制品、鱼制品为0.3g/kg；油炸食品、方便面为0.2g/kg；油脂、火腿、糕点及其馅为0.4g/kg，以油脂中的儿茶素计。

（3）抗氧化剂使用注意事项

①卫生安全：抗氧化剂是食品添加剂，抗氧化剂和其他任何种类的食品添加剂使用时都要首先考虑卫生安全问题，抗氧化剂必须对人体无毒害。抗氧化剂的使用量应在能够产生预期效果的前提下必须是最低剂量的，使用品种及其剂量必须严格执行GB 2760—2014《食品安全国家标准 食品添加剂使用标准》的规定。

②协同作用：抗氧化剂混合物的抗氧化活性超过单个抗氧化剂活性的加和。在使用酚类抗氧化剂的同时复配使用某酸性物质，能够显著提高抗氧化剂的作用效果，这是因为这些酸性物质对金属离子有整合作用，使能够促进油脂氧化的金属离子钝化，从而降低了氧化作用。也有一种理论认为，酸性增效剂（SH）能够与抗氧化剂产物基团（A·）发生作用，使抗氧化剂（AH）获得再生。一般酚类抗氧化剂可以使用抗氧化剂用量的1/4~1/2的柠檬酸、抗坏血酸或其他有机酸作为增效剂。

③应用方式：由于不同的抗氧化剂对食品的抗氧化效果不同，当我们确定这种食品需要添加抗氧化剂后，应该在充分了解抗氧化剂性能的基础上，选择最适宜的抗氧化剂品种。

抗氧化剂只能阻碍氧化作用，延缓食品开始氧化败坏的时间，并不能改变已经败坏的后果，因此，在使用抗氧化剂时，应当在食品处于新鲜状态和未发生氧化变质之前使用，才能充分发挥抗氧化剂的作用。

使用抗氧化剂的浓度要适当。虽然抗氧化剂浓度较大时,抗氧化效果较好,但它们之间并不成正比。由于抗氧化剂的溶解度、毒性等问题,油溶性抗氧化剂的使用浓度一般不超过0.02%,如果浓度过大除了造成使用困难外,还会引起不良作用。水溶性抗氧化剂的使用浓度相对较高,一般不超过0.1%。

(4)脱氧剂 又名去氧剂、吸氧剂,是目前食品保藏中正在采用的新产品。它是一组易与游离氧(或溶解氧)起反应的化学混合物,把它装在有一定透气度和强度的密封纸袋中,如同干燥剂袋那样,在食品袋中和食品一起密封包装,能除去袋中残留在空气中的氧,防止食品因氧化变色、变质和油脂酸败,也对霉菌、好氧细菌和粮食害虫的生长有抑制作用。目前脱氧剂不但用来保持食品品质,而且也用于谷物、饲料、药品、衣料、皮毛、精密仪器等类物品的保存、防锈等。

①脱氧剂的种类及作用机理:目前研究使用的脱氧剂有很多种类方法,又按照脱氧速度分为速效型和缓放型,也有按功能用途的分类,还有按原材料分为有机类和无机类的,其中有机脱氧剂主要有葡萄糖氧化酶型脱氧剂、抗坏血酸型脱氧剂和儿茶酚型脱氧剂,而目前使用较广泛的是无机类脱氧剂。无机脱氧剂使用较广的主要有铁系脱氧剂、亚硫酸盐系脱氧剂、加氢催化剂型脱氧剂三种。

a. 铁系脱氧剂。目前应用最广的是以铁或亚铁盐为主剂的脱氧剂。以铁粉为主剂的脱氧剂,其脱氧主要反应如下:

$$Fe+2H_2O =\!=\!= Fe(OH)_2+H_2 \tag{1}$$

$$3Fe+4H_2O =\!=\!= Fe_3O_4+4H_2 \tag{2}$$

$$4Fe(OH)_2+O_2+2H_2O =\!=\!= 4Fe(OH)_3$$
$$=\!=\!= 2Fe_2O_3 \cdot 3H_2O \tag{3}$$

其中反应(1)和反应(3)可以将包装中的氧气脱除,而反应(1)则是可能发生的副反应之一。标准状态下,在不发生任何副反应的情况下,可以和大约100mL的氧气发生反应,即1g铁粉可以脱除大约500mL空气中的氧气。

铁系脱氧剂的脱氧速度随温度不同而改变,铁系脱氧剂通常使用温度为5~40℃。由上面的反应可知铁系脱氧剂的脱氧速度与包装中的湿度有较大的关系。研究表明相对湿度在90%以上时,18h后包装中的残留氧气接近零,而相对湿度在60%时则需95h。

b. 亚硫酸盐系脱氧剂。这类脱氧剂常以连二亚硫酸盐为主剂,以连二亚硫酸钠为例,发生脱氧作用的主要反应如下:

$$Na_2S_2O_4+O_2 =\!=\!= Na_2SO_4+SO_2 \tag{4}$$

$$Ca(OH)_2+SO_2 =\!=\!= CaSO_3+H_2O \tag{5}$$

$$2CaSO_3+O_2 =\!=\!= 2CaSO_4 \tag{6}$$

其中反应(4)和反应(6)是主要的脱氧反应,$Ca(OH)_2$主要用来吸收SO_2。在标准状态下,1g连二亚硫酸钠可以吸收大约130mL氧气,即可以除掉大约 645mL 空气中的氧气。和铁系脱氧剂一样，如果包装内的湿度增加，脱氧速度则随之加快。

这类脱氧剂还可以加入 $NaHCO_3$ 来制备复合脱氧保鲜剂，反应如下：

$$2NaHCO_3 + SO_2 = CaSO_3 + H_2O + CO_2$$

反应中生成了二氧化碳，二氧化碳虽然本身不具有杀菌保鲜的功能，但具有抑制某些细菌发育的作用。这样在脱除包装中的氧气的同时，可以通过反应生成的二氧化碳，在包装中形成二氧化碳的氛围，从而达到脱氧保鲜的作用。

c. 加氢催化剂型脱氧剂。最早使用的是以铂、铑、钯等加氢催化剂为主剂的脱氧剂，有微孔的加氢催化剂在活化状态下能吸附大量的氢气，由于催化剂的催化作用，氢气和氧气反应生成水，因而可以达到除去包装中的氧气的目的。如果再在包装中加入吸水剂或干燥剂，就可以去除反应生成的水。但是由于上述加氢催化剂一般都是价格比较昂贵的金属，所以这类脱氧剂的使用受到使用成本的限制，使用范围也因此有一定的局限性。

②脱氧剂的功效和使用现状：

食品保鲜：对于油炸食品、奶油食品、月饼、乳酪之类的富含高油脂的食品，脱氧剂具有防止油脂氧化的作用，从而能有效保持食品的色、香、味，防止维生素等营养物质被氧化破坏。另外，由于脱氧剂对好气性微生物生长具有良好的抑制作用，因此对年糕或蛋糕的防霉有明显的效果。特别是在近期由于食品行业对富马酸二甲酯的禁止使用，脱氧剂在月饼中的应用研究被广泛推行。

名贵药材的保存：由于一些名贵药材特别容易发生霉变和虫蛀，不仅直接影响它们的质量而且可能造成很大的经济损失，因此如何保存药材受到广泛的关注。脱氧剂用于保存冬虫夏草的实验证明其能杀灭虫菌，有效防止冬虫夏草的虫害、霉菌、变质、变味。在人参的保存实验中，经过两年后测定人参的各项指标均与实验之初未见明显的差异。在另外一些实验中证实，在保存中草药以及其他名贵药材也有良好的效果。

水果蔬菜的保鲜：脱氧剂可以明显延长水果蔬菜的保鲜期，可以很好地保持它们的新鲜色泽、风味以及营养物质。实验证明，脱氧剂能有效去除包装中的氧气，因此能有效防止果实的褐变。而其他的实验证明，脱氧剂对水果蔬菜的保鲜有良好的作用。

值得一提的是，脱氧剂在使用中存在一些必须注意的问题，如果不注意则无法达到预期的脱氧保鲜的效果。必须根据所保存的物品选择合适的脱氧剂种类和型号，其次还必须选择合适的包装材料，并注意包装的气密性。

3. 化学杀菌剂保鲜

杀菌剂从广义上讲，它包括在上述防腐剂之中，但是它不同于一般防腐剂（即抑菌剂）的是对污染食品的微生物起杀灭作用。食品杀菌剂按其杀菌特性可分为两大类：氧化性杀菌剂和还原性杀菌剂。现将这两类杀菌剂的杀菌原理、主要种类及使用等分别加以叙述。

(1) 氧化型杀菌剂

①氧化型杀菌剂的作用机理：过氧化物和氯化剂是在食品贮藏中常用的氧化性杀菌剂。这两种杀菌剂都具有很强的氧化能力，可以有效地杀灭食品中地微生物。过氧化物主要是通过氧化剂分解时释放强氧化能力的新生态氧使微生物氧化致死的，而氯制剂则是利用其有效成分的强氧化作用杀灭微生物的。有效氯渗入微生物细胞后，破坏酶蛋白及核蛋白的硫基或者抑制对氧化作用敏感的酶类，使微生物死亡。

②氧化型杀菌剂种类和特性：

a. 过醋酸。又称过氧乙酸，无色液体，有强烈刺鼻气味，易溶于水，性质剂不稳定，尤其是低浓度溶液更易分解释放出氧，但在2~6℃的低温条件下分解速度减慢。

过醋酸是广谱、速效、高效灭菌剂，本品是强氧化剂，对病毒、细菌、真菌及芽孢均能迅速杀灭，可广泛应用于各种器具及环境消毒。0.2%溶液接触10min基本可达到灭菌目的。用于食品加工车间、工具及容器的消毒。

b. 漂白粉。是氢氧化钙、氯化钙和次氯酸钙的混合物，其主要成分是次氯酸钙 $[Ca(ClO)_2]$，目前生产的漂白粉有效氯含量为28.35%。漂白粉为白色或灰白色粉末或颗粒，有显著的氯臭味，很不稳定，吸湿性强，易受光、热、水和乙醇等作用而分解。

我国食品行业广泛使用漂白粉作为杀菌消毒剂，价格低廉、杀菌力强、消毒效果好。如用于饮用水和果蔬的杀菌消毒，还常用于游泳池、浴室、家具等设施及物品的消毒，此外也常用于油脂、淀粉、果皮等食物的漂白。还可用于废水脱臭、脱色处理上。在食品生产上一般用于无油垢和设备的消毒，如操作台、墙壁、地面、冷却池、运输车辆、工作胶鞋等。

c. 漂白精。又称高度漂白粉，主要成分也是氯化钙和次氯酸钙，一般有效成分含量60%~75%。漂白精在酸性条件下分解，其消毒作用同漂白粉，但消毒效果比漂白粉强一倍。

③氧化型杀菌剂使用注意事项：

a. 过氧化物和氯化剂都是以分解产生的新生态氧或游离氯进行杀菌消毒的。这两种气体对人体的皮肤、呼吸道黏膜和眼睛有强烈的刺激作用和氧化腐蚀性，要求操作人员加强劳动保护，佩戴口罩、手套和防护眼镜，以保障人体健康和安全。

b. 根据杀菌消毒的具体要求，配制适宜浓度，并保证杀菌剂足够的作用时间，以达到杀菌消毒的最佳效果。

c. 根据杀菌剂的理化性质，控制杀菌剂的贮存条件，防止因水分、湿度、高温和光线等因素使杀菌剂分解失效,并避免发生燃烧、爆炸事故。

(2) 还原型杀菌剂

①还原性杀菌剂的作用机理:在食品贮藏中,常用的还原性杀菌剂主要是亚硫酸及其盐类,它们包括在食品添加剂的漂白剂之中。其杀菌机理是利用亚硫酸的还原性消耗食品中的氧,使好气性微生物缺氧致死。同时,还能阻碍微生物生理活动中的酶的活力,从而控制微生物的繁殖。

②还原型杀菌剂种类和特性:

a. 二氧化硫。二氧化硫又称为亚硫酸酐,分子式为 SO_2,在常温下是一种无色而具有强烈刺激臭味的气体,对人体有害。易溶于水与乙醇,在水中形成亚硫酸。当空气中含二氧化硫浓度超过 $20mg/m^3$ 时,对眼睛和呼吸道黏膜有强烈刺激,如果含量过高则能窒息死亡。因此,在进行熏硫时需要注意防护和通风管理。在生产实际中多采用硫黄燃烧法产生二氧化硫,此操作称为"熏硫"。硫磺的用量和浓度因食品种类而异,一般熏硫室中二氧化硫浓度保持在 1%~2%。此外,还可直接采用二氧化硫气体熏硫。无论采取何种熏硫都需注意熏硫食品中的二氧化硫残留量符合食品卫生标准规定。

b. 亚硫酸钠。亚硫酸钠又称结晶亚硫酸钠,无色、单斜晶体或粉末。对眼睛、皮肤、黏膜有刺激作用。0℃时在水中溶解度为 32.8%,遇空气中氧则慢慢氧化成硫酸盐,丧失杀菌作用。在酸性条件下使用,产生二氧化硫。

c. 焦亚硫酸钠。焦亚硫酸钠又称为偏重亚硫酸钠。该杀菌剂为白色结晶或粉末,有二氧化硫浓臭,易溶于水与甘油,微溶于乙醇,常温条件水中溶解度为 30%。焦亚硫酸钠与亚硫酸氢钠呈可逆反应,目前生产的焦亚硫酸钠为上两者的混合物,在空气中吸湿后能缓慢放出二氧化硫,具有强烈的杀菌作用,还可在葡萄防霉保鲜中应用,效果良好。

③还原型杀菌剂使用注意事项:

a. 亚硫酸及其盐类的水溶液在放置过程中容易分解逸散二氧化硫而失效,所以应现用现配。

b. 在实际应用中,需根据不同食品的杀菌要求和各亚硫酸杀菌剂的有效二氧化硫含量确定杀菌剂用量及溶液浓度,并严格控制食品中二氧化硫残留量标准,以保证食品的卫生安全性。

c. 亚硫酸分解或硫黄燃烧产生的二氧化硫是一种对人体有害的气体,具有强烈的刺激性和对金属设备的腐蚀作用,所以在使用时应做好操作人员和库房金属设备的防护管理工作,以确保人身和设备的安全。

【项目小结】

本项目主要介绍了食品低温保鲜的原理、冷却方式和冷库的管理,气调贮藏的原理、特点和贮藏条件,以及人工气调、自发气调的方法,食品的生物保鲜技术、化学保鲜技术的原理和方法。要求学生掌握各种食品贮藏保鲜技术的概念、原理和应用条件,同时需掌握食品贮藏期间的管理措施。

复习思考题

一、名词解释

1. 气调保鲜
2. 辐照杀菌
3. 食品流通
4. 鲜切水果

二、选择题

1. 下面哪两种食品不放在冰箱里也能保存一个月以上而品质基本不变?（   ）
   A. 罐装饮料   B. 黄酱   C. 芝麻酱
2. 下面哪两种水果不适合放在冷藏室?（   ）
   A. 猕猴桃   B. 香蕉   C. 芒果   D. 荔枝
3. 冷藏室的温度并不均匀,各种食品的最佳位置也不一样。蔬菜该放在哪里?（   ）
   A. 放在冰箱门部位
   B. 放在冷藏室最靠后壁的地方
   C. 放在冷藏室中下层稍靠外处

三、填空题

1. 冻结的基本方式：＿＿＿＿、＿＿＿＿、＿＿＿＿、＿＿＿＿。
2. 新鲜食品在常温下贮藏会发生腐败变质,其主要原因是由于＿＿＿＿的生命活动和＿＿＿＿造成的。
3. 食品冷藏链由＿＿＿＿、＿＿＿＿、＿＿＿＿及＿＿＿＿四个方面构成。

四、问答题

1. 食品冷藏保鲜、冻结保鲜、冰温贮藏保鲜的原理是什么?
2. 食品冷却冷藏的类型有哪些?
3. 食品冰温保鲜的方法有哪些?
4. 食品冷链流通的概念是什么?
5. 食品气调保鲜的原理是什么?
6. 食品气调库保鲜贮藏期间的管理有哪些内容?
7. 基因工程的概念是什么?
8. 简易贮藏的方式有哪些?
9. 基因工程关键技术有哪些?
10. 食品防腐剂的作用原理是什么?

11. 常用食品防腐剂的特点及使用原则是什么？
12. 常用食品抗氧化剂的作用原理是什么？
13. 常用食品抗氧化剂的特点及使用原则是什么？
14. 使用食品防腐剂和食品抗氧化剂的注意事项是什么？
15. 脱氧剂的种类及作用机理是什么？

项目三　鲜活和生鲜食品贮藏保鲜技术

【知识目标】

1. 了解粮食、水果、蔬菜、禽畜类生鲜食品及水产品的贮藏特性。
2. 掌握生鲜食品的常用贮藏方式、方法及技术。

【技能目标】

1. 能正确贮藏不同种类的生鲜食品。
2. 能识别不同生鲜食品贮藏期中出现的病害。
3. 能够对生鲜食品贮藏过程中存在的问题进行分析,提出解决方案。

【必备知识】

1. 小麦、稻谷、油料类等粮食的贮藏特性、贮藏方式及贮藏技术要点。
2. 仁果类、核果类、浆果类、柑橘类、干果类等果品的贮藏特性、贮藏方式及贮藏技术要点。
3. 叶菜类、果菜类、花菜类、根菜类、瓜菜类、食用菌类等蔬菜的贮藏特性、贮藏方式及贮藏技术要点。
4. 肉、蛋、乳、水产品等畜禽类的贮藏特性及保鲜技术。

一、粮食贮藏技术

(一) 小麦贮藏技术

小麦是一种在世界各地广泛种植的禾本科植物。全世界大部分地区都以小麦为主食。2010 年,小麦是世界上总产量第二的粮食作物 (6.51 亿 t),仅次于玉米 (8.44 亿 t)。在我国,小麦是仅次于稻谷产量的重要粮食作物,其总产量占粮食总产量的 22% 左右。小麦是制作多种食物的原料,是人体主要营养来源之一。因此,研究小麦贮藏技术的意义重大。

动画:粮食贮藏技术
(扫码学习)

相对于其他粮食,小麦属于耐贮藏的粮种之一。新收获的小麦,一般籽粒饱满,胚乳充实,表皮光滑,且具有较高的活性,在贮藏期间仍在进行生命活动,进行营养与能量消耗。随贮藏时间的增长，小麦物理和生化性质都会有所变化。

1. 小麦的贮藏特性

小麦是后熟期长、吸湿性强、易生虫、耐高温的粮种。与其他谷类粮食作物相比，小麦具有明显的后熟作用和较长的后熟期。大多数品种的小麦后熟期长达两个月左右。收获以后的小麦在后熟期间，呼吸强度大，酶活力强，生理代谢旺盛，产生大量水分、热量和二氧化碳，引起表层湿润，当温度下降时，小麦温度与仓温存在较大差异，则小麦堆易发生上层出汗、结露、发热、生霉等不良变化。对于小麦在贮藏后熟期中变化有直接影响的已知的主要因素有籽粒含水量、杂质含量和环境条件等。这些因素对于小麦安全度过后熟期有十分重要的作用。想要长期贮藏，小麦入库时的水分含量必须在13.5%以下，控制在12%以下最为理想。值得注意的是，小麦水分随相对湿度的变化而有所变动，在较高温季节，若气温下降，贮藏圆筒仓中的小麦表层会吸收空气中的湿气，有成为高水分的可能。若小麦水分含量在13.5%以下，且杂质含量少，没有受到害虫侵害，则后熟期间小麦的温度升高以后，过一段时间仍会恢复正常。若小麦水分含量过高，杂质含量多，就会出现小麦在后熟期间温度持久不降，以及水分在各部分分布不均的反常现象，严重时会引起小麦发热和霉变。完成后熟的小麦，呼吸强度降低，代谢水平下降，贮藏稳定性增加，可进行长期贮藏；且小麦中淀粉、蛋白质、脂肪等物质得到充分合成，使得小麦品质有所改善。

小麦种子吸湿性强，吸湿速度快，尤其是在空气湿度较大的条件下，小麦极易吸收空气中的水气，使得种子含水量增加，籽粒体积增大，容重减轻，表面粗糙，散落性降低，淀粉、蛋白质等营养成分水解，食用价值降低。小麦的吸湿强度因品种的不同而有所不同。一般来说，白皮小麦吸湿性大于红皮小麦，软粒小麦大于硬粒小麦。小粒、破损、虫蚀粒小麦吸湿性大于大而完整的麦粒。

小麦具有较强的耐热性且抗温变能力强，在一定的高温和低温范围内，不会丧失生命活力，影响食用价值。水分含量17%以上的小麦，在温度不超过46℃时进行干燥；或者水分含量在17%以下，干燥温度不超过54℃时，小麦酶活力不会降低，发芽率仍然得到保持。但是对于已完成生理后熟作用的小麦种子，抗热性显著降低，若用高温处理，则会影响种子的发芽率。

小麦虽有较好的耐贮性，但由于无类似稻谷具有的外壳保护，其抗虫性差，染虫率高。且小麦成熟、收获、入库时正值夏季，高温高湿的环境适合害虫繁殖增长。除少数豆类专食性虫种外，小麦几乎能被所有贮粮害虫侵染。其中以玉米象、麦蛾等害虫的危害最为严重。如发现有虫害迹象，最好尽早采取措施。

2. 小麦的贮藏技术

小麦贮藏常用的贮存方式有常规贮藏、热密闭贮藏、低温贮藏、气调贮藏、地下贮藏及化学贮藏等。

（1）常规贮藏 小麦常规贮藏方法的主要技术措施是控制水分、清除杂质，提高入库粮的质量并进行分级贮藏，做好通风降温工作并加强防虫害治理，密闭粮堆。

（2）热密闭贮藏 小麦的热密闭贮藏是利用夏季高温暴晒小麦。晒麦时，要求注意掌握迟出早收、薄摊勤翻的原则，要求入仓麦温达到42℃以上，最好是50~52℃，晒场上保温2h，然后趁热入仓并密闭门窗保温，做好压盖密闭贮藏工作。要做好热密闭贮藏工作，要求小麦含水量降低至10%~12%，并在粮食入库后，保持粮温在46℃左右，密闭7~10d；若粮温在40℃左右，则需密闭2~3周。

热封闭贮藏有较好的杀虫效果，可以防虫害。在麦温达到44~47℃时，具有100%的杀虫效果。暴晒高温持续时间长，入库后保持高温时间长，杀虫效果好。高温密闭杀虫达到预期效果后，应迅速通风降温，这项工作应在短期内完成。如果降温时间拖得太长，麦种受外界温度湿度影响增加水分，有时还有可能感染害虫。除此之外，热封闭贮藏还有利于小麦的后熟，提高小麦发芽率。有研究表明，未完成后熟与完成后熟后的小麦，经暴晒后，保持粮温在44~47℃入仓，均能提高发芽率。

（3）低温贮藏 低温贮藏是长期安全贮藏小麦的基本方法。它可以相对延长小麦种子寿命，使其保持良好品质，避免小麦由于在高温下持续贮藏可能引起的品质下降。一般小麦的低温贮藏，是利用冬季低温，进行天然通风、机械通风降温，此后趁冷密闭，对消灭越冬害虫、抑制虫霉生长繁殖、延缓外界高温影响效果良好。但低温贮藏对于小麦品质有一定要求，一般应选择水分含量低（12.5%以下）、杂质少、无虫无霉的小麦入库。若小麦水分高，则应降低水分后进行，否则需要严格控制低温程度，以免影响小麦的品质及种子发芽率。

（4）气调贮藏 目前国内外使用最广泛的方法是自然缺氧贮藏。对于新入库的小麦，由于后熟作用的影响，小麦生理活动旺盛，呼吸强度大，极有利于粮堆自然降氧。实践证明，只要密闭工作做得好，小麦经过20~30d的自然缺氧，氧气可降到1.8%~3.5%，可达到防虫、防霉的目的。如果是隔年陈麦，其后熟作用早已完成，而且进入深休眠状态，呼吸强度很弱，不宜进行自然缺氧，这时可采取微生物辅助降氧或向麦堆中充二氧化碳、氮气等方法而达到气调的要求。小麦缺氧贮藏就是在密闭条件下造成麦堆内的缺氧状态，以防止生虫、发热霉变，达到安全贮藏的目的。它的关键是选用一定厚度的薄膜，进行完整密封。实验表明，只要小麦水分在12.5%以下，平均粮温在30℃以上，经过7~14d即能使含氧量降至2%~5%，达到杀虫效果。高水分小麦不宜进行缺氧贮藏。

3. 小麦的贮藏管理

小麦贮藏应注意遵从干燥、低温、密闭的原则。在贮藏中严格控制小麦含水量，注意防水、防潮。为使小麦水分降低到合适含量（12.5%以下），可利用日光暴晒。同时，暴晒还可杀菌灭虫。小麦入仓后密闭过程中能促进后熟。含水量、害虫及细菌数量的减少可降低小麦呼吸作用，有利于长期安全贮藏。

（二）稻谷贮藏技术

稻谷是人类重要的粮食作物之一，具有悠久的耕种与食用历史。它是世界范围内种植总面积和总产量均居第三的重要粮食作物，仅次于玉米和小麦。稻谷是我国第一大粮食作物，在我国种植面积大，经过数千年的人工和自然栽培与选育，全国稻谷品种众多。在我国粮油质量国家标准中，稻谷按其粒形和粒质可分为籼稻、粳稻及糯稻。其中，籼稻和粳稻又可分为早中稻和晚稻两个群，每个群又分为水稻和陆稻两个型。糯稻是黏稻淀粉粒性质发生变化形成变异型。籼型糯稻称为小糯或长粒糯，粳型糯稻称为大糯或团粒糯。

随着人们生活水平的提高，消费者对稻谷的食用品质也有所要求。新鲜的绿色稻谷受到欢迎。由于稻谷生产的季节性和消费的连续性，为满足人们的需求，要对稻谷进行贮藏。然而稻谷耐贮性较差，在常温下贮藏半年至1年、在高温下贮藏3个月就会导致稻谷的陈化。陈化稻谷即使未发霉生虫，但其工艺品质、食用品质严重下降，而稻谷的种用品质会完全丧失。要想保持好稻谷品质，延缓稻谷陈化速率，满足人们的需求，对稻谷的合适贮藏条件与方法进行研究就显得十分必要。

1. 稻谷的贮藏特性

稻谷作为一种假果，由颖（稻壳）和颖果（糙米）两部分构成。由于其具有完整的外壳，在贮藏期间，对于防止虫害及抑制吸湿有一定作用。尤其是内外稃接缝紧密的品种，完整稻壳对虫、霉等的抵抗力明显。与加工过的半成品如糙米、大米等相比，由于稻壳的存在稻谷在贮藏中有较好的贮藏稳定性。但由于稻谷的呼吸作用，导致稻谷随着贮藏时间的增长，养分消耗迅速，稻谷易陈化。且随着入贮的稻谷水分含量越高、环境温度越高和湿度越大，稻谷陈化现象出现得越早、越严重。陈化稻谷的籽粒组织硬化，柔韧性变弱，米质脆且米粒起筋，吸水力降低，米饭破碎，黏性较差。

除陈化外，稻谷还易发热霉变，这与其水分含量相关。不同品种，如晚稻由于在低温季节收获，虽不易感染害虫，但因为不易干燥，入贮时水分含量较早、中稻品种高，容易引起发热霉变。另外籼稻与晚粳稻相比则水分含量较低，发热较少，不易霉变。散装稻谷的发热，一般从水分高、温度高、杂质多或害虫聚集的地方先开始。粮堆中的发热霉变一般发生在局部，是由于堆内温度或水分分布不均引起的。霉变的出现易于观察，一般表现为局部水分增多，稻谷散落性降低，籽粒发软，硬度降低，有轻度霉味；然后表现为稻谷外壳湿润泛白，未成熟颗粒可见白色或绿色霉点。

稻谷收割时，一般种胚发育已基本完成，具有发芽能力。并且稻谷发芽时所要求的水分含量低，只要达到23%以上，在适宜温度、空气的环境中稻谷就能发芽。发芽的稻谷营养成分被消耗分解，贮藏稳定性降低，即使经过干燥也不适宜继续贮藏。为防止稻谷的发芽霉变，稻谷在收获、晾晒、输送和贮藏过程中，应注意防雨防潮，避免水分转移或结顶现象。

除此之外，稻谷贮藏时还易黄变，这与贮藏时的温度和湿度相关。粮温与水分相互影响、相互作用，导致稻谷的黄变。一般粮温越高，水分含量越大的情况下，稻谷黄变现象越严重。黄变后，稻谷米粒变黄，出糙率、发芽率均有所降低，碎米增多，黏度下降，食用品质和种用品质均明显劣变。

南方早稻入库贮藏时若遇梅雨且气温上升，应特别注意入库后的散温措施。若散温不及时，则很容易受到害虫危害。危害稻谷的害虫种类很多，有20多种，其聚集部位与季节相关。环境温度越高，害虫聚集越往上层迁移。害虫中影响较为恶劣和严重的有麦蛾、玉米象和谷蠹等。

2. 稻谷的贮藏技术

稻谷的贮藏方式很多，常见的有常规贮藏、密闭贮藏、气调贮藏、低温贮藏及化学贮藏等。

稻谷常规贮藏是稻谷贮藏的主要形式，其贮藏的关键是对入库稻谷，要做好质量把关。在稻谷满足干燥、饱满、洁净的要求之上，做好分类。种类分开、好次分开、不同水分分开、新陈分开、有虫无虫分开。

稻谷的密闭贮藏可分为一般密闭贮藏和低温密闭贮藏两种形式。一般密闭贮藏是在库内除进行通风降热、减少水分等必要操作的其他时间内，将库内所有门窗及孔洞封闭并压盖粮面。这种贮藏方式通常应用于入库稻谷无虫且水分含量较低的情况。而低温密闭贮藏则除了压盖密闭之外，还需要对粮堆做好合理通风，保持贮藏环境低温并控制好稻谷水分含量。一般进行低温密闭时，可利用冬季寒冷天气进行自然通风，将粮温降到10℃以下。若是南方粮库，则较北方地区而言需做好库房隔热改造并加粮面压盖密闭。对于华南地区，如有必要还需加冷风机降低粮温。

稻谷的气调贮藏主要是通过降低粮堆中氧气浓度，增加二氧化碳浓度来达到防治害虫，抑制微生物生长的目的。若通过稻谷、微生物、害虫等的呼吸作用自然降氧，则降氧速度与粮食水分、温度相关。水分高的稻谷不适宜安全贮藏。除自然降氧外，还可通过生物脱氧、真空充氮、机械脱氧等其他方式进行降氧操作。

高水分稻谷若在包装后贮藏于低温库中，保持库温在20℃以下，也能在保持品质的同时安全度过夏季。这是因为在低温的状态下，稻谷呼吸作用受到了抑制，且虫霉危害也能得到控制。

稻谷贮藏还可使用化学方式，如漂白粉密闭法及丙酸喷洒法。使用漂白粉时，需将1t湿稻谷与400g有效氯（约1kg漂白粉）拌匀，再用薄膜密闭。这一方法可确保湿稻谷在1周内不会发芽与霉变。天晴后立即晾晒，降低稻谷水分。经过这种保存方式的稻谷经加工后，异味不大，可以食用。若使用丙酸喷洒，则需将湿稻谷堆放室内或不会淋雨的通风处，使用0.1%丙酸均匀喷洒在湿稻上，然后将谷堆堆成梯形长条。由于丙酸属无毒抑菌剂，经丙酸处理的稻谷，在 1~2d 内，堆内温度不会上升，3d 后粮堆虽易发热，但可通过摊开的方式进行通风散热。一般喷洒丙酸的方式可使湿稻谷在 7~10d 内不发生发芽霉变。

3. 稻谷的贮藏管理

贮藏期间的管理好坏，会影响到稻谷的品质和数量。良好的贮藏管理可以减少稻谷的损失，保持稻米品质。不良的贮藏管理，不仅可能减少稻谷数量，而且降低稻谷的精米率，其他品质性状也会下降。

贮藏期间需定期检查仓内的温度和湿度。检查的内容主要为水分、温度以及虫、霉、鼠害发生情况等。一般应每月普遍检查一次水分，取样点要有代表性。并根据季节变化、稻谷等级、贮藏条件以及堆存方式，每两周测定一次局部水分。高温季节和气候交替期间相应增加检验次数。尤其对高水分稻谷应经常注意观察稻粒色泽、气味、硬度、散落性等各方面的变化，当稻谷发生异常变化时要随查随记。

粮温检查要定层、定点与机动取点相结合，每月检查两次。对粮食温度有疑问的部位要查明原因，发现异常情况应立即进行处理。稻谷存放在家中要勤检查，发现问题要及时处理（如通风、倒包、倒仓、降温、勤翻勤扒、风扬、摊晾、冷冻等）。

（三）油料类贮藏技术

油料是油料榨取工业用来制取油脂的植物原料，包括各种油料作物的果实和种子，其共同特征是含有丰富的油脂，一般含量为 40%~50%，至少 20% 左右。其所含的脂肪又大都是不饱和脂肪酸。在高温高湿的情况下，由于酶、氧气、光及微生物的影响，易引起发热、霉变、浸油和酸败变质，导致发芽率降低，出油率减少，稳定性变差。油料中的脂肪是疏水性物质，籽粒中的水分多集中在非脂肪部分，使非脂肪部分含水量偏高。与粮食作物相比较，食用油料较难贮藏。

1. 油料类的贮藏特性

植物油料一般为油料作物的果实和种子部分，一般呈圆形或椭圆形，表面光滑。堆垛后，油籽散落性大，孔隙度小，自动分级现象与粮堆相比更加严重，这会使得油料作物料堆内积热与积湿不易散发。由于油料含有大量蛋白质，使得油料吸湿迅速，持水能力强，在料堆内湿热不易散发的情况下，极易发霉变质，造成料堆内的局部霉变发热。且这种变化速度很快，以水分含量 13% 以上的油菜籽为例，霉变往往无任何早期迹象，一夜之间温度即能升高 10℃ 以上，籽粒全部生霉变质。发霉后的油料，其游离脂肪酸含量增高、发芽率降低、出油率减少，且加工出的油脂颜色深，有哈喇味。

植物油料中所含脂肪主要为不饱和脂肪酸所构成的甘油三酯，在贮藏期间，酸值和含油量易于变化。酸值随贮藏期的延长而增加，含油量则随贮藏期的延长而降低。这种品质劣变大都是由油脂的氧化变质所引起，但也可能是在种子本身及微生物脂肪酶作用下引起的水解变质。脂肪酶在水分含量及温度高时，活力增强。因此，高温下脂肪氧化分解速度加快，会破坏油料中脂肪与蛋白质共存的状态，导致走油现象，使得油料出油率降低，油质变差。水解变质的油料在酸值增高的同时，还会出现苦味。

由于油料中脂肪一般以液滴状态分布于细胞中，使得整个油料组织结构较为柔软，在收获、运输和贮藏的过程中易产生机械损伤，从而使得油料的耐贮性能降低。因此，油料的贮藏要求较一般谷物贮藏严格，在防止料堆发热霉变外，还要保证油料不软化酸败、不变苦浸油。

2. 油料类的贮藏技术

（1）干燥贮藏　水分含量的多少决定着油料作物呼吸作用的旺盛程度、微生物活力强弱及发热升温的程度和速度。因此，油料贮藏的关键是降低水分含量，使其控制在安全的水分范围内。几种油料作物的安全水分如表3-1所示。

表3-1　　　　　　　　　几种油料作物的安全水分

主要油料	大豆	油菜籽	棉籽	花生	芝麻	葵花籽
水分含量/%	12	9	10	9	8	8

对于油料作物的降水干燥，一般以晾晒为主，烘干为辅。日晒降水后应避免热入库，防止造成上下层散湿散热不均匀，形成明显水分梯度，造成局部吸湿生热发霉，影响油料的贮藏稳定性。油籽入仓后，应注意及时通风，排除堆内积热。可根据贮藏期间气温变化，抓住时机进行自然通风或机械通风，使油籽水分挥发、料温降低。在不具备日晒条件的情况下，可使用设备干燥，一般使用烘干机进行，但烘干温度不宜过高，要根据烘干机性能控制出口料温。若温度过高，可能将籽粒烘焦，降低油料出油率。烘干后油籽需摊凉或通风使其冷却后入仓贮藏，防止影响油籽出油率及发芽率。

（2）低温密闭贮藏　由于油料作物不耐高温的性质，贮藏时常要求较低温度，防止高温作用下导致走油现象，降低油料出油率。以花生为例，经过冬季通风干燥，花生中水分含量降低到8%以下。为了进行长期贮藏，需要对贮藏库进行密闭，并控制库内温度在20℃以下。密闭贮藏除可保持低温以延缓油料中不饱和脂肪的氧化外，还能对防治虫害起到良好作用，从而增加油料贮藏的稳定性。但是长期密闭贮藏也会影响油料种子的发芽率。

（3）气调贮藏　气调贮藏是一种较新的贮藏方式。它是通过调节环境中的气体成分，达到杀虫抑菌的目的。以花生为例，气调贮藏的花生无变色、变味的现象，且抗虫害性能良好，贮藏的花生中仅有少量害虫存在。二氧化碳浓度在60%以上时，贮藏花生表面霉菌的污染率下降，尤其是黄曲霉。若在使用气调贮藏的同时，降低花生中水分含量至6%~7%，则可极大抑制霉菌和害虫危害。

3. 油料类的贮藏管理

油料贮藏主要要求延缓油料作物由于酶、氧气、光及微生物作用所引起的发霉、走油、酸败、软化等劣变。贮藏时所用库房应有良好的隔热与防潮性能。当需使用密闭保藏时，应保证仓房的密闭性良好。仓房外墙壁不宜使用深色，应刷白以减少日照热量的吸收。库顶需有隔热层，以防止库温上升，利于实现低温贮藏。由于油料贮藏时，贮藏产品与环境构成复杂生态系统，因此，一般使用多种贮藏技术以保证贮藏物的安全。贮藏方案的选择一般根据被贮藏物的种类、性质及贮藏环境制定。贮藏中应定期检测抽查，发现问题及时处理，以保证产品的贮藏质量，延长产品贮藏期。

二、果品贮藏技术

（一）仁果类贮藏技术

仁果由合生心皮下位子房与花托、萼筒共同发育而成的肉质果。果实的中心有薄壁构成的若干种子室，室内含有种仁。一般可食用部分为果皮与果肉。目前生产上栽植面积较大的仁果类果实有苹果、梨等。

动画：哪些果蔬可以冷藏保鲜？哪些不行？
（扫码学习）

1. 仁果类贮藏特性

苹果品种很多，按照其成熟期可分为早熟、中熟和晚熟品种，不同品种的苹果耐贮藏性差别很大。早熟品种由于生长期短，果实中积累的糖分少，果肉疏松且果皮薄，由于收获期温度高，释放的内源乙烯含量高，果实呼吸强度大，使得养分消耗快，病菌容易侵入，不耐保存。中熟品种耐贮性较好，若使用冷藏，能延长贮存期限。晚熟品种由于果实成长期长，糖分积累多，果肉结构紧密，果皮厚且采收季节多在秋季，内源乙烯产生量小，呼吸强度低，因此耐贮性最好。

苹果属于典型的呼吸跃变型果实，成熟时内源乙烯产生量大，贮藏环境中会有较多乙烯积累。若苹果已达采收成熟度，呼吸高峰到来越快，果实耐贮性越差，因此，对长期贮藏的苹果，应在呼吸跃变启动之前采收。贮藏过程中，调节低温和气体成分，降低贮藏环境中乙烯含量，可推迟呼吸跃变发生，延长苹果贮藏期。

梨与苹果类似，其贮藏性在不同品种间也存在较大差异。根据果实成熟后的肉质硬度，梨可分为硬肉梨与软肉梨。一般来说，硬肉梨较软肉梨耐贮藏，但对二氧化碳敏感，气调贮藏时容易发生二氧化碳伤害。梨属于典型的呼吸跃变型水果，但不同种类梨的呼吸跃变特征不同。如白梨虽也具有呼吸跃变，但跃变特征不如西洋梨典型，跃变过程中乙烯产生量少，果实后熟不明显。

2. 仁果类贮藏条件

苹果的贮藏应注意在适宜环境条件下，维持其最低生命活动，控制呼吸强度，延缓呼吸高峰的到来，从而延长苹果的贮藏寿命。大多数苹果适宜在较低温度储存,一般在-1~0℃。对低温敏感的品种如红玉、旭等,由于在0℃贮藏容易发生生理失调现象,因此适宜贮藏温度一般为2~4℃。气调贮藏的适宜温度比一般贮藏可高0.5~1℃。低温贮藏对于苹果贮藏很重要,采收后尽快冷却贮藏,则可抑制虎皮病、衰老褐变等现象的产生。但过低温度,会引起果实冻结,降低果实硬度,缩短贮藏寿命。

苹果低温贮藏时适宜较高湿度,一般保持库内相对湿度为90%~95%。较高湿度时,果实蒸腾失水减低,降低果实自然损耗,保持果实新鲜饱满状态。若果实失水达5%~7%,则果皮皱缩影响外观。贮藏湿度大时,还可降低苹果褐心病的发病率。若湿度过大,则可能发生裂果,使微生物易于侵入,增加果实腐烂的概率。

苹果贮藏环境中的气体成分对于苹果的呼吸方式与呼吸强度有重要影响。适当调节贮藏环境中的气体成分,可延长苹果的贮藏寿命,保持其新鲜度和品质。一般苹果气调贮藏适宜条件为控制氧气2%~3%、二氧化碳3%~5%。较低的氧浓度有利于降低果实的呼吸强度,推迟呼吸跃变期的出现。若氧气浓度过低,低于1%,则可能导致缺氧呼吸,引发缺氧生理病害。较高的二氧化碳浓度能抑制叶绿素分解和果胶物质水解,干扰有机酸代谢,间接竞争抑制乙烯,利于果实贮藏。但由于二氧化碳对细胞原生质有麻醉作用,因此二氧化碳浓度也不宜过高,应控制在一定范围内。同时,在贮藏管理过程中,库内气体应定时更换或用气体洗涤器洗涤。

梨也属于呼吸跃变型果实,其冰点温度可达到-2.1℃。东方梨是脆肉型果实,贮藏最适温度是0~2℃,当温度低于-1.5℃时,贮藏期间会发生冻结,可能发生冻害。西洋梨大部分品种适宜贮藏温度为-1~0℃。对低温敏感的品种如鸭梨等,采收后需要逐步降温,维持适宜低温,若立即在0℃贮藏则易发生冷害。同时,梨果贮藏时应注意避免贮藏温度的剧烈变化,防止引起梨呼吸增强,诱发生理病害。

在低温贮藏条件下,梨果的适宜相对湿度为90%~95%。由于梨果表皮组织薄,水分易蒸发,在相对湿度低的环境中容易发生皱缩、干柄等现象。

低氧环境对于几乎所有梨品种都有抑制成熟衰老的作用。但除少数品种外,大多数品种的梨对二氧化碳敏感,如目前国内栽培和贮藏量较大的鸭梨,当环境中二氧化碳浓度高于1%,果实会受毒害。因此,梨的贮藏应在低氧和低二氧化碳的条件下,从而降低呼吸强度,延长贮藏期限。与苹果贮藏类似,梨贮藏也应注意库房通风换气,排除过量二氧化碳、乙烯、乙醛等有害气体,防止有害于果实贮藏。

3. 仁果类贮藏方式与技术

仁果类果实贮藏方式很多,以苹果为例,我国各地苹果产区短期贮藏常用方式有地沟贮藏、土窑洞贮藏及通风库贮藏等。这些常温贮藏方式在入贮前应经过预冷。若要长期贮藏,应对果实进行机械冷藏或气调贮藏。

苹果冷藏的适宜温度与品种相关。大多数晚熟品种的贮藏适宜温度为-1~0℃。苹果采收后，应尽快冷却到0℃左右，采收后1~2d入冷库，入库后3~5d冷却到-1~0℃。入冷库贮藏的梨则不宜直接入0℃冷库内，否则容易发生严重"黑心"。使用冷库贮藏梨果时，应采用逐步降温的方式。当降低到适宜温度时，则维持不变。逐渐降温的过程一般需1个月。冷藏的梨出库时，若外界气温高于15℃，也要采取逐步升温法，当库温升到10~12℃时才能出库。这是为了防止剧烈的气温变化导致梨的病变，降低贮藏果实的品质。

气调贮藏主要可分为塑料薄膜封闭贮藏和气调库贮藏两种。在冷藏条件下，贮藏果实的效果更好。以苹果为例，可用塑料薄膜袋或薄膜帐贮藏。若用薄膜袋贮藏，果实需在分级后，装入衬有塑料薄膜袋的果箱或筐中，扎紧袋口，作为一个封闭的贮藏单位保存。目前应用较多的是聚乙烯或无毒聚氯乙烯薄膜。对大多数苹果品种来说，贮藏时控制氧气下限为2%，二氧化碳上限为7%较为安全。若使用薄膜帐贮藏，则需将果垛封闭。薄膜一般选用高压聚氯乙烯薄膜，厚度为0.1~0.2mm。塑料大帐由于湿度高经常在帐壁上出现凝水现象，凝水滴落果实上容易引起腐烂。减少凝水的关键是果实罩帐前要充分冷却和保持库内稳定的低温。气调贮藏库贮藏则是利用气密条件好，设有气体调控机械的冷库进行果实保存。管理方便，与薄膜贮存相比，容易达到贮藏要求。对大多数苹果品种而言，一般控制氧气为2%~5%，二氧化碳为3%~5%。对于富士苹果，由于其对氧气敏感，贮藏时气体成分应为氧气浓度2%~3%，二氧化碳浓度2%以下。

由于梨对二氧化碳敏感，不如苹果那样适于气调贮藏。如果环境中二氧化碳浓度超过1%，梨有发生病变的危险。特别是使用塑料大帐时，二氧化碳浓度变化快，一旦失控，容易发生事故。因此，气调贮藏时二氧化碳浓度需严格控制。

（二）柑橘类贮藏技术

柑橘类水果在植物分类中属于芸香科，柑橘亚科。在作为商品流通中，柑橘类一般指分类中柑橘属中的各种果实，包括橘、柑、橙、葡萄柚、柚子、柠檬、莱姆、杂交柑等，品种极为丰富。这类植物主要起源于中国及东南亚的亚热带地区。果实由外果皮、中果皮及囊瓣组成。成熟后的果实外果皮具有典型的柑橘味。果皮细胞层下具有密厚的海绵组织。外果皮下的中果皮一般呈白色，性状柔软。囊瓣的结构由囊膜包裹充满汁液的囊胞所组成，并在果皮内整齐排列。由于柑橘类水果的这一结构特性，其果实具有一定的抵抗碰撞、抗拒病原菌侵染的能力，可以较长时间贮运。

柑橘类水果具有独特的香气和口味，是重要的水果品种，在全世界范围内广受欢迎。由于原产亚热带，植物生长喜温暖潮湿的气候，且果实的生长阶段多在夏秋季节，因此柑橘果实较寒温带果实的贮藏温度高，而与热带水果比较，其保鲜温度则要求较低。不同品种的柑橘果实在组织结构和化学组成方面存在差异，贮藏条件的要求按品种的不同而不同。除此之外，柑橘类水果的保鲜也受产地、栽培条件及贮运条件等因素的影响。

1. 柑橘类贮藏特性

柑橘类总体属于耐贮性较好的果实。但不同种类柑橘的耐贮性存在差异。通常，耐贮性差异与果实采收后呼吸作用的大小及果实形态结构有关。一般呼吸强度小，果皮组织紧密，果心小而充实的果实耐贮性较好。果实分类中的早熟品种耐贮性最差，而中、晚熟品种则较早熟品种具有较好耐贮性。

柑橘类水果中，一般来说柠檬耐贮藏性最好，可以贮藏到翌年夏季，果实仍可保持相当好的食用品质；甜橙与宽皮柑橘的柑类一般贮藏期也较长，如属于甜橙类的四川锦橙可以贮藏半年左右，而属于宽皮柑橘柑类的温州蜜柑可贮藏到翌年三、四月间。宽皮柑橘中的橘类，耐贮性最差。因为果皮组织疏松，极易枯水，表现为果皮松且与囊瓣分离，囊瓣中富含汁液的囊胞失水干缩。发生枯水现象的果实会逐渐失去固有的风味及食用价值。

柑橘类多产于亚热带地区，长期温暖气候下的生长发育条件使得果实不能耐受过低温度，不耐严寒，容易产生低温伤害。冷害在果实上具体表现为果皮出现褐色斑点，果实开始腐烂且伴随苦味与异味的出现；果皮失去光泽，内果皮转成淡褐色或暗黑色；内部囊瓣中汁液减少，果实软化。柑橘果实对冷害的敏感度与其种类和品种、栽培条件及成熟度相关。一般葡萄柚、柠檬、莱姆等品种容易发生冷害，而橙、橘和柑次之。晚熟品种较早熟品种对冷害敏感。且酸度越高，果实对冷害敏感程度越高。

2. 柑橘类贮藏条件

柑橘贮藏多以控制温度、湿度、气体成分等因素为主。一般橘类的适宜贮藏温度较高，在 $2 \sim 9℃$、甜橙为 $4 \sim 12℃$、柠檬为 $6 \sim 12℃$。柑橘主产区建造贮藏冷库除需要制冷设备外，还需加温设备，以备冬季外界温度低于 $5℃$ 时进行加温，防止果实在冷库换气后温度过低造成冷害。不同种类和品种的柑橘在贮藏期间，蒸腾失水的程度不同，宽皮柑橘类的果实相对来说容易发生枯水，果皮易发泡，果肉干枯。贮藏期中相对湿度（特别是入住初期）应较低，以 $80\% \sim 85\%$ 为宜；紧皮柑橘类果实贮藏期中相对湿度宜较高，以 $90\% \sim 95\%$ 为宜。目前，大多数研究表明柑橘对贮藏环境的二氧化碳含量比较敏感，二氧化碳含量过多往往容易造成柑橘二氧化碳中毒。但不同的柑橘类品种对气体成分的要求存在很大差异，如温州蜜柑能适应氧气 $3\% \sim 6\%$、二氧化碳 1% 的环境，而伏令夏橙则可以在二氧化碳达到 $3\% \sim 4\%$ 的环境中取得良好的贮藏效果。

3. 柑橘类贮藏方式及技术

（1）地下库贮藏　地下库贮藏因其设施简易、成本低，可用作果实的短期贮藏。贮藏时地库内相对湿度一般为 $95\% \sim 98\%$，温度稳定在 $12 \sim 18℃$。地库内空气中二氧化碳含量较高，达到 $4\% \sim 6\%$，有利于保持果实水分，控制自然失重率在较低的状态。地下库一般修建在地势高，地下水位低的房屋内外。贮藏时一般每隔 7~9d 开盖换气，并检出腐烂果实。

（2）通风库贮藏　通风库是目前应用最广泛的柑橘贮藏设施。它具有通风量大且均匀，库内温、湿度稳定，可显著提高贮藏效果且建库投入少的特点，适合大规模的商业贮藏。

通风库贮藏在入库前 15d 需要进行库房消毒。一般使用硫黄进行密闭熏蒸。有时也可用 1% 福尔马林溶液喷洒，密封 24h 后通风 2~3d，至库内无药味后关门备用。在入库初期，一般在 11 月下旬，气温较高，果实呼吸作用旺盛，库温升高，需打开贮藏库的通风设备通风换气以降低库温。从 12 月至次年春节前后是柑橘果实的贮藏中期。此时外界气温低，应注意防寒保暖。通风换气的时间一般每隔 3~4d 选在晴天的中午。春节以后是果实的贮藏后期，此时随着气温的回升，库内温度也有所上升，果实腐烂率增高。此时应在夜间通风引入冷空气，日间则关闭通风设备维持库温在 10℃ 左右。在这一阶段中应注意腐烂果实的分拣，及时挑出腐烂、褐斑、干蒂的果实，以减少果实贮藏后期的病害。

（3）机械冷藏　机械冷藏是借助制冷系统作用，人为调节库内温度、湿度及空气流通，形成适合控制柑橘类果实产品质量的综合环境，有效保持果实新鲜并延长柑橘的贮藏期。机械冷藏的管理关键在于控制适宜的低温和湿度，注意通风换气。因为柑橘类果实不耐低温，冷库贮藏中研究较多的是低温条件对柑橘果实风味品质的影响、低温冷害及其机理。一般甜橙类贮藏温度控制在 1~3℃，而宽皮柑橘类低温耐受力较差，贮存温度一般应控制在 7℃ 以上。

（4）气调贮藏　柑橘气调贮藏作为一种新的贮藏方式，目前尚没有统一结论。不少专家认为柑橘果实没有呼吸高峰，不适合气调贮藏，也有报道认为柑橘气调贮藏没有明显效果。但仍有研究表明柑橘气调贮藏的可行性。例如温州蜜柑，在氧气 3%~6%、二氧化碳 1%、氮气 93%~96% 的环境下，较不进行气调的对照组，其果实中的糖、酸、果胶和维生素 C 含量都较高。

（三）核果类贮藏技术

核果是果实的一种类型，属于单果，是由一个或多个发育心皮而成的肉质果。果皮常分三层，外果皮极薄，由子房表皮和表皮下几层细胞组成。中果皮常肥厚多汁，是肉质食用部分。内果皮的细胞经木质化后，成为坚硬的核，包在种子外面。内果皮中通常只含有一枚种子。核果按果核类型，一般可分为离核型及黏核型两种。常见的核果类果实有桃、李、樱桃等。核果果实虽味道鲜美，肉质细腻且营养丰富，但不易贮存。以桃、李为例，果实皮薄肉软，汁水丰富，采后贮运过程易受机械损伤，且其收获季节又多集中在 6~8 月份，低温贮藏时易产生褐心，高温又容易软化腐烂，因此必须精细贮藏才能达到保鲜的目的。樱桃是一种经济价值较高的水果，其果实色泽艳丽，营养丰富，品质优良，但极不耐贮。其果实成熟多集中在 5~6 月份，正值夏季来临，气温升高，常温下果梗很快枯萎变褐，果实色泽变暗，果肉变软腐烂。随着近年来樱桃在全国各地的生产发展和产量增长，樱桃的贮运保鲜技术正逐渐被人们所重视。

1. 核果类贮藏特性

品种及贮藏特性：核果不同品种间耐贮性差异较大，一般早熟品种不耐贮运，中晚熟品种的耐贮运性较好。以桃为例，一般桃中离核、组织肉柔软多汁及早熟品种的耐藏性差，中熟品种次之，而晚熟、硬肉、黏核品种的耐贮性较好，如早熟水蜜桃五月鲜耐贮性差，而硬肉桃中的晚熟品种，如山东肥城桃、陕西冬桃、山西金星桃等则较耐贮运。李的耐贮性与桃类似，一般晚熟品种耐藏性好。硬肉型果皮厚韧，可溶性固形物含量高，果色深，耐藏。许多品种如牛心李、冰糖李、黑琥珀李等耐贮性较强。樱桃的种类与品种较多，目前我国生产栽培的樱桃有4种，为中国樱桃、毛樱桃、甜樱桃和酸樱桃。生产上栽培的耐贮运品种主要有那翁、拉宾斯、巨红、大鹰紫甘、银珠、斯坦勒、先锋、红蜜、红艳等。其中以山东烟台的那翁甜樱桃和大连市农业科学研究院培育的红蜜、红艳等品种耐贮性较好，可用于贮藏运输。

核果类果实对低温非常敏感，一般在0℃贮藏3~4周即发生低温伤害，细胞壁加厚，果实糠化，表现为果肉褐变、生硬、木渣化、风味变淡，甚至变苦而丧失原有风味。低温褐变从果实维管束和表皮海绵组织开始。

桃、李属于呼吸跃变型果实。桃采后具有双呼吸高峰和乙烯释放高峰，呼吸强度是苹果的3~4倍，果实乙烯释放量大。离核桃呼吸强度大，果胶甲酯酶、多聚半乳糖醛酸酶活力高，而黏核桃呼吸强度低，果胶甲酯酶活力低，故黏核桃耐藏性强于离核桃。

2. 核果类贮藏条件

核果类果实不耐久藏，贮藏中易发生内部腐变，且对低温敏感。若低温（0℃以下）贮藏3~4周，会导致果实糠化，外在表现为果肉褐变、生硬、木渣化，影响原有果实风味。为减轻病害，常采用间歇升温的方法。这种方法有利于有害气体的挥发和代谢，代谢活动增强后，可能会有纠正或修复由冷害引起的代谢失调。

核果果实贮藏时应注意库中湿度调节，若湿度过大，易引起果皮病害、果肉腐烂，加重冷害症状；湿度过低则会引起失水过度而失去商品价值。以桃为例，桃果实表面布满绒毛，绒毛大部分与表皮气孔或皮孔相通，这使桃的蒸发表面增加了十几倍甚至上百倍。因而桃采后在裸露条件下失水十分迅速，一般在相对湿度为70%、20℃条件下裸放7~10d，失水量会超过50%而使果实失去商品性。因此，桃、李、樱桃贮藏时，相对湿度一般需控制在90%~95%。不同品种核果对于贮藏中空气的气体成分要求不同。核果果实如桃、李等对二氧化碳比较敏感。对桃果实来说，当二氧化碳浓度高于5%时会发生二氧化碳伤害，症状为果皮褐斑、溃烂、果肉及维管束褐变、果实汁液少、生硬、风味异常，因此贮藏过程中要注意保持适宜的气体指标。在氧气浓度1%、二氧化碳5%的气调条件下，若温度、湿度等其他贮藏条件相同，桃果实贮藏期可加倍延长。对于李果实来说，长期高二氧化碳浓度会使果顶开裂率增加，一般认为氧气浓度3%~5%，二氧化碳浓度5%是李贮藏的适宜气体条件。与桃、李不同，樱桃果实耐高二氧化碳浓度。因此在运输时常采用高二氧化碳抑制果品呼吸强度，保持果实鲜度。樱桃果实贮藏时的适宜气体成分为氧气浓度3%~5%、二氧化碳浓度10%~25%。

3. 核果类贮藏方式及技术

核果类贮藏主要使用冷藏及气调贮藏方式。贮藏前需进行预冷，一般使用水冷或空气预冷，使果温下降。桃冷藏要求温度波动小，适宜温度为-0.5~1℃。温度超过4℃，桃不宜贮藏；温度过低，低于-1℃，则有冷害的风险。桃冷藏期间应注意控制相对湿度在85%~90%。若湿度过高，则容易引起果皮病害。贮藏期间可通过通风排气去除有害气体。桃在库内冷藏后期需要进行后熟。后熟时间越短，果实品质越佳。若桃在冷库中贮藏一段时间后移至18~20℃环境中放置2d，再回到冷库内贮存，可延长桃果实的贮藏期。李果实的冷藏特性与桃相类似，最适宜冷藏温度为-0.5~1℃，同样要求温度波动变化小，且温度不宜过低。李果实在贮藏期末期也需进行后熟处理。樱桃与桃或李果实不同，预冷一般采用通风预冷的方式，不宜使用水预冷，因为这种方法容易导致裂果和果面斑点病。樱桃的适宜条件为温度-1~0℃。桃的气调贮藏一般是在0℃的条件下控制氧气浓度为1%和二氧化碳浓度为5%，贮藏3~4周后，间歇升温至18~20℃保持2d，再回到0℃贮藏，有较好的保藏效果。李的气调保藏条件一般为0~1℃，控制气体成分为氧气浓度3%，二氧化碳浓度3%，可抑制果实腐烂变软，延长李果实贮藏期。二氧化碳浓度若过高，可引起李果实内部变黑，影响果实品质。樱桃的气调贮藏可使用塑料薄膜大帐，每帐贮藏250~1500kg，控制温度在-10℃，相对湿度90%~95%，气体条件为10%二氧化碳和11%氧气。在这一条件下，可延长贮藏期至40~60d。若使用二氧化碳脱除器去除环境中过多二氧化碳，也可延长贮藏期至40d左右。若樱桃果实在15%二氧化碳、6%氧气条件下贮藏时，果实会因为二氧化碳过多而软化，而高浓度二氧化碳（15%~20%）、15℃的条件能使樱桃在7d内保持较好品质，但这种方法只适用于樱桃的短期贮藏。

（四）浆果类贮藏技术

浆果是一般由多心皮合生雌蕊发育而成的肉质果，偶见由单心皮发育。它是果实的一种，属于单果。浆果外果皮较薄，中果皮与内果皮分区不明显，一般肉质发达且含有丰富浆汁。常见于分属于不同科属的多种植物，如葡萄、猕猴桃、柿等。

1. 浆果类贮藏特性

葡萄果肉晶莹味美，营养丰富，作为我国六大水果之一，广受消费者欢迎。但葡萄柔软多汁，水分含量高达65%~88%，在贮藏期间易失水、干枝皱皮、掉粒、腐烂和风味劣变。随着葡萄产量的逐年增长，葡萄的贮藏保鲜技术也越来越受到重视。

因为葡萄的不同品种间耐藏性差异较大，为获得较好的贮藏保鲜效果，选择适合贮藏的品种是提高葡萄贮藏品质的关键措施之一。一般来说，葡萄品种中的晚熟品种耐藏性强于早、中熟品种，深色品种强于浅色品种，欧洲种强于美洲种。耐藏品种一般具有晚熟、果皮厚、果肉致密、果面及穗轴木质化程度高、果刷粗长、糖含量高等性状。我国种植的葡萄品种如龙眼、和田红葡萄、晚红、秋黑、巨峰、脆红等品种耐藏性均较好。

葡萄在贩卖流通中常以整穗体现商品价值，因此，贮藏保鲜的主要任务在于保鲜穗轴，保持果实纯正风味，减少腐烂掉粒及变色。故研究葡萄耐藏性不仅应考虑其果实，也应研究其果梗和穗轴的生物学特性。葡萄果实通常被认为是非跃变型果实，采后呼吸作用呈下降趋势，成熟期间乙烯释放量少，在成熟过程中没有明显后熟变化。充分成熟的葡萄果实含糖量高，果皮厚，果实表面蜡质充分，耐贮性好。但在相同温度下，整穗葡萄的穗轴尤其是果梗的呼吸强度要比果粒高10倍以上，且出现呼吸高峰。葡萄果梗、穗轴是采后物质消耗的主要部位，也是生理活跃部位，故葡萄贮藏保鲜的关键在于推迟果梗和穗轴的衰老，控制其失水变干及腐烂。猕猴桃果实一般表皮深褐色，表面粗糙覆有绒毛，果肉亮绿色且有黑色种子。猕猴桃风味独特，营养丰富，含多种维生素、脂肪、氨基酸及果胶等。猕猴桃种类很多，目前在我国以中华猕猴桃和美味猕猴桃的分布最广，经济价值最高。猕猴桃与葡萄类似，各品种的果实耐贮性差异很大，一般来说，晚熟品种的耐贮藏性要明显优于早、中熟品种。例如，国内主要种植的海瓦德属于美味猕猴桃，在最佳贮藏条件下可保存3~7个月之久。

与葡萄不同，猕猴桃是呼吸跃变型浆果，刚采摘时，猕猴桃内源乙烯含量低且稳定，一般在 $1\mu g/g$ 以下。短期存放后，内源乙烯量大幅增加，呼吸高峰时可达到 $10\mu g/g$ 以上。且其对乙烯的敏感性高，微量乙烯的存在也可以提高其呼吸水平，加速呼吸跃变，促进果实成熟软化。柿种植主要分布于热带与亚热带地区。在我国是北方广泛种植的果树之一。柿的品种很多，一般可按其果实性质分为甜柿与涩柿两种。甜柿在树上能自然脱涩，采后即可食用。而涩柿则宜在果皮转黄未泛红时采摘，采收后经过人工脱涩处理后才能食用。对于柿品种来说，一般晚熟品种较早熟品种耐贮藏。

与猕猴桃类似，柿属于呼吸跃变型果实，对乙烯敏感，极少量外源乙烯（$0.01\mu L/L$）即可诱发呼吸跃变，导致柿软化，软化一旦发生不可控制。因此，对于柿来说，可采用气调贮藏，及时排除贮藏环境中的乙烯，延长贮藏时间，提高贮藏品质。另外，对于涩柿的脱涩处理也会促进果实的成熟，使果实脱涩后极易软化。因此，在远距离运输或长时间贮藏柿果实时，常做先保硬后脱涩的处理方法。

2. 浆果类贮藏条件

葡萄的冰点因果实含糖量的不同而不同，一般在-2.5~1.5℃。因葡萄贮藏以整穗为单位，果梗和穗轴也应纳入考虑范围。其冰点一般在-0.7℃，且易发生冻害，因此大多数葡萄品种的适宜贮藏温度为-1~0℃。

葡萄果实易在贮藏过程中失水。低湿度的环境会引起果皮皱缩及干梗的现象，保持贮藏环境中高湿度的条件有利于葡萄保水，但却易引起霉菌滋生。因此，葡萄保鲜贮藏时一般采用高湿度（相对湿度90%~98%），并结合防腐剂处理的方式。

由于葡萄是非呼吸跃变型果实，气调贮藏对其果实保鲜的效果不大，但可抑制葡萄果梗的呼吸强度，对果梗保绿有良好作用。不同葡萄品种对于氧气和二氧化碳敏感性不同。因此，选择适宜气调指标，配合保鲜袋与保鲜剂可获得对葡萄整穗较好的保藏效果。

猕猴桃适宜贮藏温度为-1~0℃，在此温度下，可抑制猕猴桃内源乙烯的形成，延缓猕猴桃软化速度，保持其硬度。以秦美猕猴桃为例，在0℃的条件下可贮藏3个月，而在20~30℃的室温下进入最佳食用状态仅需7~10d。

猕猴桃贮藏的适宜相对湿度与贮藏温度相关。一般冷藏条件下适宜相对湿度为90%~95%。湿度过低会导致果实失水皱缩，而湿度过高，则有可能导致果实出现水浸斑点，软化腐烂。猕猴桃是呼吸跃变型果实，对贮藏环境中的乙烯敏感。0℃条件下33μg/kg的乙烯就能引起猕猴桃果实后熟软化。因此及时排除环境中的乙烯气体是延长猕猴桃贮藏期限的主要方法。另外，低氧和高二氧化碳的气体环境能使内源乙烯的生成受到抑制，对果实保硬有较好的效果。适宜的气体指标为氧气2%~3%、二氧化碳3%~5%。氧气与二氧化碳有下限值与上限值，超过限制容易引起低氧和高二氧化碳损伤。

柿的适宜贮藏温度为-1~0℃，适宜相对湿度为85%~90%。柿是呼吸跃变型果实，且对低氧与高二氧化碳的耐受力强，适宜气调保藏。适宜气体条件为氧气2%~5%，二氧化碳3%~8%。二氧化碳伤害阈值为20%。

3. 浆果类贮藏方式及技术

葡萄贮藏可采用窖藏或低温简易气调贮藏的方式。窖藏是葡萄产区使用较多的一种贮藏方法。葡萄采收经过预冷处理后，入窖在5℃左右保存。窖内用硫黄熏蒸，每隔10d熏蒸30min。窖温较低为0℃时，可每月熏蒸一次。窖内应注意通风，维持窖温在0~2℃，相对湿度为85%~90%。应用此法可贮藏葡萄2~3个月。若使用低温简易气调贮藏，需将葡萄整穗装入聚氯乙烯（PVC）袋中，敞口预冷后放入保鲜剂并扎口垛藏。贮藏期间维持低温-1~0℃，相对湿度90%~95%，定期检查果实质量，检出霉变破裂果实。

猕猴桃贮藏目前以低温冷库贮藏和气调贮藏为主。当使用机械冷库贮藏时，需控制库内温度在0℃左右，入库期间，尽量避免库温波动。猕猴桃产生的乙烯气体和挥发性物质应利用早晚或夜间低温时,通过排风口通风换气。换气时应注意防止温度波动,并控制库内相对湿度在90%~95%。若使用气调贮藏,在适宜控制贮藏温度(0℃左右)与相对湿度(90%~95%)的同时,控制环境中气体成分为氧气浓度2%~3%、二氧化碳浓度3%~5%。气调库中若配制乙烯脱除器,则贮藏效果更好。在冷库中贮藏时,也可采用厚聚乙烯塑料薄膜袋或薄膜帐封闭贮藏猕猴桃。贮藏时控制库温-1~0℃、相对湿度85%以上,并控制袋或帐内气体成分为氧气2%~3%、二氧化碳3%~5%。

柿在使用机械冷库的贮藏方法时应控制冷库温度在0~1℃,库内相对湿度85%~90%,在此条件下,柿可贮藏50~70d。若使用气调贮藏,则可通过在低温(0℃)条件下控制环境中气体成分为氧气浓度5%、二氧化碳浓度5%~10%,达到降低柿呼吸强度、延缓软化的目的。除低温冷库贮藏与气调贮藏外,柿还可采用液藏法及速冻贮藏。当使用液体贮藏法时,需按100∶3∶1的质量比混合烧开的水、食盐和明矾。搅拌使产生大量泡沫,冷却后放入干净缸内。将挑选好的柿放入,并用柿叶盖好,上面用竹条压住,使柿全部浸入水中。用这种方法贮藏的柿贮藏期可达3个月,且色泽良好,肉质脆硬,口味甘甜。若使用速冻贮藏,应先将柿放入-20℃的冷库中冻结1~2d,再转入-10℃的条件下保存。此种方法可使柿长期保存不变质。

三、蔬菜贮藏技术

(一)根茎类贮藏技术

根茎类蔬菜可以分为根类蔬菜和茎类蔬菜,常见的有马铃薯、萝卜、洋葱等。这些蔬菜富含膳食纤维,是人们日常生活中不可或缺的重要蔬菜。

1. 根茎类贮藏特性

马铃薯又名土豆、洋芋,原产于南美洲地区,17世纪传入我国。植株喜凉爽,忌高温,不耐严寒。可食用部位为其地下块茎。马铃薯目前在我国各地都有种植,产量较大,用途广泛。其种类众多,按成熟期分类可分为早熟、中熟和晚熟品种。一般在寒冷地区栽培的早熟品种或秋季栽培的马铃薯品种贮藏性较好,因其休眠期较长。马铃薯在休眠期时,新陈代谢减弱,抗性增强,即使处于适宜条件下也不会萌芽生长。创造适宜贮藏条件,延长马铃薯休眠期是马铃薯贮藏的关键。另外,马铃薯贮藏还应避免阳光照射,防止在促使萌芽的同时,增加薯块中茄碱苷的含量,误食对人、畜有害。

萝卜是我国根菜类蔬菜的重要品种之一,是我国北方除大白菜之外,种植最普遍的冬菜。萝卜以其肉质根作为可食用部分。与马铃薯不同,它没有生理休眠期,贮藏中遇到合适条件会萌芽抽薹、组织中的营养素与水分转移,导致致密肉质变得疏松绵软。这种现象一般称作糠心。糠心会使得萝卜风味变差,食用品质下降,因此,防止糠心是贮藏萝卜的关键。由于萝卜组织缺少角质或蜡质保护层，其保水能力差，若在低湿贮藏环境中保存或受到机械损伤，会促使呼吸作用及蒸腾作用的加强，使得萝卜组织失水严重，养分消耗，产生糠心。另外，由于萝卜组织细胞间隙大，具有高通气性，因此可忍受高浓度二氧化碳，这与其肉质根长期生活在土壤中形成的适应性有关。

洋葱属于石蒜科，原产于伊朗、阿富汗等西亚地区，可食用部位是其肥大的肉质鳞茎。它种类很多，分布广泛，在我国一年四季都有种植。洋葱营养丰富，尤其是其中含有的蒜素，可预防和治疗多种疾病，还可增进食欲。与马铃薯类似，洋葱也具有明显的生理休眠期，在夏季收获后即进入休眠期，呼吸作用减弱，使洋葱可忍耐炎热与干燥，安全度过炎热夏季。洋葱休眠期一般为1.5~2.5个月，休眠期过后，洋葱遇到高湿高温的适宜条件便会萌芽，致使养分转移、鳞茎发软中空、鳞叶衰老变薄、品质下降，降低食用品质。因此，选择适宜贮藏条件，使洋葱长期处于休眠状态，抑制萌芽生长，是洋葱贮藏的关键。

2. 根茎类贮藏条件

马铃薯在适宜低温下贮藏可延长休眠期，特别是贮藏初期，低温对延长休眠期有利。但温度过低时，易发生冷害。有研究表明，在0℃条件下，由于淀粉水解酶活力增强，块茎内淀粉含量降低，单糖含量增高，导致食用品质下降及其加工制品的褐变。通常马铃薯的适宜贮藏温度为3~5℃。对于专供煎制薯片或薯条的晚熟马铃薯可在10~13℃条件下贮藏，这一温度可使马铃薯块茎内积累的单糖重新合成淀粉，有利于产品品质。另外，贮藏环境的湿度也对马铃薯块茎的贮藏效果有影响。一般应控制马铃薯的相对湿度在80%~85%。晚熟品种的相对湿度应为90%。湿度过低会引起马铃薯失水，使其新鲜度下降，损耗增加。若湿度过高，则会缩短马铃薯休眠期，且容易造成致腐菌大量繁殖，增加腐烂。

为避免糠心，萝卜适宜在低温高湿的环境中贮藏。一般适宜贮藏温度为1~3℃。根茎类蔬菜不能受冻，若贮藏温度过低，在0℃或以下时，会引起细胞组织死亡而腐烂。萝卜贮藏时的适宜相对湿度一般为90%~95%，高湿可避免萝卜内部水分流失造成糠心。低氧气和高二氧化碳的环境有利于抑制萝卜的呼吸作用，抑制发芽。一般适宜的贮藏气体条件为氧气2%~3%、二氧化碳5%~6%。

洋葱与马铃薯及萝卜不同，抵抗低温的能力较强，冰点为-1.8~1.6℃，因此，洋葱贮藏适于低温干燥的环境，适宜贮藏温度为0~3℃。但当温度低于-3℃时，洋葱也会受到冻害。因为结冻的葱头会因为抽薹不良而不宜做种，种用葱头的贮藏温度不能低于0℃。休眠期后的洋葱适宜干燥的环境，环境中相对湿度应低于80%。如湿度过大，洋葱易发芽生须，利于霉菌繁殖，导致葱头腐烂。一般贮藏时，相对湿度64%左右最为适宜。另外，由于低氧和高二氧化碳的气体条件有利于抑制发芽，贮藏环境中适宜的气体条件为氧气2%~4%、二氧化碳10%~15%。鲜葱头贮藏时还应注意充分通风，以利于干燥散热。

3. 根茎类贮藏方式和技术

马铃薯的贮藏方式很多，依据各地不同条件可做堆藏、窖藏、沟藏等。有条件的地区也可对马铃薯进行冷藏。

马铃薯的堆藏在上海、南京等地应用较为广泛，只适用于短期贮藏。应用时一般先选择通风良好、场地干燥的库房。再用福尔马林和高锰酸钾混合后的喷雾消毒2~4h，然后将预贮过的马铃薯以板条箱或箩筐盛放后进库堆藏。板条箱大小以20kg/箱为好，箱不装满，一般到离箱口5cm处，这样既防止压迫造成的机械损伤，又有利于块茎的通风换气。

窖藏技术多应用于土质黏重的地区，如我国的陕西和西北。用来贮藏马铃薯的通常是窑窖或井窖，每窖可贮藏3000kg左右。窖内的温、湿度通过窖口通风调节，因此，窖内贮藏不宜太满，防止薯块呼吸强度大，难以降温。气温低时，为防止冷害，可用草帘覆盖防寒。

马铃薯沟藏时，贮藏沟一般要求深1.0~1.2m、宽1.0~1.5m，薯块堆积至距离地面0.2m处，上面覆土保温。以后随着气温的下降，可分期覆土，覆土的总厚度约为0.8m。

若使用冷冻保存，库温应维持在0~2℃，且薯块入库前都必须经过挑选和预冷。贮藏期间应每隔一段时间检查一次，发现变质者则及时拣出，防止感染。库内薯块堆放时，注意垛与垛之间或箱与箱之间应保留适当空隙，便于通风散热和检查分拣。

萝卜贮藏的质量标准为未失水糠心，并保持其脆性和甜度。在我国，萝卜的贮藏方式主要为沟藏和窖藏，近年来通风库贮藏与气调贮藏的应用越来越多。

萝卜的沟藏需选择在地势高、水位低、土质黏重、保水力较强的地方。用于沟藏的沟一般宽1.0~1.5m，深度应比冻土层稍深，以免肉质根受冻。我国冻土层由北向南逐渐变浅，因此沟深也渐浅。沟一般取东西走向，将挖出的土垫在沟南侧可起遮阳作用。萝卜仔沟内堆积厚度一般不超过0.5m，这是为了防止底层产品受热。入沟后应注意控制分次覆土时所覆盖土的时间和厚度。一般每次覆土厚度为0.7~1.0m并随气温下降添加，最后约与地面平行。

萝卜的窖藏一般在北方应用较为广泛，其优点是贮藏量大且管理方便。萝卜窖内散堆或堆垛时的堆高若过高，则会使堆内热量不能散发，引起中心温度高，萝卜易腐烂。因此一般控制堆高在1.2~1.5m。若采用湿沙与萝卜层积，则在萝卜经过预处理入库前，在窖底铺约10cm厚湿沙，然后一层萝卜一层湿沙，堆叠至2.0m高左右。每隔1.5~3.0m需放秸秆方便堆内通气。此种方法较萝卜的简单散堆效果好。无论采取何种方式，萝卜窖藏时均应注意通风保湿，并控制窖温在适宜范围内。

通风库贮藏与窖藏类似，需将萝卜散堆或堆垛堆高要求与窖藏相同。贮藏中应注意库内温度，为保温可用草帘覆盖，防止冻害。通风库贮藏时，通常湿度偏低，应做好加湿工作。

气调贮藏一般采用薄膜封闭或塑料袋贮藏的方式。使用薄膜封闭时，先将萝卜在库内堆叠成宽1.0~1.2m、高1.2~1.5m、长4.0~5.0m的垛形。初春萌芽时扣上薄膜帐。由于底层未覆薄膜，因此又被称为薄膜半封闭。贮藏期间可定期通风换气，挑选筛检染病个体。通过适当降氧，积累二氧化碳并保湿的形式，可将萝卜贮藏至翌年六七月份，且保鲜效果良好。用聚乙烯塑料袋贮藏，应先将挑选好的萝卜预冷后装入袋中，松扎袋口，留3~4cm口径。将袋装萝卜放入低温通风且无阳光直射的地方贮藏。贮藏温度一般控制在0~3℃，避免温度波动过大。贮藏期间要经常检查，并根据情况采取相应操作。如若袋内凝结水珠，应该稳定室温，并用干净干布擦去水珠；若酒精味浓烈则表明萝卜内部缺氧，需将口袋口径放大；若萝卜生长旺盛或干燥失水，则应注意检查是否漏袋，并要及时转移至低温地点，粘补破洞，扎紧袋口。塑料袋贮藏若管理得当，可贮藏萝卜3~4个月并保持口感甜脆。

洋葱贮藏一般可分为垛藏、冷藏及气调贮藏三种方式。垛藏洋葱在我国天津、北京、唐山等地应用时间长，这一贮藏方式的优点是贮藏期长，贮藏效果好。室外垛藏要求洋葱鳞茎充分成熟，且组织干燥，水分含量低。可先上小垛晾晒使葱头辫子充分干燥后再上大垛。大垛的地点一般选在地势高，排气良好的干燥场所。长方形大垛的垛高一般为1.5m、垛宽1.5~2.0m、垛长5.0~6.0m，每垛可贮藏洋葱500kg左右。将充分晾晒的洋葱葱头辫子朝外，辫梢朝内码放整齐。垛顶可铺稻草后泥封，垛四周用苇席围严并用绳子扎紧。这种处理方式可以防止阳光直晒和雨水渗漏。封垛后，若湿度过大，可根据天气情况倒垛一两次。倒垛时应在洋葱休眠期时进行。视气温变化，有时需加盖草帘，防止冻害。若是北方寒冷地区，在进入10月后，如有需要应转入库内贮藏。

冷库贮藏通过低温环境强迫洋葱在自然休眠期过后继续休眠以延长贮藏期。它是目前贮藏洋葱较好的方式。库内温度由洋葱入库时开始下降，每天下降0.5℃至库温降到-2℃为止。库内保持通风以降低热量。

气调贮藏的方式主要是对通风窖或荫棚下的洋葱堆垛使用塑料薄膜帐封闭。封帐后，由于呼吸作用，帐内二氧化碳含量增高，氧气含量降低，可达到缺氧保藏的目的。一般控制帐内气体成分为氧气3%~6%、二氧化碳8%~12%。

（二）叶菜类贮藏保鲜技术

叶菜类一般可分为以大白菜、结球甘蓝等为代表的结球叶菜及以菠菜、芹菜、韭菜等为代表的绿叶蔬菜。它可作为常见蔬菜，在我国各地均有栽培，是品种最多，消费量最大的一类蔬菜。但我国对于叶菜采收后的处理与保鲜体系仍处于滞后状态。作为果蔬，叶菜类耐贮性较差。这是因为叶菜中的可食用部位大多是光合作用的器官，其生理代谢活跃，表面积大，气孔分布多，采收后降解代谢旺盛。叶菜类蔬菜除结球甘蓝外，大多数极易失水、黄化、腐烂变质。贮藏运输中，蔬菜品质下降很快。因此，对于叶菜类保鲜贮藏技术的研究显得十分重要。

1. 叶菜类贮藏特性

在常温下，叶菜类蔬菜的呼吸作用旺盛。有研究显示，植物叶片的呼吸趋势与跃变型水果类似，存在呼吸高峰。呼吸高峰的出现则意味着植物进入衰老阶段。以小白菜（7~8片真叶）为例，采后室温条件下（25℃）呼吸速率变化呈峰型曲线，在采后第4天出现呼吸高峰，此时，植物叶片进入衰老阶段。为降低呼吸速率，叶菜类蔬菜在采收后需迅速降温，减少养分消耗，延缓衰老。

叶菜类蔬菜在贮藏过程中存在蒸腾作用。蒸腾作用使得采后叶菜水分与营养物质损失，对延长其保鲜期极为不利。蔬菜中含有大量的水分，它是保证和维持蔬菜品质的重要成分。含水量是衡量蔬菜新鲜程度的重要指标。一般鲜菜含水量为65%~90%，失水5%就会引起萎蔫和皱缩。因为叶菜具有表面积大、叶片细嫩、角质层薄的特点，在高温和干燥环境下，叶菜失水萎蔫及由此造成的品质与风味丧失表现尤为突出。采后的叶菜极易因蒸腾作用失水导致失重、萎蔫、表皮皱缩、失去脆性，使得产品品质降低，味道劣化。

尽管采后一些叶菜类蔬菜也会产生乙烯，但产生量一般较低。释放的少量内源乙烯在贮运环境中的聚集积累刺激植物的呼吸作用，从而破坏叶绿素，导致叶菜的黄化、叶片脱落、促进组织纤维化，从而影响产品品质，降低产品价值。

2. 叶菜类贮藏条件

叶菜贮藏时的环境温度会严重影响叶菜的贮藏质量。温度升高会导致叶菜采后呼吸作用加剧，这是促进植物衰老和缩短贮藏寿命的重要原因。温度每上升10℃，叶菜的衰败速率会加快2~3倍。这会加快叶菜植物的生理劣变，使其容易感染病菌产生腐烂现象。高温的贮藏环境下也会导致叶片蒸腾作用的加剧及内源乙烯产生量的增多。因此，叶菜植物的贮藏一般选择0~1℃的低温较为合适。

除贮藏温度外，相对湿度也是影响叶菜采后保藏质量的重要因素。贮藏时需注意贮藏环境保持适宜湿度或以包装袋包装，以维持其一定的高湿环境，减少蒸腾失水，保持较高鲜度。叶菜贮藏环境较适宜的相对湿度为95%~100%。

目前研究认为影响叶菜采后贮藏寿命的主要气体为氧气、二氧化碳和乙烯。氧气与二氧化碳通过影响叶菜的呼吸代谢来影响其贮藏寿命。一般在贮藏过程中二氧化碳浓度超过10%~15%，尤其是长期处于这种环境下就会引起二氧化碳伤害，缩短叶菜的贮藏寿命。对大多数叶菜而言，贮藏最适气体条件为氧气1%~3%、二氧化碳2%~5%。

另外，叶菜类在采收、分级、包装、运输和贮藏过程中应注意避免机械损伤。机械损伤可启动膜脂过氧化进程，提高衰老基因的表达，是导致叶菜衰老的主要诱导因素。以小白菜为例，机械损伤显著提高了小白菜贮藏过程中的呼吸速率，刺激了乙烯的释放，同时机械损伤破坏了正常细胞中酶与底物的空间分隔，扩大了与空气的接触面，为微生物的侵染创造了条件。

3. 叶菜类贮藏方式和技术

叶菜类蔬菜按照品种不同，贮藏适用的条件与方式也有所不同。这里仅以大白菜及芹菜为例说明叶菜类蔬菜常用贮藏技术及操作要点。

大白菜是我国北方供应量最多，供应时间最长的蔬菜。它以叶球作为可食用部分，是我国特产蔬菜之一。采收后的大白菜除少量用作加工腌制外，大部分通过贮藏平衡市场供应需求。尽管不同品种间的大白菜耐贮藏性有所差别，但各种品种大白菜的贮藏期都较长，一般可达到4~6个月之久。

大白菜含水量高，在贮藏时易失水萎蔫，因此除保证贮藏环境的湿润外，在贮藏前，还需对大白菜做适当贮前处理。将收获后的大白菜平铺晾晒是降低其水分含量的有效途径，一般需晾晒3~4d，其间翻动使水分均匀。晾晒后菜中水分可降低20%左右。此时大白菜菜帮干软失去脆性，不会由于断裂造成细菌侵入引起变质。适度晾晒不但可减少机械损伤，还有利于提高蔬菜中细胞液浓度，降低细胞新陈代谢作用，减缓消耗，除此之外，水分含量的降低还有利于大白菜冰点温度的降低，提高了耐贮藏性能。晾晒后，需摘除大白菜外叶叶片部分，防止外叶包裹，不利于散热，影响大白菜的呼吸作用。对于病害的植株应进行挑拣剔除。

大白菜的贮藏可分为堆藏、埋藏、窖藏、冷藏等多种方式。

大白菜的堆藏是在白菜采收后，经过晾晒、分级后在露地上按长排形堆叠，排与排之间留有距离，两排白菜垛菜根向里，菜叶向外，顶部合拢。天冷时可在菜垛顶部加盖一层菜封盖，四周与顶部可用草帘覆盖，起到防雨、防晒、稳定温度的作用。堆藏法只能运用于最低气温不低于-6℃的地区，它与其他方法相比，虽简单易行但贮藏期短，贮藏过程中白菜营养物质损耗大。

埋藏即沟藏，是一种在北方应用较广的简易贮藏方法。埋藏法所使用沟的深度依据当地冻土层厚度决定。入沟埋藏的大白菜顶部应与冻土层接近。埋藏时可在沟底铺稻草或菜叶，有利于维持温度不至于过低。埋藏法与外界环境温度关系密切，因此，在春天回暖时应将贮藏的白菜挖出，结束贮藏。与堆藏法相比，埋藏法虽贮藏时间较长，但由于贮藏过程中抽检不便，损耗较大。

窖藏法即是将大白菜入窖贮藏。在贮藏中可通过通风换气，调节窖内温度、湿度及气体环境等方式创造合适的贮藏环境。窖藏法虽有时需要使用外部设备调节贮藏环境，但贮藏期较堆藏或埋藏法损耗小，贮藏期长。尤其是架藏法。架藏法与垛贮不同，是将白菜摆放在分散的菜架上，每层菜架间留有空隙，便于通风换气。架藏不需多次翻菜抽检，与窖内垛藏相比，较为方便。

大白菜冷藏时适宜温度应控制在0℃，相对湿度维持在85%~95%。贮藏期间应注意观察温度，维持温度稳定，没有波动。环境湿度也需及时检查，如湿度过小，可通过喷洒水珠调节。冷藏时应注意通风换气，在防止冷气直吹产生冻害的同时也应注意防止换气时的温度升高。

芹菜的贮藏主要是防止贮藏过程中的糠化、萎蔫及腐烂等品质劣变。为避免贮藏过程中的品质降低，芹菜贮藏应选择适宜的温度，一般应控制在0℃，过高的温度会使芹菜对乙烯敏感，导致褐变失绿。相对湿度大的环境有利于防止芹菜的萎蔫，一般适宜湿度为95%~100%。芹菜的常用贮藏技术有冷藏法、气调贮藏法及假植贮藏法等多种形式。

冷藏法是利用冷库贮藏芹菜，库内温度控制在0℃，且库内保持通风，使芹菜呼吸产生热量易于散出，库内温度分布均匀。库内相对湿度应保持在98%~100%。堆放时芹菜可装于空箱内，箱子的堆叠不宜过高，防止呼吸作用散热不畅造成局部温度升高，不利于贮藏。在冷库中贮藏时，芹菜可在2~3个月内保持良好品质。

芹菜的气调贮藏一般采用聚乙烯塑料薄膜袋包装，控制袋内氧气含量不低于2%，二氧化碳含量不高于5%，防止低氧气、高二氧化碳环境造成的芹菜风味丧失。若使用气调库贮藏，则可调节适宜的气体环境为氧气2%~4%、二氧化碳3%~5%。

芹菜的假植贮藏需将芹菜假植于沟内，灌水淹没根部，使芹菜处在微弱生长状态，维持其正常生理代谢。沟内假植贮藏时需注意通风，芹菜入沟后要做好保暖工作，可使用草帘或秸秆覆盖沟顶棚，以维持假植沟内温度在0℃左右。若温度降低则可在其上覆土，并留出气孔。严寒季节可堵塞通风孔道以维持温度。

（三）果菜类贮藏保鲜技术

果菜类蔬菜是指以植物的果实或幼嫩种子作为可食用部分的蔬菜。按照采收时的成熟度不同可分为成熟果菜类与未成熟果菜类。成熟果菜类要求采收时达到理想的成熟度，其品种包含瓜类（甜瓜、西瓜、南瓜等）及茄果类（番茄、青椒、彩椒等）。未成熟果菜主要品种为豆类（菜豆、豌豆、蛇豆等）。除豆类蔬菜外，多数果菜类植物原产于热带和亚热带地区，不耐低温，一般不适宜做长时间贮藏，南瓜除外。

1. 果菜类贮藏特性

一般未成熟果菜在采收后的短时间内，其营养成分、水分含量、外观等性质均变化迅速，这与其采收时蔬菜组织幼嫩、含水量高、新陈代谢旺盛且表面保护组织不完备相关。这些性质导致未成熟果菜属于较难贮藏的蔬菜品种。因此，一般未成熟果菜不适宜长期贮藏。由于除甜玉米、豌豆等的大多数未成熟果菜对低温敏感，对这些果菜进行短期贮藏时，应特别注意贮藏环境中温度的控制，防止高温导致呼吸高峰提前，果蔬腐烂的同时也应防止温度过低产生冷害。对于未成熟果菜虽然有研究表明气调贮藏可帮助持色、延长贮藏寿命，但这种方法在商业上很少应用。

成熟果菜同样属于低温敏感蔬菜，贮藏时也需严格控制环境温度。除此之外，成熟果菜对于环境湿度要求并不严格，如番茄的适宜相对湿度为85%~

90%、南瓜为60%~70%。成熟果菜的呼吸速率和乙烯释放速率主要与品种相关。如贮藏时,西瓜对于乙烯的敏感度要高于南瓜和冬瓜。乙烯会使西瓜肉质粉质化,果肉果皮分离。

2. 果菜类贮藏条件

对于未成熟果菜,以菜豆为例,贮藏时应注意选择合适的温度、湿度及气体环境。菜豆在采收后具有明显的后熟作用,后熟期间呼吸速率高、代谢旺盛、营养消耗多。豆粒容易脱水老化,品质下降。一般常规条件下贮藏时,应控制贮藏温度在9℃。若温度在10℃以上,豆荚容易因为呼吸作用消耗内在养分,导致豆荚衰老失水,贮藏期限缩短;若贮藏温度在8℃以下,则容易发生冷害,表现为豆荚表面出现凹陷或水浸斑点,极易腐烂。由于菜豆采收后易脱水萎蔫,环境中相对湿度应控制在较高范围,一般为90%~95%。贮藏时还应注意环境中气体成分,由于旺盛呼吸作用所导致的二氧化碳积累是导致豆荚锈斑病的主要因素,其临界值为2%。因此,贮藏时应注意通风换气,控制环境中二氧化碳浓度在2%以下。

作为典型成熟果菜代表,番茄由于原产于南美洲热带地区,喜温暖,不耐低温。番茄果实的贮藏条件与其采收时的成熟度相关。一般番茄果实的成熟期依据果实颜色的变化可分为绿熟期、微熟期、半熟期、红熟期及完熟期。一般用于长期贮藏时应选择绿熟期的果实。此时果实已充分长大,但果肉坚硬,外部果面颜色青白。对这一成熟度的番茄果实来说,适宜贮藏温度为10~13℃,若温度低,则易发生冷害,影响贮藏品质。对于短期贮藏一般选择红熟期的果实。贮藏温度应控制在7~10℃,若果实完全红熟,则适宜贮藏温度为0~2℃。贮藏时的相对湿度应控制在85%~90%。适宜气体成分为氧气与二氧化碳都控制在2%~5%。绿熟期的番茄果实对于乙烯敏感,贮藏时可使用乙烯催熟。过了绿熟期后,番茄自身产生乙烯,外源乙烯作用不大。当番茄进入呼吸高峰或处于跃变后期时,即使在0℃的低温下,果实也难以长期贮藏。

3. 果菜类贮藏方式与技术

果菜类的贮藏方式与技术选用菜豆及番茄为代表进行说明。

对于菜豆来说,贮藏方式很多,其中应用最为广泛、效果良好的有冷藏、气调贮藏两种方式。菜豆冷藏时,冷库温度应控制在9℃±1℃,相对湿度控制在95%,同时注意库内及时通风换气,防止二氧化碳积累导致的病害。若使用气调贮藏,需先将菜豆10~15kg装入经过漂白粉消毒的铺有蒲席的筐中。筐外用0.1mm厚度的聚乙烯薄膜套封。封套上留出气口,并在袋口一端两侧装消石灰袋。贮藏开始前先用氮气将封套中氧气含量降到5%,在贮藏期间监测氧气及二氧化碳浓度,若氧气浓度低则打开通气孔放入空气;若二氧化碳浓度高,则解开消石灰袋,抖落消石灰以吸收多余二氧化碳。贮藏时将空气成分控制为氧气与二氧化碳均为2%~4%,温度维持在12~15℃,控制温度波动,使袋内不出现水气。

番茄贮藏主要分为常温贮藏、冷库贮藏及气调贮藏三种。常温下，番茄的贮藏通常利用地窖、地下室、通风库等阴凉场所以获得较低温度。存放时可采用筐藏或架藏两种方式。贮藏期间可通过通风换气来调节湿度和温度，并经常对果实进行观察分拣，挑出成熟果实、腐烂果实与病害果实。冷库贮藏时一般按照番茄果实采收时成熟阶段的不同选取不同的温度条件。绿熟果的适宜温度为 10~13℃，红熟果的贮藏温度为 7~10℃。库内相对湿度一般控制在 85%~90%。冷藏时要注意通风换气，排出番茄呼吸作用产物，以延长番茄贮藏期限。番茄若要长期保藏，则在冷藏的基础上应结合气调的贮藏方法。番茄果实适合低氧、低二氧化碳的气体条件。二氧化碳含量高于 4% 或氧气含量低于 1% 都会导致果实受到不同程度伤害，损坏食用品质。番茄的气调贮藏可采用小包装气调或帐藏两种方式。在用聚乙烯薄膜袋贮藏时，应控制番茄量在 5kg 以内，并用小袋包装，贮藏时，可在袋口插入竹管方便控制气体成分，并放在阴凉处。当使用帐藏时，应注意控制帐内湿度，防止湿度过高。气调一般采用自然气调或快速气调。使用自然气调时，多余二氧化碳可利用消石灰吸收，氧气不足时则通过帐口通风换气补充。快速气调则是通过在帐口设置管道与气调机相连。通过人工降氧控制氧气为 2%~5%、二氧化碳为 0~2%。

（四）食用菌类贮藏保鲜技术

食用菌是一切可以供给人们食用的大型真菌的统称，它能形成大型肉质（或胶质）子实体或菌核组织供食用。在我国，食用菌资源十分丰富，目前，我国的食用菌达 938 种，人工栽培的约 50 种。自古以来，食用菌因其鲜美的口感及丰富的营养，受到人们喜爱。以蘑菇为例，1kg 干蘑菇蛋白含量相当于 2kg 瘦肉、3kg 鸡蛋、12kg 牛乳所含蛋白质，享有"植物肉"的称谓。食用菌中氨基酸含量丰富，其含有的 18 种氨基酸中包含 8 种人类必需氨基酸。菇类还含有多种维生素和矿物质。因为食用菌的广受欢迎，近年来，我国食用菌的生产发展十分迅速，总产量已居世界首位。但新鲜菇类在销售或加工前，都需经过一段时间贮藏，如贮藏不妥善，菌类产品质量会受到严重影响，生产与经济效益也会有所降低。因此，解决食用菌类的贮藏保鲜显得越来越重要。

1. 食用菌类贮藏特性

采收后的食用菌一般含水量较高、组织饱满、质地柔嫩、各种代谢旺盛，导致菇体营养物质消耗迅速。同时，菇体表面微生物的繁殖，也易导致菌体的腐败变质。以蘑菇为例，采收后菌体在 1~2d 内就会出现变色变质、菌柄伸长、菌盖开伞的现象，食用品质和商品价值降低。因为食用菌的菌盖上无明显表面保护结构，并且采后旺盛的呼吸作用与剧烈的蒸腾作用，使得食用菌在生理上极易变质老化。同时，食用菌细嫩柔软的组织结构，使其易遭受病菌、害虫侵染和机械伤害，并由此引起腐烂变质。

2. 食用菌类贮藏条件

食用菌贮藏时,温度通常应控制在0~8℃,新鲜平菇、香菇等大多数食用菌以0~3℃为宜,较低温度可减弱菌体呼吸强度,抑制蒸腾强度,在不冻结的低温范围内,可减缓因各种代谢引起的营养物质消耗与蒸腾导致的水分丧失,从而保持食用菌新鲜度与良好品质。温度过低,会使菌类产生冷害或冻害。草菇采摘后4~5h,菌盖开伞比例达20%~30%,因此,草菇的加工应控制在采摘后3h内,因其5~10℃时易出水软化,其适宜贮藏温度为15~20℃。若要短期贮藏,可采用低温冻结、干制、盐渍等方式。

不同菇类对湿度要求稍有不同。鲜香菇一般要做收水处理,一般控制冷藏库空气相对湿度在75%左右,必要时可用除湿机进行降湿。但若湿度过低,鲜菇水分过度散失,会导致菇体枯萎和皱缩,从而降低保鲜效果。相对的,蘑菇的贮藏要求高湿度,若空气相对湿度低于90%,蘑菇易开伞和变褐,降低保鲜效果。

在贮藏过程中,库内气体成分变化对菌菇的贮藏品质也有所影响。鲜香菇在贮藏过程中,因呼吸作用会导致空气中二氧化碳含量过高,氧气浓度过低,从而导致鲜香菇品质劣化。而降低贮藏环境中氧浓度,提高二氧化碳浓度却有助于提高蘑菇的贮藏品质。当二氧化碳超过5%时,可几乎完全抑制菇柄和菇盖生长;氧低于1%时,对蘑菇开伞和呼吸作用有明显抑制作用。

3. 食用菌类贮藏方式和技术

(1) 低温贮藏 适宜的低温是食用菌类贮藏的最基本条件。不同食用菌的种类,适宜的贮藏温度也不同。对大多数新鲜食用菌,贮藏的温度一般为0~3℃并要求温度保持稳定。温度过高会促进食用菌生理活动的进行,加快菌类衰老变色并有利于病原菌活动,导致腐败加快;温度过低则容易引起冷害。大多数食用菌经冷藏后有20d以上的保鲜期,其贮藏效果与预冷及冷藏时间的早晚有密切关系。新鲜的食用菌在采收后应及时进行预冷处理,将温度降到规定范围并及时入库贮藏。大量食用菌贮藏时可使用冷库。

(2) 气调贮藏 新鲜食用菌贮藏时,环境中高浓度的二氧化碳可明显抑制其生长作用。若采用气调库,控制二氧化碳在25%时,贮藏效果好。若采用简易气调贮藏,可用塑料薄膜包裹贮藏,贮藏时控制贮藏温度在0~3℃,利用自发气调,使环境中氧气在1%,二氧化碳在10%以上。此种条件下可抑制菌类开伞和褐变,保持菌体颜色洁白,品质良好。

四、畜禽类产品保鲜技术

(一) 肉类保鲜技术

1. 肉类贮藏特性

肉类营养成分丰富,尤其蛋白质含量丰富,是人们膳食结构中蛋白质的重要来源。但由于其营养丰富,也是微

动画:肉类贮藏保鲜技术
(扫码学习)

生物生长繁殖的极好培养基。健康动物肌肉及血液中通常没有微生物，但动物体内上呼吸道、消化道或生殖器官中却经常存在各种微生物。这些微生物可能在屠宰、加工、贩卖过程中污染肉质。肉类主要生长的是嗜冷菌，当温度升高，表面湿度增大时，细菌繁殖迅速，导致肉类的腐败变质。腐败变质的肉不但食用品质严重劣变，还会因为微生物的代谢导致营养成分被破坏甚至引起肉类带毒。

表面发黏是微生物腐败变质的主要标志。肉表面微生物含量达到5000万个/cm^2时，表面即产生黏液。污染细菌数越多、温度越高、湿度越大，越容易发生发黏现象。若根据肉类颜色判断，则当肌肉颜色变暗淡，呈绿灰色、灰色甚至是黑色时，表明肉质已严重腐败。腐败肉类不能食用。

由于肉类的腐败变质与微生物及肉本身所含酶相关，因此，肉类贮藏时，为防止腐败应考虑抑制微生物繁殖的同时，抑制肉内所含酶的活性。可采取的措施一般分为两类，一类是杀灭或抑制微生物繁殖，另一类是通过对肉品进行处理以提高贮藏性。目前肉类贮藏方法主要有低温贮藏、脱水贮藏、辐射处理、化学处理等方式。

2. 肉类保鲜技术

低温贮藏是贮藏肉类最好的方式之一。这一方式通过低温抑制微生物生命活动与肉内组织酶的活性，从而达到延缓变质、较长时间完善保持肉类品质的目的。由于此方法简便易行且安全卫生，贮藏量大而得到广泛应用。

依据贮藏时温度范围不同，低温贮藏的方法可分为冷却法与冷冻法两种。肉的冷却贮藏通常是指将肉的温度降低到0~1℃，并在0℃左右贮藏的方法。此温度下，肉类未冻结，且嗜冷菌仍能生长繁殖，因此贮藏期不长。以猪肉为例，冷却条件下一般可贮藏7d左右。由于冷却肉的颜色、风味及营养价值均优于鲜肉与冻结肉，其产品广受欢迎，尤其在发达国家，消费的生肉基本都是冷却肉的形式。

肉类的冷却通常采用空气作为介质。温度测量以后腿最厚部位中心温度为准。库温在胴体入库前一般要求提前降温至-2℃左右，相对湿度控制在90%~95%。待肉温冷却至0℃时，保持冷却间温度为0~1℃。若为延长冷却肉的贮藏时间，一般可使用二氧化碳法。在0℃的温度下，通过调节空气中二氧化碳浓度为10%~20%，可延长冷却肉贮藏期1.5~2倍。但二氧化碳浓度不宜过高，若高于20%，则会导致肉类颜色变暗，影响肉类品质。除提高二氧化碳浓度外，还可使用紫外光照射的方式。此法要求相对应的温度为2~8℃，相对湿度为85%~95%，空气流速为2m/min。由于紫外光照射能消灭肉表面微生物，可延长贮藏期一倍。紫外光照射在延长贮藏期的同时还会造成一些不利影响，如肉色变暗，营养成分遭到破坏等。

为适应长期贮藏或长途运输，需对肉类做冻结处理。肉类冷冻的温度要求是肉温降到-18℃以下，此时肉中绝大部分水分会形成冰晶，从而抑制微生物活动并延缓肉内各种生化反应，防止肉品质下降。肉类冻结通常在-25～-23℃、相对湿度90%左右的条件下，在空气流速为1.5~2m/s的条件下进行冷冻。冷冻肉的最终温度以-18℃为宜。冷冻肉冻藏间的温度一般控制在-20～-18℃，冻藏温度不得高于-18℃，且应避免变动以减少冷冻肉在冻藏阶段的质量变化。冻藏间的相对湿度应控制在95%~98%，保持空气微弱自然循环的状态，如使用微风速冻机，应控制风速在0.25m/s。

由于微生物的繁殖需要利用肉中的自由水，因此，通过脱水的方式可降低肉中自由水的含量，从而抑制微生物的生长，使肉类能够长期保存。肉类的脱水方法一般可分为加热脱水与冷冻脱水两种。加热脱水时应防止脱水速度过快。若水分从肉表面脱除的速度大于水分从内部扩散至表面的速度则会引起肉质表面的硬结。组织肉中水分的进一步去除会影响脱水效果，一般可通过控制加热温度与空气循环速度解决这一问题。冷冻脱水是在一定条件下使冰直接升华为水蒸气。这种方法对肉中蛋白质质量影响极小，品质上更类似于鲜肉。

辐照贮藏是利用原子能射线的辐射能量杀灭寄生虫、致病菌、腐败菌等微生物，通过抑制肉品中生物活性物质达到保藏或保鲜的目的。辐照处理有杀菌彻底、无化学残留、节省能源且加工效益高的特点。但会导致肉色变淡，并会破坏肉中部分氨基酸与维生素。

肉类的化学保鲜一般是利用添加化学制剂，达到在常温下延缓肉品腐烂变质的目的。实际应用中一般使用防腐剂。使用的化学制剂需符合食品添加剂的要求，卫生安全、对人体无毒害。常见的防腐保鲜剂可分为化学防腐剂与天然保鲜剂两类。常用肉类化学防腐剂有乙酸、甲酸、柠檬酸、抗坏血酸、山梨酸及其钾盐、乳酸及其钠盐以及苯甲酸等。天然防腐剂有儿茶酚、香辛料提取物等。

（二）蛋的保鲜技术

1. 蛋的贮藏特性

蛋主要包括鸡蛋、鸭蛋、鹅蛋、鹌鹑蛋等禽蛋，是家庭必备的生鲜食品之一，具有较高的营养价值。禽蛋由于种类的不同，大小有所区别，但大致结构基本相同，都由蛋壳、蛋壳膜、气室、蛋白及蛋黄组成。由于蛋中富含蛋白质、脂肪等营养物质，且含水量高，常温下贮藏时容易被微生物感染。禽蛋的腐败变质主要是由于微生物的作用。附着在蛋壳表面的微生物会通过蛋壳表面气孔或裂缝进入蛋内。由于蛋壳膜的外壳膜一般结构粗糙，而内壳膜即蛋白膜结构致密，细菌不能轻易通过，进入蛋内的微生物一般被集结在禽蛋的外壳膜与内壳膜之间。集结的微生物能够通过分泌酶分解致密蛋白膜侵入内层。但由于蛋白中所含溶菌酶能抑制细菌繁殖，带壳的未破损禽蛋仍能保藏相当长的时间。但当禽蛋保存时间过长时，蛋白变稀，蛋黄会上浮，与蛋壳膜上细菌接触。由于蛋黄并不具有抗菌性，这一现象会导致禽蛋的迅速腐败。为了防止微生物的繁殖与侵入，蛋类的贮藏需要注意保持蛋壳及壳外膜的完整性。且应注意对蛋壳及蛋的贮藏环境进行消毒，减少微生物来源。为防止微生物的侵入，常见的处理方式有将具有抑菌作用的涂料涂在禽蛋表面或将禽蛋浸入具有杀菌作用的溶液中。低温贮藏也可抑制微生物的繁殖，但需要注意的是禽蛋贮藏所使用的低温不能低于冰点以下，否则禽蛋会由于冻结而膨胀破裂，影响贮藏品质。

除微生物感染外，禽蛋贮藏过程中也可能发生一系列物理化学及生理学变化。禽蛋的物理化学变化主要表现在贮藏过程中禽蛋质量与密度的降低及气室的增大。这是由于贮藏过程中，蛋内的水分与二氧化碳不断经由蛋壳上的气孔蒸发逸散所导致的。蛋壳越薄，水分蒸发越多，蛋质量下降越大。禽蛋的生理学变化指的是在较高温度时，胚胎的生理学变化。在25℃以上时，受精的蛋内胚胎周围产生网状血丝，称为胚胎发育蛋。而未受精的蛋内胚胎会有膨大现象，一般称为热伤蛋。胚胎的发育容易导致禽蛋的腐败变质，品质下降。为预防禽蛋的生理学变化经常采用的方法是低温保藏。

2. 蛋的保鲜技术

禽蛋保鲜贮藏主要是根据鲜蛋本身结构及理化性质，采用各种方法，防止微生物侵入蛋内，抑制微生物的生长繁殖，减少蛋内水分蒸发及二氧化碳逸散，延缓营养成分的分解，在较长的贮藏期内维持禽蛋良好品质。禽蛋的贮藏方式很多，主要方式有冷藏法、气调贮藏法、涂膜法等。

冷藏法是利用低温对鲜蛋进行冷却贮藏，是禽蛋贮藏常用的基本贮藏方式，适用于大量鲜蛋的较长时间贮藏。在入库之前，库房需要预先进行清扫与消毒，一般使用漂白粉或石灰消灭库内微生物。库内垫板等要清洗、消毒、晒干后再入库。入库的鲜蛋应严格挑选分级，剔除霉蛋、破壳蛋、污壳蛋、散黄蛋等质量不合格的禽蛋。生产季节不同的禽蛋由于质量及贮藏性的差别应分开贮藏以延长贮藏期。冷藏前，禽蛋需预先进行冷却操作，防止骤冷下造成的蛋内内容物收缩，压力降低，使空气中微生物易于侵入，造成变质。适宜的预冷温度一般在0~1℃，相对湿度为75%~80%。预冷还能够防止禽蛋温度造成的库温上升、水汽凝结，从而为霉菌生长创造良好环境。预冷一般经过24~48h，使禽蛋温度逐渐下降到适宜温度后再入库保存。在贮藏期间，冷库内应做好管理工作。一般控制库内温度为-2~1℃，最低温度不能低于-3.5℃，防止禽蛋由于冻结造成破裂。相对湿度控制在80%~85%，贮藏期间应控制室内温度稳定，湿度在合适范围内，不过高也不过低。在冷库中贮藏期间应每隔15~30d对鲜蛋进行翻箱检查，抽查量一般为贮藏量的0.5%~1%。如抽查到较坏品质的鲜蛋则可适当增加抽查量。冷库贮藏的鲜蛋在出库前需要进行回温处理。若直接出库，温差过大会使蛋壳表面水蒸气凝结，易于微生物生长，造成腐败。

禽蛋的气调贮藏一般是通过降低环境中氧气浓度，提高二氧化碳浓度，延长禽蛋贮藏期。此种方法适用于大量贮藏，且贮藏效果较好。环境中的高二氧化碳浓度可抑制需氧微生物的生长及蛋内二氧化碳的逸散。高浓度的二氧化碳渗入蛋内还会造成蛋内 pH 下降，使蛋白变稠，提高蛋白抗菌能力。高浓度二氧化碳还可抑制禽蛋生理变化，延缓内容物分解导致的鲜蛋衰变。气调贮藏还可通过充氮气贮藏的方式降低环境中氧气含量，从而抑制微生物的繁殖，以增加蛋的贮存稳定性。

涂膜贮藏也是一种鲜蛋贮藏的常用方式，一般可分为涂刷、浸渍及喷雾三种方法。涂刷法是将涂膜材料均匀刷于蛋壳表面，干燥后在表面成膜，闭塞蛋壳上的气孔，从而防止微生物的侵入，减少蛋内水分或二氧化碳的逸散。浸渍是将鲜蛋浸入涂膜材料的溶液中，浸泡数秒取出后干燥使其表面成膜。喷雾法是利用涂膜机或喷雾器将涂料均匀喷于蛋壳表面。此种方式涂膜对蛋壳造成破损最小，功效最高。涂膜常用的材料一般有水玻璃（硅酸钠的透明浆状水溶液）、液体石蜡及复合涂料等。涂膜贮藏需在鲜蛋收获后尽早进行。

（三）乳的保鲜技术

1. 乳的贮藏特性

乳及乳制品具有较高的营养价值，除含有完全蛋白质外，还含有丰富的矿物质与维生素，易于被人体消化吸收。但乳类中由于多种营养成分的存在，可被不同微生物利用，导致乳品的腐败变质。新鲜的液态乳一般不适宜长时间的贮藏。目前，人们食用最多的液态乳为牛乳。牛乳中微生物污染来源很多，除生产过程中牛自身因素外，还有环境、容器等的污染。被污染的牛乳会在不同微生物作用下产生多种变化，其腐败变质的模式也有所不同，基本上主要类型为以下几种：第一种是因乳糖的分解而产生酸，如由乳酸球菌引起的乳酸积累，牛乳的新鲜程度可通过以乳酸为主的有机酸的积累程度来判定；第二种是由于微生物作用分解蛋白质产生呈苦味的多肽与腐败味的胺类，胺类的积累导致牛乳的腐败变质；第三种是由于脂肪分解所产生的酪酸的积累；第四种是由于酵母生长所引起的发泡型。另外，还有黏稠型、水果臭型、鱼腥臭型等其他类型的腐败变质。

鲜乳的腐败变质主要是由于微生物作用所导致的。因此鲜乳的保鲜应注意在减少微生物污染的同时抑制鲜乳中微生物的生长繁殖。

2. 鲜乳的保鲜技术

牛乳保鲜一般使用低温贮藏。第一步是要确保牛乳采集过程中的质量，减少采集源的污染。一般可通过以下方法控制生鲜牛乳的质量。首先，牧场中的挤乳条件应符合卫生要求，保证牛体清洁，牛舍干净通风，采集人员身体健康，采乳工具经过消毒杀菌。其次，挤乳时应注意将病牛牛乳与健康牛的牛乳做好区分，用过抗生素的牛乳与其他乳分开贮藏。

采集后的牛乳应迅速降温至4℃以下，在此温度下进行短暂保存，等待运输至乳品厂。一般来说，运输过程中的温度升高不可避免，但应控制在10℃以下。一般在8~10℃的情况下牛乳贮藏时间为6~12h，6~8℃情况下贮存时间为12~18h，4~5℃情况下可达24~36h。若冷却工作不到位，牛乳中微生物的繁殖得不到抑制，牛乳品质将迅速下降。牛乳贮藏时的设备应选择不锈钢，且需具有良好的隔热性能，以防止牛乳温度的回升。贮藏时应尽量减少贮藏罐中的剩余空间以减少氧气。贮藏期间还需不时进行搅拌，防止脂肪分离，搅拌时应尽量避免空气混入乳液中。冷却设备短缺的小型农场可通过使用乳保鲜剂或除此方式外的其他杀菌方式抑制微生物以延长牛乳贮藏期。

五、水产品保鲜技术

可食用的水产品若按来源分类可分为动物性水产品、植物性水产品及藻类产品等。其中以动物性产品居多。动物性水产品中一般含有丰富的蛋白质、不饱和脂肪酸以及维生素、矿物质等营养成分，使其容易因为微生物的生长繁殖而腐败变质。因此，动物性水产品的贮藏难度较大。本教材中主要讨论动物性水产品的贮藏技术。

（一）水产品贮藏特性

鱼类贮藏主要受微生物及自体酶的影响，极易腐烂变质，难以保存。这是由鱼类产品的捕获性质以及其生理结构所决定的。因为渔业生产具有季节性，鱼的打捞季节相对集中，捕获后，除大型鱼类，如金枪鱼等能立即剖肚处理，其他鱼类大多带着腐败内脏及鱼鳃一起进行运输与销售。由于鱼本身外皮薄、鳞片容易脱落，在捕捞时极易受到机械损伤。水中细菌从伤口侵入鱼体。由于鱼肉营养丰富、含水量高，适宜细菌生长。活体鱼消化道中所带的腐败菌在鱼死后在肠内大量繁殖，且能穿过肠壁进入各器官组织。鱼中所含蛋白质在其自身酶的作用下被细菌分解导致鱼类胀腹。若细菌侵入大血管引起溶血现象，则会发生肉骨分离。鱼肉腐败会产生氨、硫化氢等臭味气体。腐败的鱼肉因为可能会引起鱼肉中毒的现象而不能食用。鱼产品在死后一般经过死后僵直、自溶及腐烂变质三个阶段。鱼体死亡后不久，鱼肉即因为死后强僵直而柔软紧密，富有弹性的口感逐渐变得硬化。处于僵直状态被认为是新鲜鱼肉的证明。鱼进入僵直期的快慢以及持续时间的长短与鱼的种类，捕获环境及死亡方法相关。一般来说环境温度在30℃左右时，鱼经过僵直状态大概需1.5~2h。若在僵直状态结束前对鱼产品迅速进行冷冻冰藏，则可延长僵直期至几天或是更长时间。经过僵直期的鱼肉会发生自溶现象，此时肉中蛋白质被自体酶分解，鱼肉质开始软化，腐败菌此时容易侵入。且由于鱼肉中本来含有的水分丰富，给腐败菌生长提供了良好的条件。如鱼肉在常温下放置2~3d，会导致鱼肉腐烂而不能食用。

（二）水产品保鲜技术

新鲜鱼肉保鲜的关键是抑制腐败菌与酶活力，延缓鱼肉腐败变质，以保持产品的新鲜与良好品质。常用的保鲜方式主要有低温贮藏、气调贮藏、化学贮藏和辐射杀菌贮藏等。

鱼肉低温保鲜依据冷却介质的不同可分为冰藏与冷海水保鲜两种。冰藏是用冰作为冷却介质，通常可利用的冰有淡水冰和海水冰两种。淡水冰的熔点为0℃，海水冰由于成分复杂，无固定熔点，通常认为温度在-2℃左右。由于冰的冷却能量大，可与鱼体直接接触，且价格便宜，携带方便，是目前渔船作业利用最为广泛的方法之一。使用冰藏的鱼类应该是处于死后硬僵直期或之前的新鲜产品，处理时要保证环境处于低温干净的状态。放置冰层时一般依照一层冰一层鱼的方式。最上层鱼肉上覆盖的冰层应较厚以隔绝热量。大型鱼如金枪鱼等应在捕获后去除内脏与鱼鳃，并填充冰块。如果新鲜鱼产品能在捕获后迅速降温至0℃，则一般能在7~10d内保持新鲜品质。当使用冷海水为冷却介质时，通常将鱼体浸没在-1~0℃海水中。冷却海水可用碎冰与常温海水混合或使用机械制冷获得。当使用碎冰时通常还需加入相当于冰量3.5%的盐，防止淡水冰引起海水盐度下降。若需要较长时间保藏鱼肉产品，可使用低温贮藏方式中的冻结保藏。其关键是将鱼体温度降低到-15℃以下，并在-18℃进行贮藏和流通。由于在此条件下，鱼体中的大部分水分均已冻结成冰，造成了鱼肉中水分活性的降低，细菌由于不利的渗透环境而生命活动变缓。且在-18℃的低温下，鱼体本身酶活力也有所抑制。油脂氧化等非酶反应也随温度降低而速率缓慢。因此，在此温度条件下可做鱼肉的长期保藏。贮藏期限由于鱼类品种的不同而有所差异。脂肪含量多的鱼类可贮藏6~9个月，脂肪含量少的鱼类贮藏时间略长，为9~12个月。

若使用气调保鲜，则需要调节鱼类贮藏环境中的气体条件以减弱产品呼吸强度，抑制腐败菌的生长繁殖。在鱼产品保鲜中，通常是通过使用复合软包装保鲜，在软包装中充入二氧化碳、氮气或其他惰性气体来降低贮藏环境中氧气，增加二氧化碳浓度。这种保鲜方式能防止脂类氧化，抑制微生物活性，延长贮藏时间。若采用气调包装与低温贮藏相结合的贮藏方式则能够更加有效的延长鱼肉贮藏期。

化学保鲜贮藏是通过添加化学保鲜剂来抑制细菌活性，提高鱼类的耐贮藏性。常用的化学添加剂可分为防腐剂、杀菌剂及抗氧化剂三类。防腐剂的通常作用是阻碍微生物的生命活动，减缓微生物的生长繁殖速度。常用的防腐剂有山梨酸钾、苯甲酸钠、硝酸盐等。添加剂的使用应严格按照国家标准的规定，将用量控制在安全允许范围之内。若使用天然防腐剂如有机酸、甲壳素、壳聚糖等，对延长鱼类贮藏期也有一定的作用。与防腐剂不同，杀菌剂是通过杀灭微生物的方式延长产品保藏期限。常见的杀菌剂有漂白粉、过氧乙酸等，通常较少直接应用于产品中，多用于消毒与产品贮藏相关的容器、工具等。抗氧化剂是通过阻止或延缓氧化来提高产品耐藏性，鱼类产品中通常是用作抑制不饱和脂肪酸的氧化酸败。常用的抗氧化剂可分为脂溶性与水溶性两种。常用的脂溶性抗氧化剂有维生素E、没食子酸丙酯等。常见的水溶性抗氧化剂有L-抗坏血酸及其钠盐。

辐射杀菌是一种新的保藏技术，发展较快。它是利用辐射处理产品，通过射线（传递能量）和电荷引起食品及食品中微生物等的损伤和所含酶的钝化。食品及食品中的微生物在射线的影响下代谢生长异常，最终导致生物体死亡。由于一般水产品是无生命的，因此受辐射影响小，营养素变化不大，能够达到保藏的目的。一般水产品的辐射杀菌根据剂量不同可分为三类，包括辐射完全杀菌、辐射针对性杀菌及辐射选择性杀菌。辐射完全杀菌使用辐射剂量在 10~50kGy，可以达到商业无菌；辐射针对性杀菌可使杂菌量达标，可完全杀死致病菌，一般辐射剂量在 5~10kGy；辐射选择型杀菌使用辐射剂量最小，一般小于 5kGy，这一杀菌方式可杀死腐败性微生物从而延长产品保藏期限。

（三）水产品保活技术

水产品保活技术的目的是使鲜活水产品在储运前后及运输过程中不死亡或少死亡。活体贮运过程中需要考虑水产品的不同生理特征及对环境的要求，以创造或维持针对不同生物种类、不同品种、不同个体而言的适宜的生存环境，通过一系列的物理、化学措施降低鲜活水产品的代谢活动，以延长水产品的存活时间，从而保持产品鲜度，提高产品价值及经济效益。在保活过程当中，需要注意温度、水质、水产品状况、氧气供应、操作方法、代谢产物积累与排泄等重要因素的影响。常见的水产品保活运输方法主要有麻醉保活、充氧保活、冰温无水保活等。

1. 麻醉保活

麻醉保活是化学保活方式的一种，它的作用原理是根据水产品的生理特性，以使用麻醉剂的方式抑制水产品中枢神经敏感性，使其进入类似休眠的状态，在这一状态中，水产品在活动量减少的同时，对外界的刺激反应降低，失去反射功能，水产品的新陈代谢速度及呼吸强度都有所降低，有利于提高产品的存活率。麻醉保活一般可分为化学保活及物理保活两种形式。化学麻醉是通过添加化学麻醉剂使水产品进入麻醉状态。水产品的药物麻醉是一个渐变的过程，使用麻醉药物后，首先是水产品的脑皮质被抑制，使触觉丧失，然后药物会作用于基底神经节和小脑，最后作用于脊髓完成麻醉。化学麻醉过程中，麻醉剂的用量及作用时间都应根据产品的种类、个体大小、水温环境等进行严格控制。过大的麻醉剂使用量或者过长时间的麻醉剂接触会使得麻醉进入延髓麻期，这一阶段内麻醉深入髓质，水产品的呼吸及血管舒缩中枢麻痹，从而导致活体死亡。常见的化学麻醉剂除常见的丁香酚、MS-222（硫黄间氨基苯甲酸乙酯）外，还包括乙醚、95%的酒精、碳酸麻醉剂、盐酸普鲁卡因等。由于化学麻醉剂可能会在水产品中残留导致对人体有所危害，将其应用于食用水产品尚有争议，目前丁香酚和 MS-222 是普遍认可的最为可靠及有效的麻醉药物。

丁香酚在水产品中作为麻醉剂使用受到了日本、澳大利亚、新西兰等国家的认可，它作为一种从植物中提取的天然香料。丁香酚及它的代谢物能够快速从水产品血液及组织中排出，不会诱发机体变异或产生有害物质。对水产品无毒害作用。丁香酚的使用具有成本低、剂量低、致死率低等特点。对于人体而言，丁香酚虽然普遍认为安全性较高，但作为鱼类麻醉剂，其安全性仍然受到质疑，在美国国家毒理计划（NTP）发布的毒理学数据中，甲基丁香酚是潜在的致癌物质。

MS-222作为目前应用最为广泛的麻醉剂，其在水产品中的使用通过了美国食品与药品管理局（FDA）的认可。MS-222在活鱼中使用后主要沉积于脾脏及肝脏部位，极微量沉积于鱼类肌肉之中。有研究表明，将活鱼放入清水后，其在清水中活鱼肌肉内的代谢时间约为12h。根据FDA规定，MS-222在鱼类麻醉后需经过21d的药物消退期后方可在市面上销售，因此，其使用对鱼类本身及人体均无毒害作用。与丁香酚相比，MS-222的价格较为昂贵，使其在贮运过程中的使用受到了一定的限制。

除使用化学麻醉剂进行水产品麻醉外，还可使用物理麻醉法。物理麻醉是通过物理刺激抑制神经系统，使水产品进入麻醉状态，包括低温麻醉、电击麻醉及针灸麻醉等麻醉方式。物理麻醉相较于化学麻醉来说安全性较高。

2. 充氧保活

在贮运过程中向水中充入氧气，一般可延长水产品的存活时间。氧气充足确保水中溶氧量高于鲜活水产品的窒息点。因为鲜活水产品的耗氧量与产品装运时的密度成正比，在充氧充足的情况下，可在一定时间内实现水产品的高密度保活运输。较常使用的密闭式运输方式为塑料袋（塑料箱）充氧运输。这一运输方式适合较小体积的个体运输，如受精卵、鱼苗、鱼种等。在水产品的密封运输期间还应注意换水换气，防止水中氧气被鲜活水产品消耗，进而产生二氧化碳、氨氮等对水产品存货有危害的气体，从而导致水产品死亡率增高。

3. 无水保活

无水保活是通过将新鲜水产品置于无水环境中，从而其降低新陈代谢。通常无水保活与降温方式相结合，通过封闭控温使环境温度降低至水产品的生态冰温。不同水产品的生态冰温有所不同，如魁蚶的冰温区为-23~0℃，而菲律宾蛤仔的冰温区则为-1.7~1.5℃。在生态冰温范围内，鲜活水生物处于休眠或半休眠状态，从而延长水产生物存活时间，减少机械损伤。对于在冰温区人工冬眠的鱼类产品来说，若同时进行干燥处理，有利于抑制体表的微呼吸代谢，从而更加延长保活时间。当水产品处于休眠状态时，还应注意保持休眠环境内的合适湿度，并注意考虑氧气的供应。

【项目小结】

生鲜食品按照原料不同具有不同的贮藏特性。植物性食品可分为粮食、水果、蔬菜三大类。贮藏的主要目的是减少损耗，保持产品品质。为达到这一目的，需依据不同植物原料的物理化学及生理学特性，选择合适的贮藏方式，并做好贮藏时的管理工作。动物性食品可分为禽畜类和水产品两大类。贮藏时的主要目的是防止微生物污染造成产品的腐败变质，保持产品良好的食用品质。不同种类的禽畜产品及水产品具有不同的贮藏特性,选择的适宜的贮藏方法也有所不同。贮藏时应根据不同产品的保鲜原则选择合适的贮藏方式,以获得较长的贮藏期和较好的贮藏品质。

复习思考题

一、名词解释

1. 呼吸作用
2. 蒸腾作用
3. 果实后熟
4. 肉类僵直

二、选择题

1. 属于呼吸跃变型果实的有（　　）。

   A. 梨　　　　　　B. 葡萄　　　　　C. 柑橘　　　　　D. 樱桃

2. 苹果品种的贮藏性排序为（　　）。

   A. 早熟>中熟>晚熟　　　　　B. 晚熟>中熟>早熟

   C. 中熟>早熟>晚熟　　　　　D. 以上都不对

3. 储粮管理的控制要点有（　　）。

   A. 通风　　　　　　　　　　B. 防虫

   C. 防霉　　　　　　　　　　D. 以上都包括

三、填空题

1. 呼吸作用对果蔬贮藏的积极作用有_____、_____、_____,消极作用有_____、_____。

2. 控制果蔬蒸腾作用的措施有_____、_____、_____、_____。

3. 果蔬的休眠是指_____,对果蔬贮藏是_____的;果蔬的采后生长是指_____,对果蔬贮藏是_____的。

4. 鱼死后经过_____、_____、_____三个阶段,其中_____期的鱼肉新鲜度最高,食用品质最好。

四、问答题

1. 简述常见粮食的贮藏特性及主要贮藏方式、技术要点。
2. 简述常见果类贮藏特性及主要贮藏方式、技术要点。
3. 简述常见蔬菜贮藏特性及主要贮藏方式、技术要点。
4. 简述常见禽畜产品贮藏特性及主要贮藏方式、技术要点。
5. 简述常见水产品贮藏特性及主要贮藏方式、技术要点。

项目四　加工食品贮藏保鲜技术

【知识目标】

1. 了解常见加工食品的贮藏特性。
2. 掌握常见加工食品的贮藏方法。

【技能目标】

1. 能对常见加工食品进行贮藏保鲜。
2. 能分析和解决常见加工食品在贮藏中出现的质量问题。

【必备知识】

1. 大米、面粉、油脂等粮油初加工品的贮藏特性和保鲜技术。
2. 鲜切果蔬、干制品、盐制品、罐藏制品、速冻制品、烘烤制品、调味品及嗜好品的贮藏特性和保鲜技术。

一、粮油初加工品贮藏保鲜技术

（一）大米贮藏保鲜技术

1. 大米的贮藏特性

稻谷去壳得到糙米，糙米再碾去果皮与胚成为大米。大米由于没有谷壳保护，胚乳直接暴露于空间，易受外界因素的影响。因此，大米的贮藏稳定性差，远比稻谷难贮藏。

（1）易吸湿返潮　引起发热大米由于亲水胶体（淀粉、蛋白质）直接与空气接触，容易吸湿，在温湿度相同的条件下，大米的平衡水分均比稻谷高。同时，大米中的糠粉不仅吸湿力强，而且附带大量微生物，如岛青霉和黄曲霉，容易引起发热、生霉、变质、变味。

（2）易爆腰　大米不规则的龟裂称为爆腰。大米爆腰的原因，是由于米粒在急速干燥的情况下，米粒外层干燥快，米粒内部的水分向外转移慢，内外层干燥速率不一，体积收缩程度不同，外层收缩大，内层收缩小所造成。另外，米粒在急速吸湿的情况下，也会造成爆腰。爆腰的大米在蒸煮时，由于碎米多，黏稠成糊状体，影响食用品质。

（3）易陈化　随着贮藏时间的延长，大米逐渐陈化。陈化到一定程度，就会出现陈米气味，同时食味劣变，除失去大米原有的香味外，还表现为大米的光泽变暗，米饭黏度降低，硬度增加。

（4）易"发灰"　大米在贮藏期间，如外界环境湿度大或者大米原来水分含量高，便会出现"发灰"现象。即米粒失去原有光泽，米粒表面呈现灰粉状碎屑和白道沟纹，这是大米开始变质的先兆。

（5）易感染虫害　危害大米的主要害虫有米象、玉米象、赤拟谷盗、米扁虫、长角扁谷盗等。

2. 大米的保鲜技术

为缓解和抑制大米贮藏过程中老化、霉变、虫害的发生，许多学者也尝试采用不同的方法对大米进行处理，以延长其贮藏期。目前采用的大米保鲜技术如下。

（1）仓贮保鲜　仓贮保鲜是国内外普遍使用的大米保鲜方法，可采用多种方法进行大米仓储保鲜，如常温贮藏、低温贮藏、气调贮藏（包括自然缺氧、充二氧化碳、充氮等方法）、化学贮藏、机械制冷贮藏、塑料薄膜密闭贮藏（塑料薄膜密闭米堆，可防止吸湿和虫害）等。

据报道，日本研制了一种有效贮藏散装大米的设备，该设备是由冷却装置、通风管道、温度自控装置等构成。大米采用散装方式贮藏入仓后，冷却装置启动产生冷气，并通过散布在大米中的通风管道向大米中喷施冷气，使仓内大米全部冷却。当仓内温度降至15℃、相对湿度为75%时，冷却装置会自动关闭。此后，该装置会随时启动和关闭，使仓库内的温度和湿度长期保持在一定的水平，因而大幅度延长了大米的贮藏时间。国内相关的研究有湖南大学研制的DDQ-1型叠氮气体发生装置；湖北省研制出了一种仓贮粮食微波杀虫装置，该装置通过杀死害虫而达到保鲜的效果，无毒副作用，不残余有害物质，适用于已经入仓的粮食；河北省某微生物研究所研制的微波粮食杀虫灭菌机，首次将微电子、微波紫外线等高新技术用于粮食仓贮保管领域。上述大米贮藏保鲜的几种方法，可以互相配合，灵活应用，效果会更佳。

对一些水分偏高的大米，夏季采取缺氧保管和充氮（或二氧化碳）延长保管期，或以化学方法贮藏保证过夏。采用低温贮藏是大米保鲜的有效途径。霉菌在20℃以下大为减少，10℃以下可完全抑制害虫繁殖，霉菌停止活动，大米呼吸酶的活力性均极微弱，可以保持大米的新鲜程度。我国冬米贮藏即为自然低温贮藏的很好方式，将低水分大米，在冬季加工，利用当时寒冷条件，降低粮温后再入库贮藏，采取相应的防潮隔热措施。使粮食较长期处于低温状态，相对延长粮温回升时间，是大米保鲜安全度夏的一种有效方法。广州市粮食科学研究所提出的磷化氢结合缺氧保鲜大米技术吸收了磷化氢熏蒸和自然脱氧两种大米保鲜法的优点，效果良好。

(2) 生物制剂保鲜技术　大米生物制剂保鲜是近几年才兴起的大米保鲜方法。生物保鲜剂安全无毒、无副作用，对大米防潮、防菌、防变质具有很好的效果，可使大米保鲜6个月以上。例如，美国研究人员研制出了的一种大米保鲜剂，其主要成分是丙酸、氢氧化钠、氢氧化铵等，该保鲜剂使用了多种潮解物，有效抑制水分移动，将粮食及农产品作物的水分有效控制并保持在最合理的范围，并使营养成分得以充分保留，同时抑制有效成分丙酸不挥发，达到保鲜效果。

(3) 辐照保鲜　辐照保鲜加工是一种无污染、无残留的物理加工过程，常温条件下即可进行。辐照造成昆虫、微生物死亡或不育的原因在于电离辐射能够引起昆虫或微生物体内蛋白质及核酸在分子水平上发生变化，破坏了其新陈代谢，抑制RNA和DNA的代谢，最终导致其生理代谢、发育速度、活动能力和繁殖能力下降。辐照技术在控制大米中的有害微生物和害虫、延长大米贮藏期方面有较好的效果。但需要注意的一定剂量的辐照可以部分或完全杀灭大米中的有害微生物和害虫，高剂量的辐照反而对大米品质产生较大的负面影响，如严重褐变、脂质氧化、淀粉结晶、风味劣变等，因此利用辐照技术保鲜大米应严格控制剂量。

(4) 隔氧保鲜　缺氧贮藏包括自然缺氧、充CO_2、充N_2、真空等缺氧贮藏措施。这种隔氧保鲜技术能降低呼吸强度，抑制微生物繁殖，并杀死全部害虫，保鲜效果特别好，因其技术含量高、费用高、外环境（辅助设施）不够成熟，因而尚没有大量推广。目前，随着小包装技术的发展，缺氧贮藏技术再一次走上市场。

(5) 臭氧杀菌保鲜　臭氧的氧化能力比氧大50倍，能杀灭细菌、病毒菌、寄生虫等。杀菌后，臭氧能全部挥发，不残留在水中，无再次污染问题。但臭氧处理对大米脂肪酸败有一定影响。

(6) 涂膜保鲜　涂膜保鲜是一种较为新型的保鲜方式，目前主要用于生鲜食品的保鲜。可食膜可以抑制食品水分流失、脂质氧化和褐变的发生，改善食品外观，保持产品风味，作为抗氧化剂和抑菌剂的载体。例如，应用乳化型大米被膜剂作为载体与保护剂，对大米进行赖氨酸、维生素B_1、维生素B_2、Ca的强化及着色、增香加工。有效涂膜对延缓大米陈化、维持大米的黏弹性有一定的作用；可实现对大米的营养强化、着色和增香。目前大米涂膜的主要目的在于营养强化，选择合适的涂膜剂实现大米的保鲜仍需更多的基础研究。

（二）面粉贮藏保鲜技术

1. 面粉的贮藏特性

(1) 吸湿性强　面粉的水分比小麦高，夏季加工的面粉水分比冬季加工的高，贮藏时的实际水分为13%～14%，因面粉属微粒结构，其活化面积大，吸湿速度比小麦快，故在高湿条件下，面粉易于返潮。面粉发热生霉，主要是由面粉水分高或面粉吸湿返潮导致面粉微粒的呼吸作用及微生物的呼吸作用增强而引起的。

（2）易成团结块　面粉堆垛贮藏一段时间，下层因受中、上层压力的影响而被压成团。受压缩成团块的面粉，并无菌丝粘连，出仓时经搓揉弄松后，即可恢复正常，对品质无大影响。但如果伴有发热霉变而结块时，则不易恢复松散，品质也显著降低。

（3）"熟化"与变白　面粉出机入库后，贮藏10~30d，品质有所改善，筋力增强，发酵性好，制成面包体积大而松，面条粗细均匀，食味松软可口，这种面筋改善的作用，称为面粉的"熟化"。另外，面粉经贮藏一定时间，其颜色由初出机时稍带淡黄色而逐渐褪色变白，这是由于面粉中脂溶性色素氧化的结果。面粉的营养性能没有改善，相反还有所降低。

（4）发酸变苦　脂肪酸的变化是面粉品质劣变的主要指标。即使正常水分含量的面粉，由于脂肪的水解，脂肪酸有规律的增加，酸值增高；水分含量较高的面粉，由于微生物的不良影响，使水溶性有机酸积累，加上脂肪分解而使酸值增加更快。发过芽或发过热的小麦制成面粉，其酸败过程比正常面粉快。

2. 面粉的保鲜技术

面粉贮藏的主要技术措施是抓好密闭防潮，合理堆放和严防害虫。面粉安全贮藏水分要求控制在13%以内。

（1）常规贮藏　面粉是直接食用的粮食，存放面粉的仓库必须清洁干燥、无虫。最好选择能保持低温的仓库。一般采用实垛或通风垛贮藏，可根据面粉水分大小，采取不同的贮藏方法，水分在13%以下，可用实垛贮藏，水分在13%~15%的采用通风垛贮存。码垛时均应保持面袋内面粉松软，袋口朝内，避免浮面吸湿，生霉和害虫潜伏，实垛堆高12~20包，尽量排列紧密减少垛间空隙，限制气体交换和吸湿，高水分面粉及新出机的面粉均宜码成"井字形"或"半井字形"的通风垛，每月应搬捣、搓揉面袋，防止发热、结块。在夜间相对湿度较小时进行通风。水分小的面粉在入春后采取密闭保持低温能延长贮藏期。

面粉的贮藏期限取决于水分、温度，水分为13%~14%，温度在25℃以下，通常可贮藏3~5个月，水分再高，贮藏到次年四月份，冬季加工的可贮藏到五月，夏季加工的新麦粉，一般只能贮藏1个月。

（2）密闭贮藏　根据面粉吸湿性与导热性不良的特性，可采用低温入库，密闭保管的办法，以延长面粉的安全贮藏期。一般是将水分13%左右的面粉，利用自然低温，在3月份上旬以前入仓密闭。密闭方法可根据不同情况，采用仓库密闭，也可采用塑料薄膜密闭，既可解决防潮、防霉，又能防止空气进入面粉引起氧化变质，同时也减少害虫感染的机会。

面粉在贮藏过程中，必须加强检查。新出机面粉，必须勤加检查，经15~

20d，待粮温变化正常后，再按一般情况检查。酸度是面粉新鲜度的灵敏标志，酸度超过6表明新鲜度已差，超过8则有酸苦味。所以每月至少检查一次。关于面粉虫害的防治，最好是做好预防工作，防止面粉生虫，因一旦生虫，过筛不能彻底，虫卵和螨类不易清除，熏蒸杀虫效果虽好，但虫尸遗留粉内，影响品质。因此，必须强调仓库的清洁和加工厂的防虫工作。如已生虫，可采用过筛回车，或应用磷化氢熏杀，熏后7d即可出库供应。

（三）油脂贮藏技术

1. 油脂的贮藏特性

（1）气味劣变　油脂在短期内因氧化分解产生的气味称为"回臭"；当氧化到相当深度，至较多氧化产物分解成低分子的醛、酮、酸等挥发性的物质时，会具有刺激性气味称为"哈喇味"。

（2）回色　色泽是判断油脂品质和油脂精炼程度的重要指标之一。精制油经脱酸、脱胶、脱色和脱臭后，色泽较浅，在贮藏过程中，又逐渐着色，这种现象称为"回色"。毛油中色素有两个来源，即天然的和外来的，天然色素包括类胡萝卜素和叶绿素；外来色素是因原料贮运、加工不善，蛋白质、糖类的分解产物重新结合而产生的色素，或油脂及其他类脂物（如磷脂）氧化产生的新色素，外来色素一般难以除去，贮藏、加工过程中要防止其产生。

（3）酸败　油脂中存有油脂原料的残渣极易被微生物污染，残渣和微生物中所含的酶可使酸败增加；水分能加速油脂的腐败，因为水可作为微生物繁殖的媒介，又可促进酶的活动；阳光、空气、高温和重金属离子，如铁、铜、锰等均能加速油脂的腐败过程。

2. 油脂的贮藏技术

（1）常规贮藏　常规贮藏是当前基层油库普遍采用的、十分重要的贮藏油脂的方法。这种方法是在常温常压下贮藏油脂时，人为地控制日光、空气、水分、杂质以及大气温湿度对油脂的影响，建立并坚持执行有效的、可行的管理制度，加强油脂质量检查并进行必要的处理，防止油脂可能发生的氧化酸败现象，以确保安全贮藏。常规贮藏通常应着重做好以下五项工作。

①防日晒：油库四周要种植树冠大、不落叶或少落叶的树木，仓房窗户要悬挂布帘遮光，门窗要能严格密闭，露天货场应搭盖雨棚遮光避雨，以免日光直接照射，减少紫外光与高温对油脂的影响。

②防潮湿：储油仓房必须保持干燥、通风、不漏雨、不渗水；各种装具应保持完整无损、无锈蚀、无渗漏。晴朗天，大气相对湿度低时，应适时打开门窗进行通风；阴雨天，大气相对湿度高时，应关闭门窗与装具的盖子，进行密闭贮藏（雨天不要开盖检查油脂）。通过适时通风密闭，保持仓内与装具的干燥。

③防氧化：油脂应采用能够严格密闭的装具盛装，不得采用敞口容器贮藏。装具的盖必须用扳手旋紧，使其严格密封。如油脂质量好，无大量水杂和油脚，

应尽量减少倒桶转罐的工作，以免油脂过多地接触空气，发生氧化。

④防渗漏：油脂装具出现破损、裂缝、砂眼或盖子与闸门密封不严等现象时，容易发生油脂渗漏事故。故应加强对铁桶与油罐完整性及牢固程度的检查，发现隐患要及时修焊、补好，以免发生渗漏事故。

⑤防酸败：油脂中水分含量多、温度高时，易酸败变质。油脂酸败变质的一般规律是油脚先酸、清油后酸。因此，为了防止油脂酸败变质，除应定期检查油脂是否出现明水和油脚，还应定期检测清油的酸价，并以此为依据切实做好轮换工作，以防油脂酸败变质。

（2）抗氧化剂贮藏　抗氧化剂是一种能抑制或延缓油脂及其他食品氧化酸败的物质，往往具有增效剂和稳定剂的复合作用。这种物质无毒，不影响油脂的色泽、气味和滋味，具有良好的油溶性和热稳定性，对产品和包装材料无不良反应，通常分为"天然抗氧化剂"和"人工合成抗氧化剂"两大类。生育酚、柠檬酸、类胡萝卜素、抗坏血酸、芝麻酚、磷脂和谷维素等为天然抗氧化剂，丁基羟基茴香醚、二丁基羟基甲苯、没食子酸丙酯和特丁基对苯二酚（TBHQ）等为人工合成抗氧化剂。

将抗氧化剂添加在油脂中，使油脂延缓或避免氧化，确保油脂安全贮藏的方法称为抗氧化剂贮藏。采用抗氧化剂贮藏，必须在油脂新鲜时进行，而且要事先加入柠檬酸、脑磷脂等金属钝化剂，使铁桶与油罐的金属钝化，才能获得应有的效果；当油脂中过氧化值已经升高到一定程度时才添加抗氧化剂，则难以获得应有的效果。

我国采用抗氧化剂贮藏油脂的技术还处于试验阶段，由于合成抗氧化剂价格昂贵，而且可能存在毒性等原因，人工合成抗氧化剂的应用受到了一定的限制，尚未在生产条件下推广应用。目前试用较多并取得成效的抗氧化剂为天然抗氧化剂维生素 E 和丹参。

二、鲜切果蔬贮藏保鲜技术

（一）鲜切果蔬贮藏特性

鲜切果蔬又称最少加工果蔬、半加工果蔬、轻度加工果蔬等，是指以新鲜果蔬为原料，经分级、清洗、整修、去皮、切分、保鲜、包装等一系列处理后，再经过低温运输进入冷柜销售的即食或即用果蔬制品。

1. 鲜切果蔬的生理生化变化

新鲜果蔬经过了整理清洗、切分等工序后，鲜切果蔬将不再以完整的个体存在。切后不但会给新鲜果蔬带来不良的物理影响，而且还会引发一系列不利于贮藏保鲜的生理生化反应，从而影响鲜切果蔬的品质和货架期。这些机械伤害会诱发其产生一系列生理生化反应，这些变化对鲜切果蔬的品质、鲜度和营养成分都将产生很大影响，包括组织变色，尤其是鲜切果蔬的切割表面组织细胞的破裂和随后的氧化过程导致的酶促褐变、呼吸强度提高、乙烯的产生、组织结构解体、不良异味产生、组织的软化等，这些都加速了果蔬衰老进程。

2. 鲜切果蔬的营养成分变化

新鲜果蔬在加工处理及贮藏过程中，其营养成分，特别是维生素极易受损，从而影响鲜切果蔬的营养品质。同时，不适宜的温度、光照、空气中的氧气和组织自身的代谢作用都会导致鲜切果蔬营养物质的损失。

3. 微生物侵染

新鲜果蔬经去皮、去核、切分等加工处理后，其组织结构受到伤害，原有的保护系统被破坏，果蔬营养汁液暴露于空气中，极易受微生物侵染而引起鲜切果蔬腐败变质。因此，微生物的侵染与繁殖是导致鲜切果蔬品质下降的主要因素。鲜切果蔬中的微生物来源于两个方面：一是新鲜果蔬原料自身存在且清洗后残留的微生物，即切分前污染；二是原料在切分、修整、贮藏等工序中受外源微生物侵染，即切分后污染。

4. 褐变

褐变是食品在加工、贮藏过程中，经常会发生的变色现象。褐变按其发生机制分为酶促褐变和非酶褐变。褐变对鲜切果蔬是有害的，它影响外观和风味，并降低营养价值，而且往往是食品腐败、不堪食用的标志。

（二）鲜切果蔬褐变及微生物的控制

1. 褐变的控制

（1）化学方法 目前国内外研究较多的新型褐变化学抑制剂主要有 4-己基间苯二酚（4-HR）、半胱氨酸、酚类化合物、有机钙盐、乙醇、谷胱甘肽和植物提取物等。

视频：鲜切果蔬褐变原因及控制方法
（扫码学习）

①4-己基间苯二酚：4-己基间苯二酚是近年来发现抑制褐变最有效的芳香族化合物，已证实无系统性毒性并获得专利。大量试验发现 4-己基间苯二酚可通过抑制多酚氧化酶（PPO）活力控制褐变延长贮藏期。其作用浓度低，无漂白作用，且只对多酚氧化酶作用。4-己基间苯二酚作为抗褐变剂的效果与贮藏温度有关，当温度达35℃时其效果减弱。

②半胱氨酸：可通过与多酚氧化酶活性位点的铜离子不可逆结合或替代多酚氧化酶活性位点的组氨酸残基而抑制酶活力。将半胱氨酸用于抑制土豆、苹果、莴苣等鲜切果蔬的褐变效果较好。对某些植物汁液中含有活性成分如蛋白酶、小分子多肽等，具有抑制褐变的功能，因此，可用来控制鲜切果蔬褐变发生。

③防褐变剂的联合应用：抑制剂按照其作用机理来分，可分为酸化剂（如柠檬酸）、还原剂（如抗坏血酸）、螯合剂（如乙二胺四乙酸）、底物竞争剂（如4-己基间苯二酚）等。商业上应用的无亚硫酸盐的抗褐变剂都是组合而成的，且大部分都含抗坏血酸。一个典型的组合包括一种化学还原剂（如抗坏血酸），

一种酸化剂（如柠檬酸）以及一种螯合剂（如乙二胺四乙酸）。在实际应用中，常采用几种褐变抑制剂联用或化学试剂和物理方法（如低温、自发气调包装、高压、电脉冲等）相结合的方法来抑制褐变的发生。

(2) 物理方法

① 温度控制：

a. 低温处理。在常温下，鲜切果蔬呼吸作用和代谢旺盛，酶促褐变极易发生。采取低温可以有效抑制果蔬的呼吸作用，降低其新陈代谢。因此，鲜切果蔬在加工、贮藏、运输和销售等各个环节，都应尽可能保持在一个适宜的低温系统中。

b. 热处理。加热是最有效的杀酶方法。瞬时高温可在短时间内钝化酶的活力，抑制褐变。苹果和梨在鲜切加工前先经热处理，其鲜切产品的褐变程度较轻。热处理可以减轻褐变，与加热能导致多酚氧化酶失活密切相关。但要严格控制加热的温度和时间，尽可能达到灭酶且不影响产品风味的目的。

② 氧气控制：

a. 自发气调包装（MAP）。自发气调包装有利于在容器内形成一个适合鲜切产品的微环境，从而起到抑制产品的呼吸作用，减少失水，延缓品质劣变的作用。同时，由于氧气含量的减少，对抑制鲜切果蔬的褐变也有较好的作用。在切割果蔬工业上常用的包装薄膜是聚氯乙烯、聚丙烯（PP）和聚乙烯（PE），复合包装膜通常用乙烯-乙酸乙烯共聚物（EVA），这些包装材料能有效地隔氧、隔光，满足不同的透气速率，延长产品货架期。真空包装可隔绝氧气，抑制多酚氧化酶的活力；气调包装（充N_2或CO_2）通过调节果蔬的呼吸作用，逐渐降低包装内O_2的浓度，提高CO_2的浓度，阻止了多酚类物质的氧化，抑制褐变和苯丙氨酸裂解酶的活力，阻止微生物生长。

b. 可食性涂膜。可食性被膜是半透性膜，可以抑制果蔬的呼吸作用，减少水分的丧失，推迟颜色的变化，改善质地和阻止挥发性成分的损失，并能抑制微生物的生长；可食性涂膜用于鲜切果蔬可以创造一种自发气调环境。可食性被膜材料主要包括蛋白质（乳清蛋白粉、乳清蛋白制品、干酪素、大豆蛋白粉）、多糖（角叉胶、麦芽糖糊精、甲基纤维素、羧甲基纤维素、果胶、藻酸盐、微晶纤维素、壳聚糖）、脂类（蜂蜡、乙酰化甘油酸酯、脂肪醇和脂肪酸等）和树脂。为了改善膜的性能，往往需要添加增塑剂、表面活性剂和乳化剂，由于这些材料各有其优缺点，所以往往需要配合使用。

③ 高压处理：高压处理是近年来在食品中采用的灭菌措施。由于高压处理在低温条件下进行，从而最大限度地减少了产品营养成分和风味的损失，同时通过高压处理也可以使一些酶发生钝化。因此，人们考虑采用高压处理作为钝化多酚氧化酶的措施之一，以达到控制果蔬褐变的目的。例如，在压力800MPa下高压处理杨桃切片1~5min，在温度3℃贮藏14~28d，切片褐变较轻，而对照样品的褐变已经相当严重。多酚氧化酶对压力的敏感性因多酚氧化酶来源不同而异，例

如，杏果实的多酚氧化酶在约100MPa的压力下就可以被钝化；草莓的多酚氧化酶需要400MPa压力方可钝化；马铃薯和蘑菇中的多酚氧化酶需要更高的压力（800~900MPa）才能被钝化。

④辐照处理：最近几年研究发现，辐照处理可以防止部分鲜切果蔬褐变。辐射是利用射线照射果蔬，引起微生物发生物理化学反应，使微生物的新陈代谢、生长发育受到抑制或破坏，致使微生物被杀灭，果蔬的贮藏期得以延长。

低温、热处理、气调包装、高压处理等均可抑制或延缓褐变的发生，而由于低温处理是抑制褐变的必要条件，因此与其他手段配合处理效果更好。

2. 微生物生长的控制

（1）切分前控制　果蔬田间生长环境条件主要包括土地状况、有机肥的使用、灌溉方式和水源等，采收及采收容器等均归为果蔬切分前微生物控制。果蔬切分前微生物侵染的途径主要有以下几个方面：使用未经发酵的人畜粪等粗农家肥；土壤中微生物的入侵；水源中微生物的入侵。此外，还受风沙、雨水和非虫传播的微生物入侵。

控制果蔬在生长期间受病源污染的方法主要有：应使用完全腐熟的有机肥，完全腐熟的有机肥不含有致病微生物；避免使用近期圈养过或放牧过家畜和发过洪水的土地，这对货架期短的速食果蔬产品更为重要。但是，即使腐熟的池塘污泥也不宜作为肥料施用，因为其中可能含有病原体及污染食品的重金属；灌溉水使用前需检测水中是否含有大肠杆菌，以其作为检验灌溉水是否受粪便污染的指标。一般地下水不易滋生病原体，但灌溉前仍需进行重金属与农药残留检测分析，加工企业应提前了解拟加工果蔬产品的灌溉水源、水贮存方式、是否放养过牲畜、灌溉方式以及是否进行食品安全测试等，避免影响鲜切果蔬产品的质量。

（2）切分后控制

①切分及修整过程中微生物控制：用于鲜切果蔬生产的水果、蔬菜按产品的要求经洗净后进行去皮、去根等的修整，再按一定的切分方式进行切分，是鲜切果蔬生产的必要环节。果蔬品种不同，其内在的因子（如水分活度、pH）也各不相同，所以加工前正确地贮存及仔细地修整对于保证良好的产品品质非常重要。1991—1994年，芬兰农林部资助了一个包括对5种不同品种的蔬菜半加工适宜性进行初步研究的项目。研究结果表明，不是所有的蔬菜品种都适合半加工生产，对胡萝卜、马铃薯、芜菁甘蓝、洋葱来说，品种选择非常重要。

修整和切分时要采用锋利的切分刀具在低温条件下（生产车间温度应低于12℃）进行机械或手工操作。切分成品大小是影响鲜切果蔬品质的重要因素之一，切分成品越小，切分面积越大，越容易受微生物侵染，保存性越差。切分操作时，所有与果蔬接触的工具、垫板及所用材料必须符合相应的要求，并且都应进行清洗或消毒处理，避免发生交叉污染。另外，清洗和沥干处理也是鲜切果蔬加工中十分重要的环节，因为经切分的果蔬表面已造成一定程度的破坏，汁液渗出更有利于微生物活动和酶反应的发生,引起切分果蔬腐败、变色,导致质量下降。所以,通常在清洗水中添加一些化学物质,如柠檬酸、次氯酸钠等,以减少微生物数量及阻止酶反应。

②贮藏过程中微生物的防治措施:

a. 低温控制。低温是保证鲜切果蔬品质的关键因素,一般鲜切果蔬都需要在低温条件下贮藏保鲜。鲜切果蔬适宜贮藏温度为 0~5℃。鲜切果蔬产品在 5℃ 条件下运输和销售,其表面微生物数量至少可在 10d 内保持稳定,而在 10℃ 条件下,3d 之后微生物数量就会急剧上升。发达国家通常在低于 7℃ 条件下进行鲜切果蔬的流通,并能将货架期控制在 7d 以内。

b. 气调处理。气调贮藏可创造一个低 O_2 与高 CO_2 的环境,这种环境可减少水分损失、降低呼吸强度、抑制果蔬表面褐变,微生物生长和乙烯的产生及作用,从而延迟鲜切果蔬的衰老,抑制腐烂的发生。

c. 可食性涂膜。对鲜切果蔬进行涂膜保鲜可提高产品质量与稳定性,包装处理后可使食品不受外界氧气、水分及微生物的影响。用于鲜切果蔬涂膜保鲜的材料主要有多聚糖、蛋白质及纤维素衍生物。壳聚糖涂膜具有良好的阻气性和易于黏附在切分果蔬表面,对真菌具有一定毒性,在鲜切果蔬贮藏保鲜方面存在巨大潜力。

d. 防腐剂处理。采用化学防腐剂控制鲜切果蔬微生物侵染是一种非常有效的方法。常用的化学防腐保鲜剂主要有亚硫酸盐、柠檬酸、山梨酸钾、苯甲酸钠、N-己基间苯二酚、乳酸钙、EDTA 等。

e. 物理杀菌。非热处理的物理方法,如高压电场、高液压、超强光、超声波及放射线,尤其是辐照杀菌已经广泛用于鲜切果蔬的杀菌。

f. 生物防治。研究者发现利用菌种间拮抗作用抑制腐败菌生长的生物控制法结合清洗、辐照及包装,最后进行冷藏可达到较佳的保存效果。如使用乳酸菌产生乳酸,利用醋酸菌降低 pH 及产生一些抗菌物来加强阻止微生物生长的栅栏,并已成功地应用乳酸菌保存蔬菜色拉。

(三)鲜切果蔬保鲜技术

1. 鲜切果蔬加工过程中的保鲜

鲜切果蔬一般加工流程:

原料选择→整理→清洗→(去皮)切分→冲洗→护色→脱水→包装→贮藏

其中原料选择、整理、清洗、脱水等过程有利于减少鲜切产品中微生物的数量,而去皮、切分、包装等过程中若不注意操作间的卫生条件,往往会造成大量微生物污染。

蔬菜、水果采收后表面往往带有灰尘或泥沙,加工前需要进行仔细清洗。清洗不仅能去除果蔬表面污垢,还能除去其表面大量微生物,是鲜切加工过程中很重要的操作程序。大白菜、结球甘蓝切丝后以及莲藕、芋、慈姑等切片后需再进行一次清洗。原因在于二次洗涤能部分洗除切面上的微生物和果蔬汁液，可抑制贮后微生物生长与繁殖。为了增强清洗的效果，在水中常加入柠檬酸、次氯酸钠等添加剂或采用电解水、超声波等措施，可以杀死部分微生物，延长鲜切产品货架期及改善其感官质量。目前广泛采用的是在包装前用含氯、次氯酸或二氧化氯的水溶液浸泡一定时间，但是最近发现这些物质并不能完全抑制病原菌生长，如单核细胞增生李斯特菌，而且处理不当容易导致具有残留氯的臭气。因此，目前逐渐采用 H_2O_2 代替氯杀菌或采用冷杀菌方式，如采用紫外线、超声波、辐射等。

苹果、马铃薯或胡萝卜等鲜切果蔬加工时常需要去皮。工业化生产中，通常采用机械、化学或高压蒸汽等方法去皮，无论用什么方法都应尽量地减少对组织细胞的破坏程度。去皮切分过程中，最好采用手工去皮，因为机械、蒸汽及碱等去皮会严重破坏果蔬细胞壁，使细胞汁液大量流出，有利于微生物生长，降低产品质量。切分使用的刀具要薄而锋利，以降低对果蔬组织的破坏。此外，切分越细，对产品贮藏越不利，因为表面积的增加为微生物侵染提供更大的场所。同时，由于切分对组织造成的破坏过大，果蔬对微生物的抵抗能力降低，使其更容易变质。所以，鲜切产品不宜切分过细。鲜切果蔬清洗后要求除去表面水分，否则会比不经清洗的蔬菜更易腐败。

包装是鲜切果蔬生产中的最后操作，工业上用得最多的包装薄膜是聚氯乙烯、聚丙烯和聚乙烯（用于制作包装袋），复和包装薄膜通常用乙烯-乙酸乙烯共聚物（EVA），以满足不同的透气速率。鲜切果蔬的包装方法主要有自发调节气体包装、减压包装及涂膜包装。自发调节气体包装结合冷藏一起使用能显著延长贮藏期，在实际生产中其应用具有一定的局限性，因为目前还没有找到足够透气性的包装材料，只能采用在包装材料上打孔的办法来控制适宜的气体指标。减压包装是目前比较常用的方法，有学者报道减压包装可改善青椒、莴苣、苹果切片和番茄切片的微生物情况，可提高杏和黄瓜的感官质量及改善绿豆芽、切割蔬菜混合物的微生物及感官质量。涂膜包装材料主要有多聚糖、蛋白质、纤维素衍生物，由于其方便、卫生且可食用等特点近年来应用的比较多。发现不仅可以提高产品的稳定性，而且可以改善产品的外观和质量。鲜切果蔬包装后，应立即放入冷库中贮藏，贮藏时应单层摆放，否则产品中心部不易冷却，放入纸箱中贮藏时更应注意。

2. 成品的保鲜技术

（1）低温冷链技术　低温是保证鲜切果蔬品质的关键因素。在加工、贮藏过程中维持适宜的低温，可有效地减缓微生物生长，抑制果蔬呼吸强度，降低各种生化反应速度。因此，为了保证鲜切果蔬的品质，加工场所的温度控制和贮藏过程中的冷链设施是保鲜成败的关键。大多数研究者认为，鲜切果蔬较适合于 0~5℃ 条件下贮藏，但对一些易发生冷害的果蔬宜适当提高其贮藏温度。国外鲜切果蔬加工从挑选、整理、清洗、切分到包装都在同一个低温环境下操作，但该环境投资大，在国内推广还有一定的难度。鲜切果蔬在低温下贮藏，仍有部分嗜冷微生物生长繁殖，因此还需与其他预防措施相结合。

（2）气调保鲜技术　　鲜切果蔬在空气中易发生褐变，被微生物污染且代谢旺盛。采用气调包装，使其处于适宜的低氧、高二氧化碳气体环境中，则能降低其呼吸强度，抑制乙烯产生，延缓衰老，延长货架期；同时也能抑制好气性微生物生长，防止腐败变质；但 CO_2 含量过高或 O_2 含量过低，则会导致无氧呼吸，产生不利的代谢反应与生理紊乱。

目前，气调保鲜作为无公害保鲜手段备受国际关注。常采用的自发气体调节包装就是通过使用适宜的透气性包装材料被动地产生一个调节气体环境，或者采用特定的气体混合物及结合透气性包装材料，主动地产生一个气调环境。自发气体调节包装中适宜的低 O_2 和高 CO_2 可降低果蔬的呼吸代谢和乙烯生物合成量，抑制酶活力，减轻生理紊乱，减缓果蔬品质败坏。

三、干制品贮藏技术

为贮藏、运输或某种特殊需要，运用适当的加工方法，将新鲜动物食品原料脱水、干燥，制成干制品。食品原料经过干燥、脱水处理后含水量降低，产品的贮藏特性发生改变，同时对包装和库房的温度管理也提出了要求。

（一）干制品的贮藏特性

1. 吸湿受潮

食品在一定的温湿度条件下均具有相应的平衡水含量。干制品含水量低，当处于高湿环境中容易发生吸湿受潮的劣变现象。表 4-1 是热风干制品在不同湿度下平衡水分含量。一般是原有含水量低的产品其发生吸湿的临界相对湿度也低，反之，则临界相对湿度也高。如干全蛋原有水分为 2.6%，其吸湿的临界相对湿度为 20%，而干胡萝卜原有水分为 9.4%，其吸湿的临界相对湿度则为 40%。这说明对于含量低的干制品更要严格控制环境的相对湿度，以防吸湿受潮而发生质量劣变。

表 4-1　　热风干制品在不同湿度下平衡水分含量（37℃）

相对湿度/%	水分含量/%				
	牛肉	猪肉	胡萝卜	马铃薯	全蛋
5	—	—	—	—	1.9
10	2.5	1.6	1.8	4.5	2.4
20	—	—	2.9	—	3.5
30	4.0	2.7	4.7	7.4	4.5
40	—	—	7.8	—	8.0

续表

相对湿度/%	水分含量/%				
	牛肉	猪肉	胡萝卜	马铃薯	全蛋
50	6.1	4.2	9.4	10.6	6.9
60	—	—	15.9	—	9.1
70	10.3	6.7	18.8	15.5	11.1
80	14.8	9.6	—	20.1	—
原有水分	8.5	5.5	9.4	5.2	2.6

粉粒状干燥食品如乳粉、豆乳粉、咖啡精等，因结构松散、表面积大、含水量低，特别易于吸湿出现结块，同时溶解性降低影响食用品质，严重时还会发霉，丧失食用价值。所以，对这类干燥食品的相对湿度要求控制在10%以下，为此需要对产品进行密封防湿包装。

2. 香气与色泽的变化

干燥食品含水量高的或者干燥处理不当使产品水分增加的，在贮藏中都会由于水分含量高而发生颜色与香气的变化。

干菜、果汁粉、菜汤粉等产品常随着水分含量的升高，在贮藏期间促进羰氨反应及多酚类物质、脂肪、抗坏血酸、叶绿素和花青素等成分的氧化而发生褐变。草莓、杏和葡萄等干燥产品的花青素，如在水溶状态时性质不稳定，但是处于无水的干燥状态时，虽经10年贮藏其变化也很微小。甚至在太阳的照射下，也几乎不分解。冻干食品若因干燥不足而水分含量较高，或在干燥后处理不当而导致吸湿，水分含量增加，则在贮存中有变色、褪色、发生异臭的可能，这些都与水溶性成分的变化有关。

未经杀青及未经酶钝化处理的冻干制品中，酶仍然保持活力。若冻干制品的水分含量高，在贮存中因酶的缓慢作用，它们将发生褐变、褪色、变味、异臭以及黏弹性变化等现象。如苹果、结球甘蓝和土豆冻干后，在3%~10%的水分含量下贮藏2~3个月会褐变。

3. 脂肪及脂溶性成分变化

食品原料经干燥处理，不仅含量降低而且改变了原料的形态，如液体食品经喷雾、涂膜、泡沫等方式干燥所获得粉状、片状或多孔性的产品均扩大了产品表面面积，比原料扩大100~150倍，这样便增加了产品与空气中氧的接触面积，促使食品中脂肪氧化酸败而产生异味和变色；同时，一些脂溶性色素如胡萝卜素，也因氧化而使食品丧失原有的颜色。

4. 微生物及仓库害虫的危害

食品原料采取加热干燥，成品温度为60~70℃，可以杀灭绝大部分的微生物。但是，采用真空干燥和冷冻干燥的食品，因温度低而存活的微生物数量相对较高。例如，冷冻干燥食品中微生物的存活性，酵母约为70%，霉菌为80%~90%，乳酸菌为50%。一般情况下，当食品中水分含量低于8%，微生物不能生长。水分含量为2%~4%的脱水食品在贮藏时，没有形成孢子的微生物在贮藏中将缓慢失活。当水分含量高于18%时，某些微生物便会繁殖。

仓库害虫如玉米象、米象、谷象等对干燥食品往往会造成较大危害。这是因为有许多仓库害虫能在低水分条件下进行繁殖活动。例如，谷类粮食的含水量超过10%时，多数仓库害虫都能造成危害。此外，包装材料或贮藏环境的卫生管理不善也会有隐藏虫卵或害虫混入食品，而后在贮藏中繁殖蔓延。因此，防止仓库害虫也是干制品贮藏不可忽视的工作。

（二）干制品的贮藏技术

1. 包装要求

包装是一切食品在运输、贮藏中必不可少的程序，干制品的耐贮性受包装的影响很大，故其包装应达到以下要求：①能防止干制品的吸湿回潮，避免结块和长霉；②对包装材料要求是能使干制品在常温、90%的相对湿度环境中，6个月内水分增加量不超过1%；③避光和隔氧；④包装形态、大小及外观有利于商品的推销；⑤包装材料应符合食品卫生要求。

常用的包装材料有木箱、金属罐、纸制品等。纸制品是干制品常用的包装容器。大多数干制品用纸箱或纸盒包装时还衬有防潮纸和涂蜡纸以防潮。

金属罐是较理想的包装材料，具有不吸湿、不透气、能遮光、机械强度高等优点，适合用于机械填充、密封以及容易储存和使用。由于冻干食品易碎，应采用能防止产品发生机械性损伤的硬包装，如铝拉罐、棕色玻璃瓶、马口铁罐等。

目前，多采用复合薄膜袋的软包装来取代硬包装，广泛用于冻干食品的包装。常见的复合膜薄膜袋包括：铝箔/聚乙烯，聚乙烯/铝箔/聚乙烯，聚酯/金属喷漆/聚乙烯等多样多层结构。如三层结构，一般要求内层材料能够很好地热封，外层材料能够印刷上食品商标和有关说明，中间层材料与内外层材料一起能够阻止氧气、水蒸气和光线进入。从价格和质量方面看，铝箔包装袋是最理想的包装材料。

此外，为了能更长久、更安全地贮藏食品，往往还采取在包装袋中放干燥剂、充填惰性气体或真空包装等方法。

2. 贮藏条件要求

干制品的贮藏温度以0~2℃为最好，一般不超过10~14℃。高温会加速干制品的变质。有实验表明，贮藏温度高可加速干制品的褐变，温度每增加10℃，干制品褐变速度可增加3~7倍。贮藏环境中的相对湿度最好在65%以下，空气越干燥越好。

光线会促使干制品变色并失去香味，还能造成维生素C的破坏。因此，干制品应避光包装和避光贮藏。空气的存在也会导致干制品发生破坏，采用包装内附装除氧剂，可以得到较理想的贮藏效果。除氧剂的配方（质量比）为氧化亚铁3

份、氢氧化钙 0.6 份、水合亚硫酸钠（$Na_2SO_3 \cdot 7H_2O$）0.1 份、碳酸氢钠 0.2 份。以 5g 为一包。

合理进行货位的堆码，注意通风，定时检查产品，做好防鼠工作可使干制品在适宜的条件下较长期保持品质。

3. 防虫处理

干制品容易遭受虫害，所以干制品必须进行防虫处理，以保证贮藏安全。目前采用的防虫方法主要包括物理防治法和化学防治法。

（1）物理防治法　物理防治法主要是通过环境因素中的某些物理因子（如温度、氧、放射线等）的作用达到抑制或杀灭害虫的目的。

①温度控制杀虫：

a. 低温杀虫。若要杀死害虫，有效的低温控制应在-15℃以下，这种条件往往难以实现。可将干制品贮藏在 2~10℃ 的条件下，抑制虫卵发育，推迟害虫的出现。

b. 高温杀虫。将果蔬干制品在 75~80℃ 处理 10~15min，立即冷却。干燥过度的干制品也可采用热蒸汽短时间的处理，既可杀虫，又可改善食品外观。

②气调杀虫：气调杀虫法是利用降低氧的含量使害虫因得不到维持正常生命活动所需的氧气而窒息死亡。若空气中的氧浓度降到 4.5% 以下，大部分仓储害虫便会死亡。采用真空包装、充氮或二氧化碳包装等办法可降低氧的浓度。气调杀虫法具有无残毒、操作简便等优点，是一种新的杀虫技术，有广阔的发展前景。

③辐照杀虫：干制品可通过辐射防治害虫，具有方法简单、效果显著、可以穿透包装物而直接杀死内部的害虫、一次投资、多年受益等优点。

（2）化学药剂防治法　化学药剂防治法是以有毒的化学物质杀灭害虫的方法，具有杀虫迅速、效果好且可预防害虫再次侵害食品的作用，是目前应用最广泛的一种防治方法。但容易造成污染，影响食品的卫生质量。由于干制品本身的特点，使用水溶液的杀虫剂又造成增加湿度的危险，故干制品杀虫药剂多采用熏蒸杀虫。常用的熏蒸剂主要包括二硫化碳（CS_2）、二氧化硫（SO_2）、氯化苦（CCl_3NO_2）和溴代甲烷（CH_3Br）。

四、腌制品贮藏技术

（一）腌制品的贮藏特性

1. 变色与变味

腌制品的颜色和风味各异，贮藏中由于多种因素的影响会引起食品变色和变味。影响因素主要包括氧化作用、酶促反应和微生物繁殖等。咸鱼、板鸭、腊肉等的变黄主要是由于食品中脂肪氧化酸败加剧而出现显著的哈喇味。某些好盐或耐盐微生物的繁殖活动不仅其菌落使食品污染异色，而且会出现各种异味。光照也会使腌制品中物质分解，引起变色、变味。

2. 发霉

腌制品的霉变主要是由于抗盐和耐高渗透压的霉菌繁殖造成的。

3. 吸潮

腌制品中食盐含量高,由于食盐吸湿性的作用,腌制品容易吸湿潮解;因此,腌制品包装需要采用防潮包装。

(二) 腌制品的贮藏保鲜

1. 民间贮藏法

民间贮藏腌制品时,一般把制好的腌腊制品捆扎成小束,装入竹篓或木箱存在-15~0℃冷库中保存最为理想。也可存贮于通风干燥的库中。库内晾挂较为理想,堆码不易过高,以防出油。

因各地气温、人们消费习惯和食盐用量等的不同,贮藏方法也不相同。在农家有许多简易有效的方法。广东农村常用大沙缸保存法,是在清洁的缸底垫一层干净稻草,再放入腊肉,然后加盖密封。此法既适用于农家又适于零售商店贮藏。不少地区民间贮藏腌腊肉制品时多是挂在灶上,常年受烟熏;也有将腌腊肉制品在稻谷、稻壳、面粉或其他原粮堆中保存。这些方法都可保存一年以上不至影响品质。还有浸在食用植物油或涂抹植物油于腊肉表面,可防止氧化,保存时间更长,效果更好。

2. 充气包装

充气包装是使用透气性薄膜,并充入非活性气体保藏腌制品的方法,大多数是采用不同气体组合的气调式。气调包装的作用是防止氧化和变色,延缓氧化还原电位上升,可抑制好氧性微生物的繁殖。由于这种包装方式制品和薄膜不是紧贴在一起,包装的内外有温度差,使包装薄膜出现结露现象,这样就很难看到包装内的制品了。如果把已被污染的腌制品包装起来,由于制品在袋中可以移动,所以会使污染范围扩大,同时袋中的露水有助于细菌繁殖,含气包装只适合于在表面容易析出脂肪和水的肉制品的包装。

气调包装所使用的气体主要为二氧化碳和氮气两种。置换气体的目的是排除氧气,充入二氧化碳,可产生抑菌作用。这是由于二氧化碳的分压增大时,细菌放出的二氧化碳受到抑制,也就是说代谢反应受到抑制。一般来讲,氧气浓度在5%以下才有效,即二氧化碳的置换率为80%时才有效。

气调包装多用于高档腌制品以及需保持特有外形的产品。这种包装方式在延长产品可贮性的效果方面是有限的,常需要与加工中其他防腐方法联合使用。

3. 加脱氧剂包装

隔绝氧气的方法有脱气收缩、真空、气体置换等。此外,还有一种把吸氧物质放入包装袋的方法,其效果与上述方法的效果相同。一般包装时,即使把氧气排除,也还会有从薄膜表面透进来的氧气存在,完全隔绝氧气是不可能的。脱氧剂的作用是把透入包装袋内的氧气随时吸附进来,维持袋内氧气浓度在所希望极限浓度以下，这样能防止褪色、氧化，抑制细菌繁殖。加脱氧剂还具有成本低、不需要真空和充气结构，也不需要像真空和气体置换那样花很长时间，包装机的能力可灵活掌握等优点。通过脱氧剂的耗氧量可根据包装品的游离氧量，计算出应加入的脱氧剂量。目前应用的脱氧剂大致有无机化合物和有机化合物两种类型。

五、罐藏制品贮藏技术

（一）罐藏制品的贮藏特性

罐藏制品，俗称罐头，其保存期是有一定限度的。在贮藏过程中，如果受到外界和内在因素的影响便会发生多种变化和败坏。

1. 微生物引起的败坏

罐头在制造过程中，若密封不严或杀菌不完全，就会引起微生物的污染。密封不良的罐头杀菌后用水冷却时会导致污染；杀菌不足则因残留微生物的发育繁殖而引起食品变质酸败。导致罐头食品腐败的微生物与罐头食品的种类、性质、加工和贮藏条件有关，可能是细菌、霉菌或者酵母，也可能是几种微生物的混合菌类，不同微生物所引起的腐败现象不一样，主要包括胀罐、硫臭腐败、平酸菌败坏、霉菌败坏、产毒菌污染等。

2. 化学反应引起的败坏

化学反应引起的败坏主要是由于内容物含酸较多，与铁皮或镀锡发生化学作用，生成大量氢气所致，因此又称氢气胖听，一般不能食用，多发生于水果罐头和部分蔬菜罐头。

3. 物理变化引起的败坏

由于罐内食品装的过多，顶隙太小，杀菌时食物热胀引起的膨胀成为过量膨胀；由于肌肉纤维组织受热引起的膨胀，称为纤维膨胀；由于果实内部排气不充分，杀菌时空气受热逸出产生的膨胀称为空气膨胀；由于贮藏温度过高，罐内空气膨胀而引起的，称为气温膨胀；由于海拔升高，外压升高，内压降低，使罐内真空度降低而引起的膨胀称为气压膨胀。物理性膨胀也称假膨胀，可以食用，但不能作为商品销售。

（二）罐藏制品的贮藏技术

1. 包装要求

罐头的包装是罐头制造的最后一道工序，它包括成品的贴商标及装箱。成品包装的好坏，可以直接影响到产品质量、运输及销售，故必须对这项工作加倍重视。

现在各罐头厂采用的外包装，有用木箱、胶合板箱、纸板箱，目前也有采用新材料钙塑板箱的。采用何种包装材料，主要根据销售对象和国内外市场提出的要求来进行。

（1）木箱　木板必须牢固、清洁、干燥、无霉斑不带树皮，含水分不超过18%，表面平直，箱板厚度不低于11mm。钉木箱时，木箱边的拼板不超过3块，底、盖拼板不超过4块。拼缝要紧密，不得超过3mm，箱的两头各用宽为38~50mm的4块木条做墙头，木箱尺寸根据罐头类型和所装罐头数而定。

（2）胶合板箱　胶合板箱是用胶合板制成，底盖两边上有两条与底盖同等长度铁皮包角。箱的两头同样钉有4块木做墙头，箱子尺寸根据罐头大小、装罐量不同而定。

（3）纸板箱　纸板箱表面应涂油或涂以防潮材料，常用的纸板箱有瓦楞纸板箱和钙塑板箱。瓦楞纸板箱应根据罐形大小、装箱轻重选用瓦楞纸板。罐形小重量轻的选用单瓦楞，箱外涂油或其他防潮性能良好的涂料。总体要求是纸箱必须牢固，含水分不得超过14%。因此，在纸箱加工前应对纸板水分加以控制，以免影响罐头成品装箱后吸潮生锈。钙塑板箱一般是用碳酸钙50%+聚乙烯50%混合轧制成瓦楞板，再按一定尺寸制成钙塑纸板箱。

2. 贮藏条件要求

作为堆放罐头的仓库，要求环境清洁，通风良好，光线明亮，地面应铺有地板或水泥，并安装有可以调节仓库温度和湿度的装置。

在正常的贮藏温度下，罐头的质量很少变化。但温度过高或过低都会引起内容物品质的变化。例如，贮藏温度过高，罐头残留的好热性细菌芽孢就很容易繁殖发育。对于水果罐头等，温度高容易使罐头产生氢胀，也容易使食品中的维生素受到损失，甚至使食品败坏。但是温度也不能太低，太低会引起罐头内容物冷冻，严重时能胀坏罐头，或者冷冻后又解冻会影响罐内食品的组织结构，导致食品失去原来的风味。

罐头贮藏温度如果低于0℃会发生冻结，化冻之后，内容物组织形态、风味均受到不同程度的影响。各种罐头的冻结温度不同，水果罐头为-3~-1℃，蔬菜罐头为-3~-2℃，果酱罐头为-2℃，家禽类罐头为-5℃，水产品罐头为-3~-2℃。

贮藏时空气的湿度也不能过高。罐头贮藏的相对湿度超过80%，马口铁就容易生锈、腐蚀，特别是贴商标纸的部位，由于胶水的吸水性较强，腐蚀更为严重。如果库内相对湿度较低，库内温度发生急剧变化；或是冬季运输，罐头本身的温度较低，贮入温度较高的仓库，温差在11℃以上，库内相对湿度在85%以上，罐头表面就会凝结成一层水珠，24h以后，马口铁就会生锈，这种现象称为"出汗"。罐头的"出汗"对罐头贮存很不利。因此，要控制仓库的温度，防止马口铁皮和玻璃瓶的罐盖生锈。

3. 贮藏期间的管理

罐头贮藏的方式有两种：一种是散装堆放，罐头经杀菌冷却后，直接运至仓库贮藏，到出厂之前才贴商标装箱运出；另一种是装箱贮藏，罐头贴上商标或不贴商标进行装箱，送进仓库堆存。

散装堆放时堆放高度不宜过高，否则容易倒塌造成损失。一般堆成长方形，堆与堆之间、堆与墙之间应留出30cm以上的距离以便于检查。

装箱贮藏对于大量罐头的贮藏有很多好处，运输及堆放迅速方便，堆高放置较为稳固，操作简便。又因为外面有木箱或纸箱保护，罐头不直接接受外界条件的影响，易于保持清洁，不易"出汗"，但是它的缺点是不容易检查。目前有的工厂已采用架板，架板大小视情况而定。

装好箱的罐头，按一定箱数堆叠在架板上，然后用铲车输送至仓库指定地点贮藏，事先规划好堆放的位置，使堆叠整齐，排列有序。这样既可充分利用仓库面积又能堆得高，堆得大。

六、速冻制品贮藏技术

速冻食品是将食品经过加工处理后，利用低温使之快速冻结并贮藏在$-20 \sim -18$℃的低温下贮存待用。它比其他加工方法所得的产品更能保持食品原有的色泽、风味和营养价值，是一种理想的食品加工方法。

（一）速冻制品的贮藏特性

在冻藏过程中由于冻藏条件、微生物和酶的作用，速冻食品会发生一系列的物理、化学等变化，从而使速冻食品的质地、色泽、风味、营养等品质不断变化。

1. 变色与变味

经过速冻、冻藏、解冻后的果蔬，由于在冻藏过程中原果胶水解为可溶性果胶，会导致果蔬组织结构分离，质地变软。果蔬在冻藏过程中，有时因氨气的泄漏会造成食品变色，如胡萝卜素由红变蓝，洋葱、结球甘蓝、莲藕由白变黄等。冷冻产品在冷藏中出现冰的升华作用，也会使产品表面变色。

果蔬在冻藏过程中，由于酶的作用，会产生一些生物化学变化，使果蔬的味道发生变化，如毛豆、甜玉米等冻结时，即使在-18℃的低温下贮藏，在$2 \sim 4$周内也会产生异味，这种变化主要是由于毛豆、甜玉米中的油脂在酶的作用下发生氧化作用产生的结果。

冷冻肉在冻藏过程中，由于脂肪氧化作用，肉会产生黄褐色，出现不同程度的刺鼻的哈喇味。肉在冻藏过程中，冰结晶升华由表及里逐步进行，使表面形成一层多孔质的海绵状结构，空气充满这些海面结构，在氧的作用下，促使脂肪发生氧化作用，分解产生低级的醛、酮、醚、羧酸等，这些物质产生令人不愉快的嗅感和味感。

在冷冻过程中水产品也会发生氧化酸败，使鱼味变苦，颜色变黄，加之脂肪的缓慢水解作用，形成甘油和脂肪酸，致使鱼体内脂肪发生"油烧"和酸败。在冻藏过程中水产品的颜色也极易发生变化，主要是由于羰氨反应、酶褐变反应、肌红蛋白的氧化褐变、微生物产物的硫化氢与肌红蛋白的氧化褐变等有关。

2. 速冻制品微生物和酶的变化

冻结食品在冻藏条件下，微生物不易生长繁殖，但在冻结前已被细菌或霉菌污染的食品在长期不良条件下贮存，会发生霉变。

3. 干耗

食品在冻藏过程中，如果管理不善，会使冷冻食品表面的冰晶升华，造成冷冻食品质量的损失，这种现象称为干耗。干耗会引起食品品质、风味下降，由于冰晶的升华和氧的侵入，促进氧化作用的发生，造成食品表面氧化变色，失去原有的风味和营养。

（二）速冻制品的贮藏技术

1. 包装要求

速冻果蔬的包装应坚固、清洁、无异味、无破裂、密封性好、透气率低；还应详细注明果蔬产品的食用方法和保藏条件。包装按用途可分为内包装、中包装和外包装，常用的内包装主要有聚乙烯、聚偏聚乙烯、尼龙、聚丙烯等各种复合薄膜材料，外包装则常用涂塑或涂蜡的防潮纸盒。

2. 贮藏条件要求

速冻果蔬的长期贮藏，一般要求贮藏温度在-18℃或者更低，并要保持温度和湿度的稳定，避免库温频繁波动。

七、焙烤食品贮藏保鲜技术

（一）面包贮藏

面包是以小麦粉为主要原料，以酵母、鸡蛋、油脂、果仁等为辅料，加水调制成面团，经过发酵、整形、成型、焙烤、冷却等过程加工而成的焙烤食品。

1. 面包的贮藏特性

新鲜面包的贮藏期短，在贮藏过程中很容易出现面包老化、瓤心、发黏、霉变等质量问题。面包老化是指面包长期贮藏后，质地发生变化、口感坚韧等，主要是由淀粉的老化造成的。面包中的细菌会引起面包瓤心发黏，霉菌会导致面包霉变。

2. 面包的包装和贮藏技术要点

（1）包装　面包的气调包装主要以CO_2为主要调节气体。实验证明，面包的货架期随着包装内CO_2含量的增加而增加。充氮包装与充CO_2包装相比较容易有霉菌繁殖。

（2）贮藏　面包在贮藏时通常采用低温冷冻和使用添加剂两种保鲜方法。

①低温冷冻保鲜：面包的老化与温度有很大关系，面包在室温下放置0~5d，硬度呈线性增加。-7~20℃是面包老化速度最快的老化带，其中1℃老化最快。

贮藏温度在20℃以上，老化进行的较缓慢，温度降低到-7℃以下，水分开始冻结，老化速度减慢。若要长时间贮藏面包，将面包速冻后冻藏可以有效防止面包的老化和霉变，较好地保持面包的新鲜程度。另外，高温处理也是延缓面包老化的措施之一，已经老化的面包当重新加热至50℃以上时，可以恢复到新鲜柔软的状态。

②食品添加剂保鲜：使用食品添加剂是一种简单有效的面包保鲜方法。常用的食品添加剂有抗老化剂、防霉剂等。日本已发明了一种改善面包品质的新方法，即在面包生面团中添加一定量的胶原蛋白和豆渣，使面团品质改良，延缓老化。在面包中添加甘油单硬脂肪酸酯、低分子糊精可有效防止面包的老化。添加防腐剂是面包防霉常用的方法。常用面包防腐剂主要有丙酸钙、山梨酸钾、双乙酸钠、脱氢醋酸等。按0.016%剂量将山梨酸和丙酸钙添加到面粉中制作面包可以使面包的贮藏期由3d延长到15d。

（二）饼干贮藏

1. 饼干的贮藏特性

饼干是以小麦粉、糖类、油脂、乳品、蛋品等为主要原料经调制烘焙而成的制品。饼干口感酥松，水分含量少，易于保藏，便于包装和携带，使用方便。但是饼干的生产和贮藏过程中，如果操作和管理不善，容易出现碎裂、油脂氧化酸败和吸潮变软等质量问题。

2. 饼干的包装和贮藏技术要点

饼干包装的目的就是防止饼干在贮存和销售过程中出现破碎、吸潮和"走油"等问题。因此，需要选择防潮、遮光、防破碎的包装。包含果浆的饼干容易长霉，包含果仁的饼干容易酸败，都应采取措施加以保护。饼干的包装形式主要有塑料薄膜密封包装、蜡纸包裹、纸盒包装以及铁包装。

饼干是一种耐贮藏食品，但也必须考虑贮藏条件。饼干适宜的贮藏条件是低温、干燥、空气流通、环境净洁、避免日光的场所。库温应在20℃左右，相对湿度不超过75%为宜。

（三）糕点贮藏

1. 糕点的贮藏特性

糕点是以面粉或米粉、糖、油脂、蛋、乳品等为主要原料，配以各种辅料、馅料和调味料，初制成型，再经蒸、烤、炸、炒等方式加工制成的一种休闲食品。糕点品种多样，花式繁多，有3000多种，有的糕点含水量极高，如蛋糕、年糕；有的含水量极低，如桃酥；有的含油脂量很高，如油酥饼、开口笑等；有的包馅，如月饼等。因此，糕点如果贮藏不当或超过保存期，很容易出现回潮、干缩、走油发霉和变味等质量问题。

2. 糕点的包装和贮藏技术要点

不同种类的糕点，由于其原料特点和成品特性不同，所采用的包装材料和包装方式也有所不同。含水分较低的糕点应选择防潮、阻气、耐压、耐油和耐撕裂的材料。主要包装形式有塑料薄膜袋充填包装、纸盒、浅盘包装外裹保鲜膜、泡罩包装等。对于含水量较高的糕如蛋糕、奶油点心等应选用具有较好阻湿阻气性能的包装材料包装。如塑料薄膜包装、塑料盒包装。或使用真空或充气包装技术，在包装中同时可封入抗氧化剂和抗菌抑制剂，可有效防止氧化、酸败、霉变和水分散失，显著延长其货架寿命。贮藏油脂含量高的糕点时主要是防止氧化酸败，还要防止油脂渗出包装材料造成污染而影响外观。因此，其内包装常采用防潮耐油的薄膜包装材料包裹。贮存糕点的仓库应有防潮、防霉、防鼠、防蝇、防污染等措施，库内不能潮湿，通风良好。产品入库时应分类、定位码放，离地面20~25cm，离墙30cm，离顶50~80cm，防止虫蛀鼠咬。库内的温度应保持在22℃以下，相对湿度应控制在70%~75%。

八、调味品贮藏保鲜技术

（一）酱油贮藏

1. 酱油的贮藏特性

酱油俗称豉油，主要由大豆、淀粉、小麦、食盐经过制油、发酵等程序酿制而成的。酱油按生产工艺可分为酿造酱油和配制酱油，按食用方法可分为烹调酱油和餐桌酱油。酱油营养丰富、味道鲜美，是人们喜爱的调味品之一。但酱油在生产过程中极易受到有害细菌、霉菌的污染，在贮藏过程中再发酵或生霉，使酱油的成分发生变化，风味变酸变差，质量下降。

2. 酱油的包装和贮藏技术要点

酱油的包装物从材料划分最常见的有陶瓷制品、玻璃制品、塑料制品三种；从包装容器形态划分有坛、瓶、袋和桶。酱油包装方面，日本比较先进，普遍采用注模成型法吹制的聚对苯二甲酸乙二酯（PET）瓶，不但大幅度提高了阻隔氧性能和耐冲击性能，而且重量轻，光亮透明，颇受欢迎。

酱油在贮藏时场所必须保持清洁卫生、干燥，尽可能减少空气湿度。当湿度大、温度在20℃以上时，最适合微生物繁殖。酱油在15℃以下比较稳定，高于20℃时，分子运动显著加速，水分蒸发和香气成分的挥发加快。因此，为使酱油成分变化缓慢，应使贮藏场所保持低温。酱油在贮藏过程中应避免直接照射。日光照射既能加速氧化又能引起温度升高，经日光照射过久，成品酱油颜色发乌，表面往往出现一层黑色薄膜。包装好的成品在库房内应分级分批分别存放，便于保管和提取。搬运堆垛要轻搬轻放。瓶装酱油的保质期为3个月，散装酱油保质期为1个月。

（二）食醋贮藏

1. 食醋的贮藏特性

食醋是以含有淀粉、糖类、酒精等成分物质为原料，经微生物酿造而成的一种液体酸性调味品。按生产方法的不同，食醋可分为酿造食醋和合成食醋。

食醋在贮藏过程中容易出现沉淀返混、变色变味和生醭等。沉淀返混原因主要包括微生物污染，以及生产过程中残存的淀粉、糊精、蛋白质、半纤维素、果胶等大分子物质与金属离子发生化合、凝聚等变化，使醋体稳定性破坏，形成混浊沉淀。变色变味主要是由于生产中被醋鳗、醋虱、醋蝇所污染，这些微生物可以吞噬醋酸菌，污染食醋，导致食醋酸度下降，产生不良气味。另外，食醋在贮藏中颜色变深是由于食醋中含有较多的铁、单宁。低温下存放，滤出沉淀物或加入明胶液搅拌，静置一段时间后若食醋颜色变深，则要将食醋过滤即可除去铁和单宁，均防止食品颜色变深。食醋的生醭是在食醋贮藏过程中表现生成纤维状半透明的厚皮膜，其长到一定程度后沉入食醋底部，主要是由耐酸产醭酵母产生。

2. 食醋的包装和贮藏技术要点

食醋产品应贮藏在干燥、通风良好的场所；不得与有毒、有害、有异味、易挥发、易腐蚀的物品同处贮藏，防止交叉污染。在食醋贮藏过程中，常通过消毒容器、添加防腐剂等措施来防止食醋的品质劣变。

（三）食糖贮藏

1. 食糖的贮藏特性

食糖是指以甜菜、甘蔗等为原料，经制糖工艺加工获得的一种具有甜味的食品，主要包括原糖、白砂糖、绵白糖、赤砂糖、黄砂糖、红糖粉、块红糖等。食糖是一种怕潮、怕热、怕异味污染的散状食品，贮藏过程中若管理不善，可能发生吸湿溶化、干缩结块、变色变味等质量问题。

（1）吸湿溶化　食糖吸湿后主要表现为潮解和溶化。潮解是当空气中的相对湿度大于食糖贮藏所要求的相对湿度时，食糖即开始吸湿，使晶体潮润，色泽变暗，继而糖粒发黏。失去干燥松散或发生结块的现象。相对湿度越大，糖粒吸湿量就越多，吸湿速度也越快，当吸湿量达到一定程度时，糖粒表面的糖分即开始溶解，这时食糖就开始溶化，并逐渐深入糖粒内部。

（2）干缩结块　食糖在贮藏过程中，可能失去流散性，出现结块现象，严重时糖与糖袋粘在一起，形成坚硬的块状。干缩结块后的食糖，失去原有的光泽和疏松性，外观品质降低，因重量减轻而增加损耗。食糖的受潮溶化和干缩结晶是导致结块的主要原因。影响食糖干缩结块的主要因素是食糖本身的含水量和环境的湿度。此外，包装的受压情况和食糖晶体外观形状也对结块有一定影响；食糖中水分分布不均，在贮藏过程中会发生水分迁移，也会造成结块现象。

（3）变色变味　食糖在贮藏过程中色值会增加。白糖的颜色会变黄，原糖的颜色会变暗，影响产品的外观。食糖变黄是由于氧化的结果，特别是亚硫酸生产的食糖，与空气接触后，色素又会重新氧化而显色，并随着贮藏时间的延长，颜色逐渐加深。变暗是由于食糖受潮后，晶体表面溶化，透明度降低的结果。另外，食糖在贮藏过程中，由于微生物污染和一些化学反应的发生，也可以导致颜色变化。

2. 食糖的包装和贮藏技术要点

我国居民日常消费量最大的食糖包括白砂糖、绵白糖、赤砂糖（红糖）等，因糖厂日产量大，不适合直接小包装，通常采用二次分装的形式。另外像速溶方糖等产品因所占比例较小，一般由糖厂直接小袋包装，上市销售。由于长期以来，食糖的分装工作都由各地糖业烟酒公司下属的分装厂完成，包装形式各地不一、五花八门，不像食盐包装采用全国统一的包装形式。在包装材料上，白砂糖用纸盒或塑料包装均可，而绵白糖或红糖只适宜使用塑料做包装物，这都源于各类食糖的不同制作方法、不同物理化学性质对材料的不同要求。所以选择包装物时不能盲目追求其外表的华丽，而忽略对于产品的保护作用。在国外利用榨糖后的甘蔗渣纤维为原料生产纸板，并引进相应的设备，制作、印刷各种形状的食糖纸包装。这种纸包装内涂防潮膜，完全符合食糖的各项包装要求，并利于回收分解，既节约能源，又符合环保要求。同时外包装上设有轻巧的活动开口，消费者购买后可以直接置于居室内较长时间保存使用。

食糖在贮藏过程中，库内温度应保持在30℃以下，相对湿度在65%以下，最高不超过75%。赤砂糖的相对湿度不超过60%；绵白糖相对湿度不超过70%；白砂糖相对湿度不超过75%。贮藏场所应干燥、通风；食糖不得与有毒、有害、有异味、易挥发、易腐蚀的物品同处贮藏。运输产品时应避免日晒、雨淋，不得与有毒、有害、有异味或影响产品品质的物品混装贮运。

（四）食盐贮藏

1. 食盐的贮藏特性

食盐是对人类生存最重要的物质之一，也是烹饪中最常用的调味料。食盐的主要化学成分是氯化钠，在贮藏过程中容易出现返潮、干缩和结块等现象，而这些现象又常会使盐的质量和品质受到损失。

（1）返潮　食盐的返潮由于吸湿性的作用，盐的表面常为饱和薄膜溶液所包围，当溶液蒸汽压低于空气中水蒸气分压时即吸湿潮解；高于空气中水蒸气分压时则呈干燥状态。品质纯净的盐吸湿性小，但食盐中含有镁盐和钙盐时，盐的吸湿性会显著增加。当空气中的相对湿度超过70%时，盐就会吸收空气中的水分而发生返潮现象，严重的返潮会使食盐化成卤水。

（2）干缩　当空气中的相对湿度降低时，盐容易失水干缩。如果和干燥的商品盐或吸湿性特别强的商品贮藏在一起，盐也会发生干缩。

（3）结块　食盐长期贮存会发生结块现象，使细软松散的盐结成坚硬的盐块，这种盐块经过敲击才能击碎。盐结块的原因是由于附着在盐表面的盐溶液发生了胶结作用，使食盐表面产生坚硬的结晶。一般经过2~3个月的贮藏后，食盐会发生结块现象。随着时间的延长，结块现象更加严重。为了避免盐的结块，贮藏的盐层不能过厚。

2. 食盐的包装和贮藏技术要点

食盐包装通常采用塑料袋，一般选用无毒或低毒的聚乙烯、聚对苯二甲酸乙二醇酯、聚丙烯、聚氯乙烯膜等。在仓库贮藏包装盐时，要注意码垛的类型，因为盐的相对密度较大，盐垛过高或盐踩不合适时，常会发生盐垛倒塌而造成损失。切勿靠墙依柱码垛，盐垛的类型以 T 字形为好。盐包可以错缝堆积，中心重量互相紧接在一起，即使经过长期的贮藏也不会发生倾斜倒塌的危险。

在仓库中贮藏盐时，必须先检查仓库的设备条件，避免依柱堆盐，以防盐卤腐蚀和盐产生离心力，损坏仓库。散盐进仓前，先要将仓库打扫干净，铺垫苇席，以免沾污而降低盐的品质。露天贮藏盐时应该选择高低建筑凸型垛台（50cm）高，将地面压实，四周掘有卤沟，垛与垛间留有人行道，以便进行检查。盐垛用苇席或布遮盖严密，用麻绳织网拴牢，以防风雨侵入和吹卷。

九、嗜好品贮藏技术

（一）茶叶贮藏

茶叶属于易变性食品，贮藏方法稍有不当，便会在短时间里风味尽失，甚至变性变味。例如，西湖龙井存放若有疏忽，就会黯然失色，更品尝不到齿颊留芳、沁人心脾的芳香。所有的茶叶在贮藏过程中都会逐渐失去新茶的鲜香而陈味逐渐显露。要长期贮藏茶叶，应了解影响茶叶的贮藏特性及科学的贮藏方法。

1. 茶叶的贮藏特性

（1）吸湿　茶叶是疏松多毛细管的结构体，在茶叶的表面到内部有许多不同直径的大小毛细管，贯通整个茶叶（指一颗茶叶）。同时，茶叶中含有大量亲水性的果胶物质。因此，茶叶就会随着空气中湿度增高而吸湿，增加茶叶水分含量。经实验证明：用珍眉二级茶暴露在相对湿度90%以上的条件下，过2h后，茶叶水分由5.9%增加到8.2%，短短2h，茶叶水分含量增加了2.3%，可见茶叶吸湿性极强。当茶叶中的含水量超过10%时，茶叶就会发霉而失去饮用价值。因此，在茶叶的贮藏和销售过程中，要严格控制环境中的湿度，并采用防潮包装。

（2）陈化　茶叶在贮藏过程中茶多酚的非酶氧化（即自动氧化）仍在继续，这种氧化作用虽然不像酶氧化那样激烈和迅速，但时间长了变化还是很显著的。陈化不但使茶汤颜色加深，而且失去了滋味的鲜爽度。尤其是茶叶含水量高，在贮藏环境温度高的条件下就更加快了茶叶的陈化。

（3）吸异味性　由于茶叶是疏松多毛细管的结构体，且含萜烯类和棕榈酸等物质，具有吸附异气味（包括花香）的特性。茶叶在贮存或运输过程中，必须严禁与一切有异味的商品（如肥皂、化妆品、药材、烟叶、化工原料等）存放在一起。使用的包装材料或运输工具等，都要注意干燥、卫生、无异味。否则茶叶沾染了异味，轻则影响了茶叶香气和滋味，重则会失去茶叶饮用价值而遭受经济损失。

2. 茶叶的包装和贮藏技术要点

（1）包装　茶叶包装是保护茶叶品质的第一个环节，对包装的要求既要便于运输、装卸和仓储，又要能起到美化和宣传商品的作用。由于茶叶具有吸湿、氧化和吸收异气味的特性，决定了茶叶包装的特殊要求。出口茶叶对包装有专项标准规定，如不符合包装规定，作为不合格产品，不得放行出口，说明茶叶包装的重要性。

茶叶包装种类很多，名称不一，从销路上分有内销茶包装、边销茶包装和外销茶包装；从个体上分有小包装、大包装；从包装的组成部分上分有内包装、外包装；从技术上分有真空包装、无菌包装、除氧包装等。但从总体上看，一般有运输包装和销售包装两类。

运输包装俗称为大包装，即在茶叶储运中常用的包装。销售包装俗称为小包装，是一种与消费者直接见面的包装，要求携带方便，既能保护茶叶品质又美观大方，且对促销有利。

针对茶叶的特性，茶叶包装必须符合牢固、防潮、卫生、整洁、美观的要求。牢固是包装容器的基本要求，目的是在储运中不受破损而致使茶叶变质。防潮是茶叶包装所必须采取的措施，防潮材料目前常用的有铝箔牛皮纸、复合薄膜、涂塑牛皮纸、塑料袋等。塑料袋是一种价廉、无气味的透明材料，有一定的防潮性能，但防异味性能较差。

茶叶包装所需材料必须干燥、无异味。大包装和小包装装入茶叶后还需做好封口工作，并存放在干燥、无异味、密闭的包装容器内。

（2）贮藏方法

①常温贮藏：茶叶的大宗产品，多数是贮存在常温下的仓库之内，称为常温贮藏。仓库内要清洁卫生、干燥、阴凉、避光，并备有垫仓板和温湿度计及排湿度装置。茶叶应专库贮存，不得与其他物品混存、混放。

②低温冷藏：茶叶堆放在 $0 \sim 10℃$ 范围内，低温冷藏贮存的茶叶称为冷藏。茶叶在冷藏条件下，品质变化较慢，其色、香、味保持新茶水平，是贮藏茶叶比较理想的方法。目前很多茶叶销售部门、茶楼、茶馆和家庭已采用这种方法。采用冷柜或冰箱贮存茶叶，要求茶叶应盛装在一个密闭的包装容器内，而且不能与其他有异味的物品存放在一起。

③家庭用茶贮藏方法：在家里为了保持茶叶的新鲜度，使其少变或慢变，除采用冰箱储藏外，还有如下几种方法：瓷坛贮茶法，瓷坛内可放入成块的生石灰或烘干硅胶；热水瓶贮藏法，将充分干燥的茶叶装入热水瓶内，并用蜡封口；罐装法，将茶叶装入茶罐，然后放进 $1 \sim 2$ 包除氧剂，加盖，用胶带密封保存；塑料袋贮藏法，用塑料袋存放茶叶。塑料袋贮藏法是当今最普遍、最通用的一种方法，但不宜较长时间贮藏。因为塑料这类包装材料防异味性能较差，另外，塑料袋易被茶叶戳穿而产生砂眼（孔、洞）影响防潮性能。要想使茶叶贮藏时间长

一些，必须再用防潮性能好的包装材料（铝箔牛皮纸）包扎一层后存放。

（二）酒类贮藏

凡含有酒精的饮料和饮品均称为酒。它与人们的日常生活密切相关。按酒的酿制方法可以将酒分为发酵酒、蒸馏酒和配制酒。发酵酒是以含有糖分或淀粉质的物质为原料，经糖化、发酵、过滤、杀菌后制成的酒，酒精度较低。我国常见的发酵酒主要有啤酒、黄酒和果酒。蒸馏酒是以粮谷、薯类、水果等为主要原料，经发酵、蒸馏、陈酿、勾兑而成的，酒精度在 18%~60% 的饮料酒。主要有白酒、白兰地、威士忌、伏特加、朗姆酒等。

1. 酒类的贮藏特性

（1）变色与沉淀　变色与沉淀是发酵酒酿造和贮藏过程中常出现的问题。例如，葡萄酒在酿造和贮藏过程中由于金属离子或氧化酶的作用，使葡萄酒发生不同程度的变色，并有沉淀产生。如果葡萄酒中含铁量较高，在有氧存在的条件下，二价铁离子逐渐氧化成三价铁离子。三价铁离子与葡萄酒中的单宁结合，使葡萄酒产生黑色或蓝色的浑浊与沉淀。黄酒在贮藏后颜色变深，主要是由酒中的糖与氨基酸发生羰氨反应，产生类黑精的物质，逐渐使酒色变深，色泽变深的程度因黄酒的含糖量、氨基酸含量、pH 的不同而异。

（2）变酸　酒类变酸主要是由醋酸菌引起的。感染醋酸菌的酒在液面上会产生一层浓灰色薄膜。最初薄膜是透明的，以后变暗并出现波纹，逐渐沉入桶底，形成一种黏性的稠密物体。品尝时有一股醋酸味并有刺舌感。

（3）生膜　当贮酒不满时酒与空气接触，在酒的液面上形成一层灰白色薄膜，开始薄膜光滑，时间长了渐渐形成波纹，逐渐沉入桶底，使酒变浑，甚至导致酒精度降低，口味变淡，并带有不愉快的怪味。这种现象称为生膜，主要是由酒花菌繁殖引起的。

（4）有益变化　新酿的酒各成分的分子很不稳定，分子之间的排列很混乱，口味粗糙欠柔和，香气不足缺乏协调，因此，必须经过陈酿，促使酒老熟，使酒体变得醇香、绵软、口味协调。例如，普通黄酒要求陈酿 1 年，名优黄酒要求陈酿 3~5 年。

2. 酒类的包装和贮藏技术要点

葡萄酒在运输和贮藏过程中，应保持场地稳定、干燥、黑暗、冷凉，避开潮湿和有震动的地方。光线会导致酒变质，白葡萄酒较长时间地被光线照射后色泽变深，红葡萄酒则易发生浑浊。因此，葡萄酒应采用深色（深绿色、褐色）玻璃瓶贮藏。葡萄酒最好贮藏在阴寒湿冷的地窖，长期贮酒的仓库温度最好保持在较低温度下，温度过高酒成熟太快，温度过低则不易成熟。白葡萄酒以 10~12℃ 为宜，红葡萄酒以 15~16℃ 为好。最佳贮藏湿度为 70% 左右，太潮湿会使软木塞及标签腐烂，太干则容易使软木塞干燥，失去弹性。葡萄酒存放时应尽量平放，让酒和软木塞能充分接触，以保持软木塞湿润。软木塞若干燥，无法紧闭瓶口，容易使酒质变差。

不同工艺、不同香型、不同等级的白酒，贮藏时间也不同。酱香型白酒贮存期较长，如茅台酒的贮藏期达 3 年以上、浓香型白酒为 1 年以上、清香型白酒仅 1 年左右。但是，酒的贮藏时间是有限度的，并非时间越长越好。随着贮藏期的延长，如低度白酒，品质严重下降，口味变淡，回味缩短，甚至出现水味等，使质量下降。白酒应贮藏在干燥并有防火、防爆、防尘设施的仓库内；严禁与有腐蚀性、污染、有强烈气味的物品同库存放，纸箱码放高度不能超过 6 层；酒库应经常清理，保持洁净。贮藏白酒的容器应具有密封性能好，容器内壁对白酒是惰性的，坚固耐用，导热系数低等特点，常用的贮酒容器有陶坛、塑料容器、金属容器等。白酒贮藏期间，容器中的液空比要大小适当，防止带进过多的氧，使酒变质。

【项目小结】

本项目主要介绍了粮油初加工品的保鲜技术，如大米、面粉、油脂的保鲜技术；鲜切果蔬的褐变及微生物的控制、鲜切果蔬加工过程中的保鲜、成品的保鲜技术；干制品贮藏保鲜技术（包括包装要求）；腌制品贮藏保鲜技术、罐藏制品贮藏保鲜技术、速冻制品贮藏保鲜技术、焙烤食品贮藏保鲜技术、调味品贮藏保鲜技术以及嗜好品贮藏保鲜技术。

复习思考题

一、名词解释

1. 大米爆腰
2. 吸湿受潮
3. 鲜切果蔬
4. 辐照保鲜
5. 可食性被膜
6. 自发调节气体包装

二、选择题

1. (　　) 是在 0℃ 以下的低温中贮藏，可以有效抑制呼吸代谢，使果蔬内酶的活力比较小，营养物质消耗处于较低的水平，同时使微生物的活动也受到抑制。

　　A. 冷藏　　　　B. 窖藏　　　　C. 冻藏　　　　D. 冷冻藏

2. 果蔬受冷害的初期所表现的症状主要为 (　　)。

　　A. 褐变、果面凹陷　　　　B. 果实变小

　　C. 结冰　　　　　　　　　D. 变软

3. 导致罐头食品败坏的微生物中，最主要的是 (　　)。

A. 细菌　　　　B. 霉菌　　　　C. 酵母菌　　　　D. 病毒

三、填空题

1. 气调贮藏的方法常用的有_____、_____和_____。

2. 气调贮藏的基本原理是降低_____的浓度，提高_____的浓度，从而达到延缓_____，延长_____的目的。

四、问答题

1. 简述大米的贮藏特性。

2. 简述大米的常用贮藏保鲜技术。

3. 面粉的贮藏特性有哪些？

4. 面粉常用贮藏技术有哪些？

5. 简述油脂的贮藏特性。

6. 油脂贮藏期间应如何管理？

7. 简述常用的油脂贮藏保鲜技术。

8. 罐头在贮藏中的败坏有哪几种类型？

9. 罐头贮藏条件有哪些要求？

10. 什么是罐头"出汗"？如何预防？

11. 如何防止干制品褐变？

12. 贮藏果蔬干制品应控制哪些因素？

13. 速冻食品的贮藏特性有哪些？

14. 简述腌制品的贮藏特性。

15. 简述面包的贮藏特性和贮藏方法。

16. 茶叶的贮藏特性有哪些？

项目五　食品流通中的保鲜

【知识目标】

1. 熟知食品冷藏链的组成与结构。
2. 了解各类食品冷藏运输设备优势。

【技能目标】

1. 掌握冷藏车的分类及特点。
2. 掌握冷藏运输及设备的要求。

【必备知识】

1. 掌握食品冷藏链的概念及其分类。
2. 熟知食品冷藏链的三个阶段。

一、冷链的概念

食品冷藏链（Cold chain）是指易腐食品在生产、储藏、运输、销售直至消费前的各个环节中，始终处于规定的低温环境下，以保证食品质量，减少食品损耗的一项系统工程。它随着科学技术的进步、制冷技术的发展而建立起来，以食品冷冻工艺学为基础，以制冷技术为手段。冷藏链是一种在低温条件下的物流现象，涉及生产、运输、销售、经济性和技术性等。

冷链是保证这些易腐食品在长期贮藏运输及消费过程中品质安全及卫生的最重要的技术手段，因此为确保食品安全、减少食品资源浪费，保证社会健康发展，必须要加强食品冷链建设及管理。冷链起源于19世纪下半叶的欧美国家，已有150年的发展历程。

我国冷链食品起步于20世纪初，最初只是冷冻肉制品、水产品、冷饮制品，后逐渐发展到冷链保鲜与鲜切果蔬、冷鲜肉及调理肉制品、乳制品、速冻面米及调理食品等；2000年以后随着现代人们饮食的方便快捷化、个性多元化、绿色安全化、健康营养化，不但要求食品种类多样、配送迅速，还要求新鲜、健康、安全、无污染，冷链食品成为人们追求的新热点。随着冷链运输基础设施的不断完善和市场环境的改善，我国冷链物流的市场需求将进一步增长。食品作为冷链物流行业的细分市场之一，其需求总量和物流总额都保持着高速增长。数据显示，2019 年我国食品冷链物流需求量约为 2.35 亿 t，同比增长 24.65%，食品冷链物流总额约为 6.1 万亿元，同比增长 27.08%，巨大的市场规模及需求潜力，食品冷链配送迎来了爆发式的增长。

根据行业内预测，2022 年我国的果蔬类产品、水产类产品的物流需求总量将分别达到 13.76 亿 t 和 7.61 亿 t，远远超出我国以往的冷链运输规模。

近几年，我国食品冷藏链已有了很大发展，加工、储藏、销售等各环节衔接紧密、发展协调，特别是冷藏陈列柜替代了冷藏库成为冷藏链的主体，使得我国食品冷藏链得到了较好的完善和提高。

二、冷链的分类

（一）按冷藏链中各环节的装置分类

按此方式可分为固定的装置和流动的装置。

1. 固定的装置

固定的装置包括冷藏库、冷藏柜、超市冷藏陈列柜、家用冰箱等。

冷藏库主要完成食品的收集、加工、储藏及分配；冷藏柜和冷藏陈列柜主要完成团体的食堂及食品零售用；家用冰箱主要为冷冻食品的家庭供应使用。

2. 流动的装置

流动的装置包括铁路冷藏车、冷藏汽车、冷藏船和冷藏集装箱等。

（二）按食品从加工到消费所经过的时间顺序分类

按此方式分类食品冷藏链由冷冻加工、冷冻储藏、冷藏运输和冷冻销售 4 个方面构成。

1. 冷冻加工

冷冻加工包括肉类、鱼类的冷却与冻结；果蔬的预冷与速冻；各种冷冻食品的加工等。主要涉及冷却与冻结装置。

2. 冷冻储藏

冷冻储藏包括食品的冷藏和冻藏，也包括果蔬的气调储藏。主要涉及各类冷藏库、冷藏柜、冻结柜及家用冰箱等。

3. 冷藏运输

冷藏运输包括食品的中、长途运输及短途货运等。主要涉及铁路冷藏车、冷藏汽车、冷藏船、冷藏集装箱等低温运输工具。

在冷藏运输过程中，温度的波动是引起食品质量下降的主要原因之一，因此，运输工具必须具有良好的性能，不但要保持规定的低温，避免大的温度波动，长距离运输尤其如此。

4. 冷冻销售

冷冻销售包括冷冻食品的批发及零售等,由生产厂家、批发商和零售商共同完成。早期,冷冻食品的销售主要由零售商的零售车及零售商店承担。近年来,城市中超市的大量涌现,已使其成为冷冻食品的主要销售渠道。超市中的冷藏陈列柜,兼有冷藏和销售的功能,是食品冷藏链的主要组成部分之一。

三、食品冷藏链的组成与结构

一个完整食品冷藏链一般包括食品的冷冻加工、冷冻储藏、冷冻运输及送货、冷冻销售及各部分。食品冷藏链的结构大体如图5-1所示。冷藏链中的各环节都起着非常重要的作用,是不容忽视的,同时,要保证冷藏链中食品的质量,对食品本身也有如下要求。

食品应该是完好的,最重要的是新鲜度,如果食品已开始变质,低温也不可能使其恢复到初始状态。食品应在生产、收获后不作停留或只作极短暂的停留后就予以冷冻。

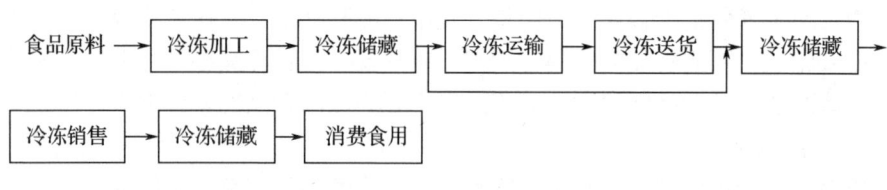

图5-1 食品冷藏链结构

(一)食品冷藏链的相关设备

我国是易腐食品的生产和消费大国,近几年我国易腐食品每年增产约10%。发达国家采用冷藏运输工具运输的(即冷藏运输率)达50%以上,美国、日本及西欧一些国家高达80%以上。随着易腐食品产销量的快速增长和冷藏运输率的提高,我国冷藏食品的运输量将迅速增长。从冷藏运输结构分析,目前公路冷藏运输的运量只占25%,铁路冷藏运输的运量占55%左右。

我国易腐食品产销量的迅速增长,易腐食品冷藏运输率和公路冷藏运输所占比例的不断提高,均将刺激冷藏保温汽车需求的快速增长。此外,采用冷藏保温汽车运输的速冻食品以及价格较高的水果和蔬菜冷藏食品的增长速度比肉、禽、蛋、乳等增长更快。我国冷藏汽车技术性能的提高,使其成为具有一定出口潜力的专用汽车产品。

食品冷藏链使用的相关设备按其功能分为食品冷冻加工设备、食品冷冻储藏设备、食品冷冻流通设备、品冷冻销售设备及有关特殊功能设备等。

（二）食品冷藏链的三阶段

按照食品产生和最后被消费的顺序，可以分为生产、流通和消费3个阶段。

1. 食品冷藏链的生产段

食品的生产阶段是指易腐食品收获后的现场冷冻保鲜至低温储藏的过程。它关系到食品保鲜质量的起点，是很关键的一环。生产段的主要冷链设备是肉联厂、水产冷冻厂、外贸冷藏厂、制冰厂、冷藏厂及恒温库等。这些统称为冷藏库，简称冷库，是食品冷藏链不可缺少的重要环节，也是食品冷藏链的硬件设施和主体。

冷库是经营肉类、水产品、蛋品、蔬菜、水果等食品不可缺少的重要企业。一个国家冷藏事业的发展状况，在一定程度上可以反映出人民生活水平的高低。随着世界各国国民经济的高速发展，人民生活水平的不断提高，以及日益扩大的外贸需要，对肉、鱼、蛋、水果、蔬菜的需求量日益增加，质量要求也越来越高，这无疑对冷库的发展提出了更高的要求。

2017—2021年，我国冷库容量从3609万t增长至5224万t，年复合增长率为9.7%。这些食品冷藏链的硬件建设满足了食品冷藏链的生产段的需要，为我国的食品保鲜提供了坚实的基础。

2. 食品冷藏链的流通阶段

流通段的硬件设施主要指流通过程的冷藏运输，包括冷藏火车、冷藏汽车、冷藏船和冷藏集装箱等。2020年，冷链物流市场规模超过3800亿元，冷库库容近1.8亿m^3，冷藏车保有量约为28.7万辆，分别是"十二五"期末的2.4倍、2倍和2.6倍左右。如广东省每年水产品等食品的实际调运量只有需调运量的一半，其中只有不到七成是冷藏运输（其中大部分冰藏），每年约20%的水产品变质腐烂。显而易见，流通段要存在的是硬件的建设问题。

3. 食品冷藏链的消费段

从20世纪90年代初起，我国先后引进多家国外商业零售环节冷藏设施的先进生产技术和设备，各种用途和各种型式的商用冷柜不断推进市场，商业批发零售基本已配置冷柜或小冷库，这些设施基本满足了冷链消费段实际销售环节的需要。最后一环即冰箱及冷柜已进入千家万户。随着人们生活水平不断提高，对生鲜商品的健康保鲜需要越来越高，冰箱需求量也越来越大。2021年我国冰箱销量达8643.3万台，较2020年增加了196.3万台，同比增长2.32%。改革开放以来，消费段冷链不仅硬件建设发展迅速，已基本能满足流通、储存的需要，更重要的是人们对食品质量意识的提高，增大了对高质量食品的需求，这对食品冷藏链的建设和发展以及市场前景具有非常重要的意义。

四、食品冷藏运输设备

冷藏运输是食品冷藏链中十分重要的一个环节，由冷藏运输设备来完成。食品由于受地理分布、气候条件以及其他许多条件因素的影响，原料产地、加工基地与消费中心往往相隔很远，为了供应各地消费需要，维持市场供应均衡，必须进行调度运输。尤其对于易腐食品来说，在自然条件下很快腐败变质，失去食用价值。因此，其运输必须处在最适合的温度和相对湿度条件下，即采用冷藏运输，包括食品的中、长途运输及短途送货，是食品和冻结食品低温流通的主要环节。它应用于冷藏链中食品从原料产地到加工基地到菜场冷藏柜之间的低温运输，也应用于低温冷藏链中冷冻食品从生产厂到消费地之间的批量运输，以及消费区域内冷库之间和销售店之间的运输。冷冻运输设备是指本身能产生并维持一定的低温环境以运输冷冻食品的设施及装置，是食品冷藏链的重要组成部分。从某种意义上说，冷冻运输设备是可以移动的小型冷藏库。冷冻运输设备有冷藏汽车、冷藏火车、冷藏船和冷藏集装箱及航空运输。

（一）冷藏运输及设备的要求

首先，应该了解对冷藏运输的要求，每种食品都有一定的储藏温度和湿度条件的要求，在冷藏运输中应满足食品储藏条件的要求，并保持其稳定性。因此，在冷藏运输中必须进行控温运输，车内温度应保持与所运易腐食品的最佳储藏温度一致，各处温度分布要均匀，并尽量避免温度波动。如果不可避免出现了温度波动，也应当控制波动幅度和减少波动持续时间。为了维持所运食品的原有品质，保持车内温度稳定，冷藏运输过程中可从如下几个方面考虑。

1. 食品预冷和适宜的储藏温度

易腐食品在低温运输前应将温度预冷到适宜的储藏温度。如果将生鲜易腐食品在冷藏运输工具上进行预冷，则存在许多缺点：一方面，预冷成本成倍上升；另一方面，运输工具上所提供的制冷能力有限，不能用来降低产品的温度，只能有效地平衡环境传入的热负荷，维持产品的温度不超过所要求保持的最高温度。因此，在多数情况下不能保证冷却均匀，而且冷却时间长、品质损耗大。因此，易腐食品在运输前应当采用专门的冷却设备和冻结设备，将品温降低到最佳储藏温度以下，然后再进行冷藏运输，这样更有利于保持储运食品的质量。

2. 配置冷源

运输工具上应当配有适当的冷源，如干冰、冰盐混合物、碎冰、液氮或机械制冷系统等，能产生并维持一定的低温环境，保持食品的品温，利用冷源的冷量来平衡外界传入的热量和货物本身散出的热量。例如，果蔬类在运输过程中为防止车内温度上升，应及时排出呼吸热，而且要有合理的空气循环，使得冷量分布均匀，保证各点的温度均匀一致并保持稳定，最大温差不超过3℃。有些食品怕冻，在寒冷季节里运输还需要用加温设备如电热器等，使车内保持高于外界气温的适当温度。在装货前应将车内温度预冷至所需的最佳储藏温度。

3. 良好的隔热性能

冷藏运输工具的货物间应当具有良好的隔热性能，才能有效地减少外界传入的热量，避免车内温度的波动和防止设备过早地老化。一般来说，传热系数（K）值平均每年要递增5%左右。车辆或集装箱的隔热板外侧面应采用反射性材料，并应保持其表面清洁，以降低对辐射热的吸收。在车辆或集装箱的整个使用期间应避免箱体结构部分的损坏，特别是箱体的边和角，以保持隔热层的气密性，并且应该定期对冷藏门的密封条、跨式制冷机组的密封、排水洞和其他孔洞等进行检查，以防止因空气渗漏而影响隔热性能。

4. 温度检测和控制设备

运输工具的货物间必须具有温度检测和控制设备。温度检测仪必须能准确连续地记录货物间内的温度，温度控制器的精度要求±0.25℃，以满足易腐食品在运输过程中的冷藏工艺要求，防止食品温度过分波动。

5. 车箱的卫生与安全

车箱内有可能接触食品的所有内壁必须采用对食品味道和气味无影响的安全材料。箱体内壁包括顶板和地板，必须光滑、防腐蚀、不受清洁剂影响、不渗漏、不腐烂，便于清洁和消毒。除了内部设备需要和固定货物的设施外，箱体内壁不应有凸出部分，箱内设备不应有尖角和褶皱，使进出困难，脏物和水分不易清除。在使用中，车辆和集装箱内碎渣屑应及时清扫干净，防止异味污染货物并阻碍空气循环。对冷板所采用的低温共熔液的成分及其在渗漏时的毒性程度应予以足够的重视。

此外，运输成本问题也是冷藏运输应该考虑的一个方面。应该综合考虑货物的冷藏工艺条件、交通运输状况及地理位置等因素，采用适宜的冷藏运输工具。

冷藏运输的组织管理工作是一项复杂细致而又责任重大的工作，必须对各种冷藏运输工具的特性、易腐货物的冷藏条件、货源的组织、装车方法、调度工作等问题十分熟悉，加强运输过程中各个环节的管理工作，保证易腐货物高品质而又快速地达到目的地。此外，应该了解对运输设备的要求，虽然冷藏运输设备的使用条件不尽相同，但一般来说，它们均应满足以下条件：

（1）能产生并维持一定的低温环境，使食品保持规定的品温；
（2）具有一定的制冷能力，隔热性好，尽量减少外界传入的热量；
（3）可根据食品种类或环境变化调节温度；
（4）制冷装置在设备内所占空间要尽可能地小；
（5）制冷装置重量轻，安装稳定，安全可靠，不易出故障；
（6）运输成本要低。

（二）冷藏汽车

进入20世纪后，高速公路和高等级公路快速发展，公路运输快捷灵便，装卸环节少、可实行"门对门"运输的优越性进一步体现出来，公路冷藏运输的运量占冷藏运输总运量的比例从20世纪80年代的10%发展到20世纪90年代的20%，再到目前的25%左右。目前，我国冷链运输设备主要以冷藏车为主。

冷藏汽车有很多种，根据制冷方式，冷藏汽车可分为机械制冷，液氮、干冰制冷及蓄冷板制冷等。这些制冷系统彼此差别很大，选择使用时应从食品种类、运行经济性、可靠性和使用寿命等方面综合考虑。

1. 液氮或干冰冷藏汽车

液氮或干冰制冷方式的制冷剂是一次性使用的，或称消耗性的。常用的制冷剂包括液氮、干冰等。液氮制冷冷藏车主要由液氮罐、喷嘴及温度控制器组成。冷藏汽车装好货物后，通过控制器设定车厢内要保持的温度，而感温器则把测得的实际温度传回温度控制器，当实际温度高于设定温度时，则自动打开液氮管道上的电磁阀，液氮从喷嘴喷出降温，当实际温度降到设定温度后，电磁阀自动关闭。液氮由喷嘴喷出后，立即吸热汽化，体积膨胀高达600倍，即使货堆密实，没有通风设施，氮气也能进入货堆内。冷的氮气下沉时，在车厢内形成自然对流，使温度更加均匀。为了防止液氮汽化时引起车厢内压力过高，车厢上部装有安全排气隔液氮制冷时，车厢内的空气被氮气置换，而氮气是一种惰性气体，长途运输果蔬类食品时，不但可减缓其呼吸作用，还可防止食品被氧化。

液氮冷藏汽车的优点：装置简单，初投资少；降温速度很快，可较好地保持食品的质量；无噪声；与机械制冷装置比较，重量大大减小。缺点：液氮成本较高；运输途中液氮补给困难，长途运输时必须装备大的液氮容器，减少了有效载货量。

干冰制冷，装置简单、投资和运行费用较低、使用方便、货物不会受潮。干冰升华产生的CO_2气体能抑制微生物繁殖、减缓脂肪氧化以及削弱水果蔬菜的呼吸。但是，干冰升华易引起结霜，CO_2气体过多则将导致水果、蔬菜等冷藏物呼吸困难而坏死。而且厢内温度难调，干冰成本较高，且消耗量较大，故实际应用较少。

2. 机械冷藏汽车

机械冷藏汽车通常用于远距离运输，在寒冷的季节里，制冷机组可以拆除。机械制冷汽车有3种基本结构。

（1）车首式制冷机组　把包括电动机在内的整套制冷机组安装在车厢前端。

（2）制冷机组与动力装置分开　大型货车的制冷压缩机配备专门的发动机，通常以汽油作燃料，布置在车厢下面；小型货车的压缩机与汽车共用一台发动机，制冷能力一般按车速40km/h设计。为了防止汽车出现机械故障，或在冷藏汽车停驶时仍能驱动制冷机组，有的汽车还装备一台能利用外部电源的备用电动机。

（3）压缩机独立　带电动机的压缩机组置于车架底下，用一根长管道将机组与车内的蒸发器连接起来。这种形式的制冷机组在振动时容易松动，制冷剂易泄漏，且车下机组受到沙、尘土及路面热辐射的影响，设备故障较多，因此，总的趋势是采用车首式制冷机组。

机械制冷冷藏汽车的蒸发器通常安装在车厢的前端，采用强制通风方式。冷风贴着车厢顶部向后流动，从两侧及车厢后部下到车厢底面，沿底面间隙返回车厢前端。这种通风方式使整个食品货堆都被冷空气包围着，外界传入车厢的热流直接被冷风吸收，不会影响食品温度。

在冷藏运输新鲜的果蔬类食品时，将产生大量的呼吸热，为了及时排除这些热量，在货堆内外都要留出一些间隙，以利通风。运输冻结食品时，没有呼吸热放出，货堆内部不必留间隙，只要冷风在货堆周围循环即可。

机械制冷冷藏汽车的优点：车内温度比较均匀稳定，温度可调，运输成本较低。缺点：结构复杂，易出故障，维修费用高；初投资高；噪声大；大型车的冷却速度慢，时间长；需要融霜。

3. 蓄冷板冷藏车

蓄冷板是指内装共晶溶液，能产生制冷效果的板块状的容器。蓄冷板中充注有低温共晶溶液，使蓄冷板内共晶溶液冻结的过程就是蓄冷过程。将蓄冷板安装在车厢内，外界传入车厢的热量被共晶溶液吸收，共晶溶液由固态转变为液态。常用的低温共晶溶液有乙二醇、丙三醇的水溶液及氯化钙-氯化钠的水溶液。不同的共晶溶液有不同的共晶点，要根据冷藏车的需要，选择合适的共晶溶液。一般来讲，共晶点应比车厢规定的温度低 $2 \sim 3 ℃$。

蓄冷的方法通常有两种：一种是利用集中式制冷装置，即当地现有的供冷藏库用的或具有类似用途的制冷装置。拥有蓄冷板冷藏汽车很多的地区，可设立专门的蓄冷站，利用停车或夜间使蓄冷板蓄冷。另一种是借助于装在冷藏汽车内部的制冷机组，停车时借助外部电源驱动制冷机组使蓄冷板蓄冷。

蓄冷板冷藏汽车的蓄冷板可装在车厢顶部，也可装在车厢侧壁上，蓄冷板距厢顶或侧壁 $4 \sim 5 cm$，以利于车厢内的空气自然对流。为了使车厢内温度均匀，有的汽车还安装有风扇。

蓄冷板冷藏汽车的优点：设备费用比机械式的少；可以利用夜间廉价的电力为蓄冷板蓄冷，降低运输费用；无噪声；故障少。缺点：蓄冷板的数量不能太多，蓄冷能力有限，不适于超长距离运输冻结食品；蓄冷板减少了汽车的有效容积和载货量；冷却速度慢。蓄冷板不仅用于冷藏汽车，而且可用于铁路冷藏车、冷藏集装箱、小型冷藏库和食品冷藏柜等。

目前，我国已有物流公司采用先进的相变蓄冷技术，如食品级蓄冷软包材，因其可循环使用、绿色环保无污染等优势，在生鲜食品、农产品冷链保鲜配送中得到广泛应用，解决了生鲜配送装备升级的难题，为冷链物流配送过程中的食品保鲜、食品安全提供了有力保障。

4. 组合式冷藏车

顾名思义，组合式冷藏车即是可采用以上几种制冷方式组合的汽车，通常有液氮-风扇盘管组合制冷汽车、液氮-蓄冷板组合制冷汽车两种。液氮-蓄冷板组合制冷冷藏汽车主要用于分配性冷藏汽车，液氮制冷和蓄冷板制冷各有分工。蓄冷板主要担任下列情况的制冷任务：通过车厢壁或缝隙的传热量；环境温度大于38℃时，一部分开门的换热量；环境温度小于16℃时，全部的开门换热量。而液氮系统主要承担环境温度大于16℃时的开门换热量，以尽快恢复车厢内规定的温度。

这种组合式制冷的特点：环境温度低时，用蓄冷板制冷较经济，而环境温度高或长时间开门后，用液氮制冷更有效；装置简单，维修费用低；无噪声，故障少。除了上述冷藏汽车外，还有一种保温汽车，它没有任何制冷装置，只在壳体上加设隔热层，汽车不能长途运输冷冻食品，只能用于市内由批发商店或食品厂向零售商店配送冷冻食品。

（三）冷藏火车

冷藏火车运输是远距离陆地运输大批冷冻食品时首选的交通设备，因为火车的运量大、速度快，因此，是冷藏链中最重要的环节。2014—2018年我国铁路承担的冷链运输货运量由40万t增长至160万t，年均增长率为41.42%，铁路运输在冷链运输市场中的占比也由2014年的0.44%增长至2018年的0.85%，年均增长率为17.89%。

虽然铁路冷链运输规模保持了高速增长趋势，但其在冷链运输市场仍只占据很小的份额。此外，铁路冷链运输在整个铁路货运中的占比也处于较低的地位，2018年铁路运输的货运量达到40.26亿t，铁路冷链运输的货运量仅占比0.04%。

冷藏火车多以加冰冷藏车和机械冷藏车为主。冰冷车是单节式的，机冷车多数为成组式，还有小部分是5节式车组。此外，铁路近年来还相继研制开发了单节式机冷车、冷板冷藏车、机械和冷板式冷藏集装箱、液氮冷藏车和隔热车等新型运输工具。下面重点介绍两种主要的交通设备。

1. 冰制冷的冷藏火车

冰一直是铁路运输中常用的一种制冷介质。冰制冷的火车车厢还敷设隔热层，传热系数为0.42~0.7W/（m²·℃）。这种冷藏火车分为带冰槽与不带冰槽两种。这冰槽可以设在车厢顶部，也可以设在车厢两头。设置在顶部时，一般车顶装有6~7只马鞍形储冰箱，2~3只为一组。为了增强换热，冰箱侧面、底面设有散热片。每组冰箱设有两个排水器，分左右布置，以不断清除融解后的水或盐水溶液，并保持冰箱内具有一定高度的盐水水位。这两类火车用于承载不同的食品。

（1）不带冰槽的冷藏火车　主要用来运输不怕与冰、水接触的冷冻水产品。运输冰藏鱼时，鱼箱中装有碎冰。将鱼箱码放在车厢里后，再在鱼箱顶部用碎冰覆盖鱼箱。车厢底面有排水管将融化的冰水排至车外。

（2）带冰槽的冷藏火车　若冷冻食品不宜与冰、水直接接触，需要附带冰槽的冷藏火车。冰槽可以设置在车厢顶部也可以设置在车厢两头。冰槽设置在车厢顶部时，密度大的冷空气下沉，密度小的热空气上升，容易进行自然对流。加之冰槽沿车箱长度均匀布置，不安装通风机也能保证车厢内温度均匀。若冰槽设置在车厢两头，为使冷空气在车厢内均匀分布，需安装通风机。冰槽安装在车厢顶部时，冰槽外表面会结露。为防止露水滴落在食品上，要用防水材料将食品覆盖住。此外，这种冷藏火车在电气化线路上运行时，从车厢顶部往冰槽里较为烦琐，且具有一定危险性。若车厢内要求维持0℃以下的低温，可用冰盐混合物代替纯冰，车厢内温度最低可达-8℃。融化形成的盐水排出车外，因此对线路设施有一定的腐蚀性。

2. 干冰制冷的冷藏火车

干冰最大的特点就是从固态直接变为气态，而不产生液体。若食品不宜与冰、水直接接触，也可用干冰代替水和冰。将干冰悬挂在车厢内顶部或直接将干冰放在食品上。运输新鲜水果、蔬菜时，为了防止水果、蔬菜发生冻害，不要将干冰直接放在水果、蔬菜上，二者要保持一定的间隙。

用干冰冷藏运输新鲜食品时，空气中的水蒸气会在冰容器表面上结霜。干冰升华后容器表面的霜融化成水滴落到食品上。为此，要在食品表面覆盖一层防水材料。

3. 机械制冷的冷藏火车

机械制冷铁路冷藏车有两种结构形式。一种是每一节车厢都备有自己的制冷设备，用自备的柴油发电机组来驱动制冷压缩机，冷藏车可以单节与一般货物车厢编列运行；另一种铁路冷藏车的车厢中只装有制冷机组，没有柴油发电机，这种铁路冷藏车不能单辆与一般货物列车编列运行，只能组成单一机械列运行，由专用车厢中的柴油发电机统一供电，驱动压缩机。

机械制冷的冷藏火车车厢长15~21m、宽2.8~3.1m、高3.1~4.4m，有效装载容积70~90m³，载质量30~40t。采用聚苯乙烯或发泡聚氨酯作隔热层，围护结构的传热系数为0.29~0.49W/（cm²·℃）。机械制冷冷藏列车有两种结构形式：一种是每一节车厢都备有自己的制冷设备，用自备的柴油发动机组驱动制冷压缩机，冷藏列车可以单节与一般货物车厢编列运行；另一种是车厢内只装有制冷机组，没有柴油发电机，这种冷藏列车不能单节与一般货车编列运行，只能组成单一机械列车运行，由专用车厢中的柴油发电机统一供电，驱动制冷压缩机。机械制冷冷藏列车内的温度可以控制在-30~14℃或-20~14℃。

机械铁路运输的优点：温度低，温度调节范围大；车厢内温度分布均匀；运输速度快；制冷、加热、通风及除霜自动化。缺点：造价高；维修复杂；使用技术要求高。

（四）冷藏船

海陆运输易腐食品必须用冷藏船，因为远洋渔业的作业时间很长，有的长达半年以上，必须用冷藏船将捕捞物及时冷冻加工和冷藏。冷藏船可分为三种。

1. 冷冻母船

冷冻母船是万吨以上的大型船，配备冷却装置、冻结装置，可进行冷藏运输。

2. 冷冻运输船

冷冻运输船包括集装箱船，其隔热保温要求很严格，温度波动不超过±5℃。

3. 冷冻渔船

冷冻渔船一般是指备有低温装置的远洋捕鱼船或船队中较大型的船。

对于船用制冷系统一般采用直接蒸发方式，个别也有盐水系统的，制冷剂通常为R22（二氟一氯甲烷），双级压缩制冷。冷藏货舱内空气的循环通常采用冷风机强制对流，也有采用冷却排管让空气自然对流的。

（五）冷藏集装箱

冷藏集装箱是指具有一定隔热性能，能保持一定低温，适用于各类食品冷藏储运而进行特殊设计的集装箱。冷藏集装箱出现于20世纪60年代后期，冷藏集装箱具有钢质轻型骨架，内、外贴有钢板或轻金属板，两板之间充填隔热材料。常用的隔热材料有玻璃棉、聚苯乙烯、发泡聚氨酯等。

根据制冷方式，冷藏集装箱主要包括以下几种类型。

1. 外置式保温集装箱

无任何制冷装置，隔热性能很强，箱的一端有软管连接器，可与船上或陆上供冷站的该集装箱集中供冷，箱容利用率高，自重轻，使用时机械故障少，但必须由设有专门制冷装置的船舶装运，使用时箱内的温度不能单独调节。

2. 内藏式冷藏集装箱

箱内带有制冷装置，可自己供冷。制冷机组安装在箱体的一端，冷风由风机从一端送入箱内。如果箱体过长，则采用两端同时送风，以保证箱内温度均匀。为了加强换热，可采用下送上回的冷风循环方式。

3. 保温集装箱

无任何制冷装置，但箱壁具有良好的隔热性能。

4. 液氮和干冰冷藏集装箱

利用液氮或干冰制冷。按照运输方式，冷藏集装箱可分为海运和陆运两种，它们的外形尺寸没有很大的差别，但陆地运输特殊的要求又使二者存在一些差异。海运集装箱的制冷机组用电是由船上统一供给的，不需要自备发电机组。因此，机组构造比较简单，体积较小，造价也较低。但海运集装箱卸船后，因失去电源就得依靠码头上供电才能继续制冷，如转入铁路或公路运输时，就必须增设发电机组，国际上一般的做法是采用插入式发电冷藏集装箱，特点如下。

（1）更换运输工具时，不需要重新装卸食品，不会造成食品反复升温，从而避免了食品质量下降。

（2）箱内温度可以在一定的范围内调节，箱体上还设有换气孔，因此，能适应各种易腐食品的冷藏运输要求，而且温差可以控制在±1℃之内，避免了温度波动对食品质量的影响。

（3）集装箱装卸速度很快，使整个运输时间明显缩短，降低了运输费用。

（4）与铁路冷藏车相比，在产品数量、品种和温度上的灵活性大大增加，铁路冷藏车，大列挂20个冷藏车厢，小列挂10节冷藏车厢，不管货物多少，只能有两种选择，而集装箱的数量可随意增减；铁路冷藏车的温度调节范围较小，而冰冷藏车的车厢内温度就更难控制。

（5）由于柴油发电机的开停也受箱内温度的控制，避免了柴油机空转耗油，使集装箱在7d运行期间，中途不用加油。陆用集装箱的箱体构造轻巧，造价低。

（6）能最大限度地保持食品质量，减少运输途中的损失。如运输新鲜蔬菜时，损耗率可从敞篷车的30%~40%降低到1%左右。

冷藏集装箱应保证冷空气在箱内循环，使温度均匀。集装箱内部应容易清洗，且不会因用水洗而降低隔热层的隔热性能。底面应设排水孔，能防止内外串气，保持气密性。对机械制冷的冷藏集装箱，应保证制冷压缩机既可用自备的动力机驱动，也可以用外部电源驱动。

（六）航空运输

航空运输的发展为虾蟹类和高档水产品的长距离运输提供了条件，国内餐馆中的一些高档"生猛海鲜"大多利用航空运输。如挪威的冰鲜三文鱼从奥斯陆空运到上海仅需18h，完全可以达到做生鱼片要求的鲜度。

总之，以上是常用运输设备，无论是采用哪种运输方式，在运输时都要注意以下几点。

（1）运输冻结食品时，为减少外界侵入热量的影响，要尽量密集码放。装载食品越多，食品的热容量就越大，食品的温度就越不容易变化。运输新鲜水果、蔬菜时，果蔬有呼吸热放出，为了去除呼吸热，货垛内部应留有间隙，以利于冷空气在货垛内部循环。无论冻结食品还是新鲜食品，整个货垛与车厢或集装箱的围护结构之间都要留有间隙，以供空气循环。

（2）加强卫生管理，避免食品受到异味、异臭及微生物的污染。运输冷冻食品的冷藏车尽量不运输其他货物。

（3）冷冻运输设备的制冷能力只用来排除外界侵入的热流量，不足以用来冻结或冷却食品。因此，冷冻运输设备只能用来运输已经冷冻加工的食品，切忌用冷冻运输设备运输未经冷冻加工的食品。

五、食品冷冻销售设备

食品冷冻销售设备要求具有制冷设备，有隔热处理，能保证冷冻食品处于适宜的温度下；能很好地展示食品的外观，便于顾客选购；具有一定的储藏容积；

日常运转与维修方便；安全、卫生、无噪声；动力消耗少的特点。

食品冷冻销售设备主要指超市冷藏陈列柜和家用冰箱。

（一）超市冷藏陈列柜

冷藏陈列柜是菜场、副食品商场、超级市场等销售环节的冷藏设施，目前已成为冷藏链建设中的重要一环。冷藏陈列柜要求：装配制冷装置，有隔热层，能保证冷冻食品处于适宜的温度下；能很好地展示食品的外观，便于顾客选购；具有一定的储藏容积；日常运转与维修方便；安全、卫生、无噪声。

根据陈列柜的结构形式，可分为敞开式和封闭式，前者又包括卧式敞开式和立式多层敞开式，后者又包括卧式封闭式、立式多层封闭式和半敞开式冷冻销售陈列柜。

1. 卧式敞开式陈列柜

此类陈列柜上部敞开，开口处有循环冷空气形成的空气幕，通过维护结构侵入的热量也被循环的冷风吸收，不影响食品的质量。对食品质量影响较大是由开口部侵入的热空气及辐射热，特别是对于冻结食品用的陈列柜，辐射热流较大。

2. 卧式封闭冷藏陈列柜

卧式封闭冷藏陈列柜的结构与敞开式的相似，它在开口处设有 2~3 层玻璃构成的滑动盖，玻璃夹层中的空气起隔热作用。另外，冷空气风幕也由埋在柜壁上的冷却排管代替，通过外壁面传入的热量被冷却排管吸收。为了提高保冷性能，可在陈列柜后部的上方装置冷却器，让冷空气像水平盖子那样强制循环，但缺点是商品装载量少，销售效率低。

3. 立式多层敞开式冷藏陈列柜

立式多层陈列柜单位占地面积的容积大，商品放置高度与人体高度相近，展示效果好，也便于顾客购物。但这种结构的陈列柜，其内部的冷空气易溢出柜外，从而外界侵入的空气量也多，为了防止冷空气与外界空气的混合，在冷风幕的外侧，再设置一层或两层非冷空气构成的空气幕，同时，此类陈列配备了较大的制冷能力和冷风量。

4. 立式封闭式冷藏陈列柜

立式封闭式的柜体后壁上有冷空气循环通道，冷空气在风机作用下强制地在柜内循环。柜门为 2~3 层玻璃，玻璃夹层中的空气具有隔热作用，由于玻璃对红外线的透过率低，虽然柜门很大，传入的辐射热并不多。

5. 半敞开式冷冻销售陈列柜

半敞开式冷冻销售陈列柜多为卧式小型销售柜，外形很像卧式封闭式冷冻销售柜。不同的地方主要是：没有滑动盖，开口处是自然对流形成的空气幕；在箱体内部的后壁上侧装置有翅片冷却管束，用以吸收开口部传入柜内的热量。至于通过围护结构传入的热量，则由箱体内壁外侧埋设的冷却排管吸收，这与卧式封闭式是一样的。因此，整个箱体内的温度分布，小包装食品的结霜情形，都与卧式封闭式冷冻销售柜相同。以上既是各种冷藏柜的介绍，不同形式的冷藏陈列柜的性能差别较大，要根据具体的情况选用。

（二） 家用冰箱

在冷藏链中，家用冰箱是最小的冷藏单位，也是冷藏链的终端。随着经济发展和人民生活水平的提高，家用冰箱已大量进入普通家庭，对冷藏链的建设起了很好的促进作用。家用冰箱的种类很多，按照制冷系统可分为压缩式、吸收式和半导体式等；按照箱体外形可分为立式、卧式、台式、壁式、茶几式和炊具组合式等；按照箱门形式可分为单门、双门、三门、四门和多门。

家用冰箱通常有两个储藏室：冷冻室和冷藏室。冷冻室用于食品的冷冻储藏，储存时间较长，根据冻结食品的种类，或者储藏期限，冷冻室温度可以为 $-18℃$、$-12℃$ 或 $-6℃$。冷藏室用于冷却食品的储藏，温度为 $0 \sim 10℃$。某些新型的冰箱中还有冰温室或微冻室（$-5 \sim 0℃$）、解冻室。

（三） 各种食品冷冻销售陈列柜的比较

1. 单位长度的有效内容积

就单位长度的有效内容积而言，立式为卧式的 2 倍以上，同为卧式，敞开式又稍大于封闭式。对于卧式封闭式，出于保冷性能上的要求，不能很宽。而卧式敞开式，由于开口处有空气幕，宽度可大一些。

2. 单位占地面积的有效内容积

该指标由大到小的顺序：立式多层封闭式>立式多层敞开式>卧式封闭式>卧式敞开式。无论卧式还是立式，敞开式都比封闭式小 15% 左右。这是因为在敞开式中为了使冷空气循环，需要设置风道，在立式多层敞开式中，要设置 2~3 层空气幕，占用了相当的容积。如果立式多层封闭式不采用内藏式制冷机，其单位占地面积的有效容积会更大。

3. 单位长度消耗的电力

无论是卧式还是立式，敞开式单位长度消耗的电力都是封闭式的 1.5 倍左右。无论是敞开式还是封闭式，立式又大约是卧式的 2 倍。这四种型式冷冻销售柜单位长度耗电量与单位长度的有效内容积的大小顺序相同。

4. 单位有效内容积消耗的电力

该指标由小到大的顺序：立式多层封闭式>卧式封闭式>卧式敞开式>立式多层敞开式。可见，封闭式比敞开式节省电力。同为敞开式，立式与卧式相差不大；同为封闭式，立式与卧式相差也不大。

食品冷冻销售陈列柜是食品冷藏链的重要组成部分，是使冷冻食品在销售环节处于适宜温度必不可少的设备，因此，保冷应是它的基本性能。在影响冷冻销售柜保冷性能的因素中，辐射换热与对流侵入热量是两个主要因素。对于销售冻结食品的销售柜，一定要注意减少辐射换热量，食品包装材料的黑度要尽量小。

超市中往往设置空调系统，这不只是为了使顾客舒适，也是为了减少侵入冷冻销售陈列柜中的热流量。

【项目小结】

本项目简要介绍了食品冷链的相关概念，概述了食品冷链的分类，在此基础上，介绍了冷链的组成及结构等知识要点，主要包括食品的冷冻加工、冷冻储藏、冷冻运输及送货、冷冻销售及各部分，食品冷藏链使用的相关设备及冷链的三个阶段。

食品冷藏运输设备的要求，并分别介绍了其中包含的运输设备：冷藏汽车、冷藏火车、冷藏船和冷藏集装箱及航空运输。食品冷冻销售设备中列举了常见的超市冷藏陈列柜和家用冰箱，并对各种食品冷冻销售陈列柜进行了简单比较。

复习思考题

一、名词解释

1. 食品冷藏链
2. 冷藏集装箱

二、填空题

1. 食品冷藏链由_____、_____、_____和_____4个方面构成。
2. 按照食品产生和最后被消费的顺序，可以分为_____、_____和_____3个阶段。

三、问答题

1. 食品冷藏运输设备包含哪些？
2. 简述干冰制冷冷藏汽车工作原理及优缺点。

 # 项目六　食品保鲜新技术

【知识目标】

1. 了解食品保鲜中新技术及其优缺点。
2. 了解纳米保鲜技术及脉冲磁场杀菌的原理。

【技能目标】

掌握食品保鲜新技术特点及其适用范围。

【必备知识】

1. 辐射保藏技术对食品的影响及辐射杀菌的种类。
2. 影响超高压杀菌的主要因素。
3. 臭氧保鲜的技术特点。

一、纳米保鲜技术

纳米技术是指在纳米尺度（0.1~100nm）上利用原子分子结构的特性及其相互作用原理，并按人类的需要在纳米尺度上直接操纵物质表面的分子、原子乃至电子来制造特定产品或创造纳米级加工工艺的一门新兴学科技术。纳米材料由于具有不同于单位材料和单个分子的独特表面与界面效应、体积效应、量子尺寸效应和宏观隧道效应等，自1984年德国科学家Gleiter等首次用惰性气体凝聚法成功地制得铁、钯、铜等纳米微粒以来，各国对纳米材料的制备、性能和应用研究日趋完善，在化工、生物、医药、电子、光学和陶瓷等领域，引起了世界各国科学界的广泛重视。由于纳米材料表现出的新特性和新功效，纳米技术的迅速发展将引发一场新的工业革命，已广泛应用在原料化工、医药、通信、能源等领域。

纳米技术在食品工业中实质性的应用始于将纳米材料应用到食品包装上，多元化智能包装技术正在取代传统包装。食品纳米技术，就是把以微细加工为特点的纳米技术应用于食品工业领域。纳米食品不仅意味着原子修饰食品或纳米设备生产食品，而是指用纳米技术对食品进行分子、原子的重新编程，某些结构会发生改变，从而提高某些成分的吸收率，加快营养成分在体内的运输、延长食品的

保质期等。

纳米包装材料是指以分子水平的形式将纳米级粒子分散在柔性高分子聚合物中而形成的复合材料。常用纳米材料有金属（Ag、Zn 等）、金属氧化物（TiO_2 等）和无机聚合物。常用高分子聚合物有聚乙烯（PE）、聚氯乙烯（PVC）、聚酰胺（PA）等。添加了纳米粒子的包装材料的物理性能、力学性能和透气、透湿性、稳定性、抗菌性、保鲜性等有大幅提高。

纳米技术可以在分子水平上改变包装材料的结构。经纳米技术改变的塑料包装水分和气体可以穿过包装材料，极大地满足了水果、蔬菜、饮料葡萄等食品保鲜的包装要求，提高了产品的保质期。常见的纳米级 TiO_2 是目前最常用的光催化型抗菌剂，TiO_2 为无机成分，无毒、无味、无刺激性；热稳定性与耐热性好；自身为白色，且高温不变色、不分解；并且有即效性好、抗菌能力强、抗菌谱广、抗菌效果持久等优点。研究表明，将 TiO_2 纳米粒子应用于聚氯乙烯，研制出的 PVC/TiO_2 纳米保鲜材料保鲜效果尤佳。纳米 TiO_2 复合薄膜可以有效地减少代谢过程中产生的 CO_2 和 H_2O 以及乙烯等有害物质，抑制或杀灭微生物以减少果蔬出现变质与腐烂。利用纳米粉体 TiO_2、Ag 及高岭土等，研制的一种新型纳米包装材料包装酱牛肉和绿茶与普通包装材料相比透氧量降低 2.1%、透湿量降低 28.0%，且在酱牛肉保鲜中纳米材料能有效抑制酱牛肉中细菌的生长繁殖，降低挥发性盐基氮的产生，并延长了酱牛肉的保质期，很好地保存了产品的色泽和风味。并且添加了纳米级 TiO_2 所制成的纳米抗菌材料与普通抗菌材料相比，具有耐老化、耐高温、综合性能优良、抗菌性稳定、长久等优点，扩大了应用范围，提高了应用等级。

此外用纳米母粒（由纳米粉体塑料偶联剂等制成）与聚乙烯按一定比例制成的纳米包装袋对柿果货架品质具有很好的保鲜作用，可抑制柿果的呼吸强度、保持柿果的硬度和可溶性固形物含量。纳米氧化钛或纳米氧化硅粒子制成的复合保鲜液对枇杷和樱桃进行涂膜保鲜，可减少枇杷及樱桃的失水率、降低枇杷和樱桃的呼吸与腐烂指数。添加了银纳米粒子的塑料包装材料在提高杨梅好果率和延长货架期方面效果明显，在抑制维生素 C 分解方面也有一定的作用。

目前，纳米保鲜包装在水果、蔬菜、菌菇、茶叶、酱牛肉等多种生鲜或加工食品中加以研究应用，可以起到抑制生理代谢、减少腐烂变质、延缓品质劣变和延长贮藏期的作用。尤其是纳米抗菌剂，如 Ag 能很好地抑制细菌和真菌的增殖，起到保鲜防腐的作用。

二、食品辐照保藏技术

食品辐照保藏是利用射线照射食品，对食品进行灭菌、杀虫，或抑制鲜活食品的生命活动，从而达到防霉、防腐、延长食品货架期目的的保藏方法。

（一）辐照保藏的特点

食品辐射保藏是利用放射性元素^{60}Co或^{137}Cs的γ射线机加速器产生的电子束等所产生的辐射能量，对新鲜肉及其制品、粮食、水果、蔬菜、调味料、饲料以及其他加工产品进行杀菌、杀虫、防止霉变、抑制发芽、延迟后熟等处理，从而最大限度地减少食品损失，保持食品品质，延长食品保藏期。

应用于食品辐射的放射线有高速电子流、γ射线及X射线。射线的种类不同，辐射效果也会相应地发生变化。

食品辐照已成为一种新型、有效的食品保藏技术，与传统的加工保藏技术如加热杀菌、化学防腐、冷冻、干藏等相比，辐射技术有其优越性。食品辐照是一种"冷"灭菌方法。辐照处理的食品几乎不会出现温度升高（<2℃），2～7kGy的辐照剂量可以有效杀死常见的致病菌和非芽孢菌，诸如沙门菌、李斯特菌、金黄色葡萄球菌或大肠杆菌，而且还能很好地保持食品的色香味形等外观品质，也不改变食品的特性，特别适用于处理热敏性的食品。辐照食品不会留下任何残留物，是物理加工的过程，而传统的化学防腐技术面临着残留物及对环境的危害问题，与药品熏蒸（如谷物杀虫）和化学处理相比，这是一个突出优点，可以减少环境中化学药剂残留浓度日益增长而造成的严重危害。由于对生态环境的破坏和化学残留的原因，溴甲烷、二溴已烷和环氧乙烷已逐渐被禁用，因此，食品辐照可取代化学熏蒸，作为一种简便有效的杀虫手段，辐照技术的另一个特点就是穿透力强，杀虫、灭菌彻底。对不适用于加热、熏蒸、湿煮的食品（谷物、果实、冻肉等）中的害虫、寄生虫和微生物，γ射线辐射能够起到化学药品和其他处理方式所不能及的作用。

食品辐照应用范围广泛。现在，辐射可应用于豆类、谷物及其制品，干果果脯类，熟畜禽肉类，冷冻包装畜禽肉类，香辛料类，新鲜水果和蔬菜类六大类食品。辐照还可以对一些食品包装材料和医用器械进行灭菌处理。辐照保藏方法能节约能源。据国际原子能机构（IAEA）报告，单位食品冷藏时需要消耗的最低能量为324.4kJ/kg，巴氏杀菌为829.14kJ/kg，热消毒为1081.5kJ/kg，脱水处理为2533.5kJ/kg，而辐照消毒只需要22.7kJ/kg，辐照巴氏杀菌仅需2.74kJ/kg。因此，辐照处理可以大大降低能耗。

辐照对食品保藏的缺点包括：①在杀菌剂量的照射下，食品中的酶不能完全被钝化；②敏感性强的食品和经高剂量辐照的食品可能发生不宜的感官性质变化；③辐照保藏方法不适用于所有食品，要选择性地应用；④要对辐照源进行充分遮蔽，必须经常连续对辐照区和工作人员进行监测检查。

（二）辐照对微生物的作用

由于微生物对放射线造成的损伤具有一定的修复功能，故放射线对于不同微生物的致死效果也各有差异。其次，由于微生物受到电离放射线的辐照，细胞中的细胞物质引起电离，产生化学变化，使细胞直接死亡。同时也会对维持生命的重要物质产生影响，致其死亡。例如，存在细胞中的水分，当在放射线高能量的作用下，引起化学反应，分解为 OH^- 及氢原子，从而间接引起微生物细胞的致死作用。

有研究发现，微生物细胞中的脱氧核糖核酸（DNA）、核糖核酸（RNA）对放射线反应最为敏感。它直接影响细胞的分裂和蛋白质的合成。

（三）辐照对食品成分的影响

食品受放射线照射后，对成分会产生一定的影响。在碳水化合物方面，首先将引起纤维素、半纤维素、果胶、淀粉等长碳链化合物碳链切断，生成葡萄糖、果糖等还原糖。从而使食品机械强度降低、抗菌力下降、黏度变小、淀粉的碘反应色调发生变化、对淀粉酶的敏感性增大。

有些维生素受辐照也会引起变化，最不稳定的是维生素 C 和 B 族维生素中的维生素 B_1，这种变化与加热处理的情况类似。氨基酸受辐照会引起脱氨作用生成胺。含硫氨基酸被分解生成硫化氢和甲硫醇，这是显著的异臭成分。脂肪是对辐照最敏感的成分之一。放射线的能量可使脂肪的活性亚甲基脱氢，造成一连串的氧化连锁反应，产生自由基，促进脂肪酸的酸败。

以上可以看出，食品受辐射会引起成分的变化，导致异味的发生、过氧化物的增加和物理性质变差，但以上变化一般是利用单一成分进行辐照试验的。由于食品是由多种成分有机结合及成分之间相互保护作用，整体食品的变化情况与以上不完全一样。在食品上，对于利用杀菌剂量的辐照，蛋白质并不引起分解，碳水化合物也较为稳定，脂肪的变化也小，食品中的其他成分的变化则更少。另外，在辐照方法上，应尽量采用低温辐照、缺氧辐照，或利用增感剂以及选择最佳的辐照时间等，这样对于减轻辐照对食品的副作用是完全可能的。

（四）辐射杀菌的种类

1. 辐射完全杀菌（Radappertization）

处理方式所用的电离辐射剂量足以使微生物的数量减少或使有生存能力的微生物数量降低到很小程度。在后处理没有污染的情况下，以目前现有的方法没有检出腐败微生物，也没有毒素被检出。这种处理的目的是希望生产出几乎是无菌的稳定的食品。处理过的食品，只要不再受污染，可在任何条件下长时间保藏。辐射完全杀菌所需的剂量在几万戈瑞（Gy）。

2. 辐射针对性杀菌（Radicidion）

这种处理所使用的辐射剂量足以降低某些有生命力的特定非芽孢致病菌（如沙门菌）的数量，结果用任何标准方法都不能检出病菌的存在。剂量范围一般为 5~10kGy。这种处理不能杀灭所有的微生物，因为食品中有可能存在比对象菌更耐辐射的芽孢菌或其他细菌。因而这种处理方式强调的是食品的卫生安全性，而不能保证长期贮存的微生物学安全性。因此，这种方法处理的食品，贮存时必须有其他手段的配合，如低温或降低产品的水分活性等。

3. 辐射选择性杀菌（Radurization）

应用的电离辐射剂量足以提高保藏品质，并可使生存的特定腐败微生物的数量显著减少。由于生长在不同食品上的微生物种类不同，这些微生物的耐辐射性也不同，并且残存的微生物在一定条件下的生长速度也不同，所以这种处理的剂量水平随食品的种类和处理后贮存条件和贮存期要求而异。但一般说来，辐射杀灭微生物一般以杀灭90%微生物所需的剂量来表示，即残存微生物下降到原菌数的10%时所需用的剂量，并用D_{10}（或DM）来表示。引起腐败变质的微生物的耐辐射性都不大，D_{10}值不大，所以这种处理的剂量范围多在1~2kGy。与辐射针对性杀菌处理一样，用这种方式处理过的食品的贮存期是有限的，多数情况下要与冷藏或冻藏结合，才能达到一定的贮存期。

（五）辐照杀菌的影响因素

1. 温度

在冻结状态下，微生物对放射线的抵抗性为一般状态的1.5~2倍。研究者认为，这是由于在冻结时，细胞中自由基和其他反应性物质的移动减少，以致间接致死的效果降低。另一方面，从辐照对食品的破坏来看，温度的影响非常显著，表现为温度越高、破坏性大。因此，为了使杀菌的副作用减小，一般在较低温度的环境下进行。

2. 氧气

一般说来，氧气的存在，可提高射线杀菌的效果。若沙门菌在厌氧状态下，对放射线的抵抗力是通气状态的3倍。但就放射线对食品成分的破坏而言，厌氧状态较佳。厌氧状态下的射线破坏程度不到通气状态的1/10。故实际运用放射线进行食品杀菌时，仍是在厌氧状态下进行的。

3. 保护物质和增感物质

将试验物质放在pH7.0、0.1mol/L的磷酸缓冲液中，进行D值的比较，使D值增高的（对有机物起保护作用）成为保护物质，使D值降低的（促进杀菌）称为增感物质。

氨基酸、葡萄糖等以及其他对生物体有保护作用的一些成分，对微生物受放射线的辐照具有保护作用，特别是半胱氨酸、谷胱甘肽等化合物，是有效的保护物质。经研究发现，增感的物质种类较多，如碘乙酸等，可使微生物对放射线的感受性提高10~100倍。因此，这样的物质被添加后，射线的杀菌剂量可以减少至1/100~1/10，但现在能够用于食品的仅是维生素K。

（六）应用辐射保鲜的种类

1. 畜禽肉蛋类

这类制品腐败变质主要原因是腐败细菌引起的，相对于其他新鲜食品，这类制品对辐射处理不是很敏感。因此可以应用上面提到的 3 种杀菌方式进行辐射处理。

大量研究发现，应用高剂量对肉类进行辐射完全杀菌处理时，由于辐射完全杀菌的剂量不足以使产品中所含的酶完全钝化，为了获得常温下稳定的食品，一般在辐照前都采用适当的热处理使自溶酶钝化。然而，高剂量的处理常使产品产生异味。目前减少异味最有效的方法是在$-80 \sim -30$℃范围内的冷冻温度和真空条件下进行辐照。为了防止辐照产品的再污染，辐照前就应将产品真空密封于不透水气、空气、光线和微生物的容器中。

蛋类的辐射主要是应用辐射针对性杀菌剂量，其中沙门菌是对象致病菌。但由于蛋白质在受到辐射时会发生降解作用，因而辐射会使蛋液的黏度降低。因此，一般蛋液及冰冻蛋液用电子射线或 γ 射线辐射，灭菌效果都比较好。而对带壳鲜蛋可用电子射线处理，剂量应控制在 10kGy 左右，更高的剂量会使蛋带有硫化氢等异味。

2. 水产类

通过对这些研究的综合分析，世界卫生组织、联合国粮农组织、国际原子能机构共同认定并批准，以 100~200kGy 辐射剂量来处理鱼，可以减少微生物，延长鲜鱼在 3℃以下的保鲜期。

3. 果蔬类

导致水果腐败的微生物大多是霉菌，通常辐射处理是为了抑制霉菌的生长，因此处理时应注意对剂量的控制。许多易腐水果及制品，如草莓、葡萄等用一定剂量的辐射处理后，均可延长保藏时间。其中，在延迟水果后熟过程方面，对香蕉等热带水果的效果较好。此外，辐射处理在果品杀虫也有一定的效果。蔬菜类辐射处理的主要目的是抑制发芽和延缓新陈代谢作用，效果最明显的有马铃薯、洋葱，这两种产品经过 0.04~0.08kGy 剂量的处理后，可在常温下贮藏 1 年以上。更多研究表明，辐射处理大蒜、胡萝卜等也有类似的效果。对于脱水蔬菜（如脱水胡萝卜、青梗菜、豆芽菜等）的辐照杀菌，效果也十分显著。采用 6~10kGy 剂量范围的 γ 射线对其进行辐照，不仅可以有效杀灭脱水蔬菜中的微生物，贮藏保鲜效果可达 1 年以上，且经生物学检验、营养成分分析和吸收剂量测定，各项指标均符合标准。

4. 谷物及其制品

谷物及其制品的辐照处理应以控制虫害及霉菌的繁殖为主。针对昆虫处理所需的剂量范围按立即致死、几天内死去和不育要求分别为 3~5kGy、1kGy 和 0.1~0.2kGy。而控制谷类中霉菌所需的剂量范围在 2~4kGy。大米则可用 5kGy

的辐射剂量进行霉菌处理。高于此剂量时,大米的颜色会变暗,但煮沸时,有黏性增加的效应。对于焙烤制品,如面包、点心、饼干和通心粉等,使用 1kGy 的剂量进行照射处理,就可收到除虫和延长贮存期的效果。

我国批准允许辐射的食品类别与吸收剂量如表 6-1 所示。

表 6-1　我国批准允许辐射的食品类别与吸收剂量（GB 18524—2016）

类别	品种	目的	吸收剂量/kGy
豆类、谷类及其制品	绿豆、大米、面粉、玉米楂、小米等	防止虫害	≤0.2（豆类） ≤0.4~0.6（谷类）
干果果脯	空心莲、桂圆、核桃、山楂、枣	防治虫害、延长保质期	≤1.0
熟畜禽肉	六合脯、扒鸡、烧鸡、盐水鸭、熟兔肉	灭菌、延长保质期	≤8
冷冻分割禽肉类	猪、牛、羊、鸡	杀灭沙门菌及腐败菌	≤2.5
干香料	五角粉、八角、花椒	杀菌、防霉、延长保质期	≤10
花粉	玉米、荞麦、高粱、芝麻、油菜等的纯花粉及混合粉	防霉、延长贮存期	≤8
新鲜水果蔬菜	土豆、洋葱、大蒜、生姜、番茄、荔枝、苹果	抑制发芽、延缓后熟	≤1.5

三、超高压杀菌保鲜技术

传统的热力杀菌低温加热不能将食品中的微生物全部杀灭（特别是耐热的芽孢杆菌），而高温加热又会不同程度地破坏食品中的营养成分和食品的天然特性,不适合于那些重视风味的食品的灭菌。同时,热力杀菌也消耗了大量的能源。为了更大限度地保持食品的天然色、香、味、形和一些生理活性成分,满足现代人的生活要求,一些新型的保藏技术应运而生。食品高压保藏技术、食品高压脉冲电场杀菌技术、脉冲磁场杀菌技术都是"冷杀菌"技术,能使食品获得一定的保藏效果,而对食品品质影响较小,具有广阔的应用前景。食品玻璃化保藏技术是 20 世纪 80 年代末食品保藏科学的重大突破,它为食品科学的研究开辟了一条崭新的道路。食品生物保藏技术因其较高的安全性,在食品保鲜中的应用也越来越广泛。

食品超高压杀菌技术是当前备受重视和广泛研究的一项食品高新技术,简称为高压技术（High pressure processing, HPP）或高静水压技术（High hydrostatic pressure, HHP）。高压保藏技术就是将食品物料以某种方式包装后,在高压（100~1000MPa）下加压处理,高压导致食品中的微生物和酶的活性丧失,从而延长食品的保藏期。目前,日本、美国及欧洲的部分国家和地区等在高压食品的研究和开发方面走在世界前列。1990年4月，高压食品首先在日本诞生。随着科学技术的不断发展，高压技术将不仅用于食品的杀菌保藏，而且还将应用于食品加工的其他方面，成为食品加工中一种具有潜力的加工方法。

（一）超高压杀菌的基本原理

超高压杀菌的基本原理就是压力超过一定值后对微生物具有致死作用。高压导致微生物的形态、生物化学反应以及细胞膜、细胞壁等发生多方面的变化，从而影响微生物原有的生理活动功能，甚至使原有功能破坏或发生不可逆变化，导致微生物失活。

1. 高压和微生物

一般微生物具有一定的耐压特性。大多数细菌都能够在20~30MPa下生长，在40~50MPa压力下能够生长的微生物称为耐压微生物，在1~50MPa下能够生长的微生物称为宽压微生物。然而，当压力达到50~200MPa时，耐压微生物仅能够存活但不能生长。

（1）高压对微生物形态的影响　高压会影响细胞的形态。在高压下微生物细胞体积减小，形态发生异常，如由球状变为细杆状。海红沙雷菌在60MPa下形成200μm长的纤丝，而它的长度在常压下只有0.6~1.5pm。扣囊覆膜胞酵母菌在250MPa下保持15min（以30MPa/min的速度升压，以90MPa/min速度卸压），在升压过程中细胞体积随压力升高而减小，最后达到初始体积的85%~90%。在15min的压力保持过程中，细胞体积减小至75%。卸压后细胞体积又会部分恢复，可回复至初始的90%。升压和卸压过程中细胞体积的变化，是由于细胞膜的可收缩性。在压力保持阶段，细胞体积减小不再是细胞可压缩性的表现，而是细胞内容物在压力持续作用下水分流失的过程。这种不可恢复的体积减小导致细胞内大量的聚合蛋白分离。另外，弧菌和荧光假单胞菌在10MPa下具有鞭毛，而在40MPa下则会失去鞭毛。

高压对细胞膜和细胞壁也有影响。细胞膜的主要成分是磷脂和蛋白质，其结构靠氢键和疏水键来保持。如果细胞膜是极其可透的，细胞便面临死亡。在压力作用下，细胞膜的双层结构的容积随着每一磷脂分子横切面积的缩小而收缩。蛋白质在细胞膜内发生变性，抑制了细胞生长所必需的氨基酸。高压增加了细胞膜的通透性，使细胞成分流出，破坏了细胞的功能。如果压力较低，细胞可以恢复到原来的状态，反之就会导致细胞的破坏。此外，这种现象还与菌种有关，而且往往是可逆的。多数微生物在解除压力后会返回到正常形状重新开始运动。

（2）高压对微生物的灭活作用　高压能够降低微生物的生长和繁殖的速率，甚至导致微生物的死亡。延缓微生物繁殖或致死的压力阈值因微生物的种类和种属而异。大肠杆菌的生长和增殖在10~50MPa压力下受到明显的抑制，在30℃下稳定期保持10~15h，在40MPa以上的压力下，滞后期将延长。在52.5MPa下，大肠杆菌不能生长。

（3）影响高压杀菌效果的主要因素　食品的成分及组织状态十分复杂，食品中的各种微生物所处的环境不同，因而耐压的程度也不同。在高压杀菌过程中，对不同的食品对象应采用不同的处理条件。一般影响高压杀菌的主要因素有以下几个。

①pH对高压杀菌的影响：在压力作用下，介质的pH会影响微生物的生长。在食品允许范围内，改变介质pH，使微生物生长环境劣化，也会加速微生物的死亡速率，使高压杀菌的时间缩短或降低所需压力，高压不仅能改变介质的pH，而且能够逐渐缩小微生物生长的pH范围。

②温度对高压杀菌的影响：就杀菌效果而言，温度与高压具有协同作用。因此，在高温或低温的协同作用下，高压杀菌的效果可以大大提高，在低温下微生物的耐压程度降低。这主要是由于压力使得低温下细胞内因冰晶析出而破裂的程度加剧，因此，低温对高压杀菌有促进作用。而在同样的压力下，杀死同等数量的细菌，温度高则所需杀菌时间短。这是因为在一定温度下，微生物中的蛋白质、酶等均会发生一定程度的变性，因此，适当提高温度对高压杀菌也有促进作用。但是，在一定的温度区间，提高压力反而能够延缓微生物的失活。可见，压力和温度结合杀灭芽孢的作用不是简单的加和作用。

③微生物生长阶段对高压杀菌的影响：不同生长期的微生物对高压的反应不同，一般处于指数生长期的微生物比处于静止生长期的微生物对压力反应更敏感，革兰阳性菌比革兰阴性菌对压力更具抗性，革兰阴性菌的细胞膜结构更复杂而更易受压力等环境条件的影响而发生结构的变化，孢子对压力的抵抗力比营养细胞更强。与非芽孢类的细菌相比，芽孢类细菌的耐压性更强，当静压超过100MPa时，许多非芽孢类的细菌都失去活性，但芽孢类细菌则可在高达1200MPa的压力下存活。革兰阳性菌中的芽孢杆菌属和梭状芽孢杆菌属的芽孢最为耐压，其芽孢壳的结构极其致密，使得芽孢类细菌具备了抵抗高压的能力，因此，杀灭芽孢需更高的压力并结合其他处理方式。

④食品本身成分组成和添加物对高压杀菌的影响：食品的成分十分复杂，且组织状态各异，故对于高压杀菌的影响情况也较为复杂。一般当食品中富含营养成分或高盐、高糖成分时，其杀菌速率均有减慢趋势，这大概与微生物的耐高压性有关。一般糖浓度越高，微生物的致死率越低；盐浓度越高，微生物的致死率越低，添加物对高压杀菌的影响是富含蛋白质、油脂的食品一般高压杀菌较困难，但添加适量的脂肪酸酯、糖脂及乙醇后，会增强高压杀菌的效果。

⑤水分活度（A_W）对高压杀菌的影响：水分活度低于0.94时，深红酵母的高压杀菌的效果减弱；水分活度高于0.96时，杀菌效果可以达到7个数量级的减少；而水分活度为0.91时，则没有杀菌效果。较高的固形物含量也会妨碍酿酒酵母、黑曲霉、毕赤酵母和毛霉的高压杀菌。

⑥加压方式：高压灭菌方式有连续式、半连续式、间歇式。一般阶段性（或

间歇性)压力、重复性压力灭菌的效果要好于持续静压灭菌的效果。

⑦压力的大小和加压时间：在一定范围内，压力越高，灭菌效果越好。在相同压力下灭菌时间延长，灭菌效果也有一定程度的提高。300MPa 以上的压力可使细菌、霉菌、酵母菌死亡，病毒则在较低的压力下失去活力，对于非芽孢类微生物，施压范围为 300~600MPa 时有可能全部致死。对于芽孢类微生物，有的可在 1000MPa 的压力下生存，对于这类微生物，施压范围在 300MPa 以下时，反而会促进芽孢发芽。

2. 高压和细胞生物化学反应

由于许多生物化学反应都会发生体积上的改变，所以加压将对生物学过程产生影响。氢键的形成伴随着容积的减小，所以加压有利于氢键的形成。此外，压力还会影响疏水的交互反应，压力低于 100MPa 时，疏水交互反应导致容积增大，以致反应中断；但是，压力超过 100MPa 后，疏水交互反应将伴随容积减小，而且压力将使反应稳定，此外，高压还能使蛋白质变性，因此，高压将直接影响微生物及其酶系的活力。

高压能够抑制发酵反应。牛乳在 70MPa 下放至 12d 不会变酸。酸乳在 10℃、200~300MPa 处理 10min 后乳酸菌保持在发酵终止时的菌数，可避免贮藏中发酵而引起酸度上升。

3. 高压和酶促反应

高压能导致食品中的酶或微生物中的酶失活，一般 100~300MPa 压力引起的蛋白质变性是可逆的，超过 300MPa 引起的变性则是不可逆的。但是，使酶完全失活往往需要较高的压力和较长的时间，因此，单纯靠高压处理达到完全灭酶是相当困难的。

4. 高压对食品中营养成分的影响

采用高压技术处理食品，可以在杀菌的同时，较好地保持食品原有的色、香、味及营养成分。高压对食品中营养成分的影响主要表现在以下几个方面。

(1) 高压对水分的影响

①高压对水体积的影响：水是大多数食品的主要成分，高压下水的特性直接影响食品高压处理的效果。22℃时，在 100MPa、400MPa、600MPa 高压作用下，水的体积分别被压缩 4%、12% 和 15%。绝热压缩导致水（或水溶液）的温度上升，上升幅度为 2~3℃/100MPa，决定于初期温度和压力上升速度。同样，压力的释放也会导致温度以同样幅度下降，这种温度变化可通过水与食品和压力容器之间的热交换减少到最低程度，水在高压下的这种特性表明了低温高压加工不会对加工的食品产生任何热损伤，而且低温高压的杀菌效率比常温下更高。

②高压对水相变的影响：水的相变（尤其熔化与结晶之间）也受压力的影响，在 210MPa 压力下，-22℃时水仍然为液态，这是由于压力能抑制冰晶（Ⅰ型）形成时体积的增加。高压冻结和高压解冻正是基于压力所导致的食品中水分

的固液相变，导致水分冻结或冰解冻。水在高压下的这种特性可以在压力下低温（-20~0℃）解冻生物样品，且解冻过程迅速均一；可以进行不冻冷藏，即在一定的压力下，可以低温（-20~0℃）贮存生物样品而不会形成冰晶。

此外，与常压解冻法相比，高压解冻法具有解冻速度快、汁液流失少的优点，而且与常压下流动水解冻相比，高压解冻更节约水，高压解冻另外一个潜在的优点是可以抑制微生物的生长，使其失去活性，产品色泽鲜艳、品质好。

（2）高压对蛋白质的影响　高压使蛋白质高级结构伸展，体积发生改变而变性，即所谓的压力凝固。压力凝固的蛋白质消化性与热力凝固的相同，如鸡蛋蛋白在超过 300MPa 的压力下会发生不可逆变性，而且压力越高，作用时间越长，变性程度越大，使蛋白质发生变性的压力大小随物料或微生物特性而异，通常在 100~600MPa 范围内。高压对蛋白质一级结构没有影响。在高于 700MPa 的压力下，二级结构将发生变化，从而导致变性。

另外，在高温时，压力能够稳定蛋白质，使其热变性温度提高；而在室温时，温度能稳定蛋白质，使蛋白质变性压力提高。尽管压力对蛋白质的影响十分复杂，但是压力在食品加工处理和保藏中的应用前景十分广阔。

（3）高压对淀粉及糖类的影响　高压可使淀粉改性。常温下加压到 400~600MPa，可使淀粉糊化而成不透明的黏稠糊状，且吸水量也发生改变，原因是压力使淀粉分子的长链断裂，分子结构发生改变。

不同的淀粉对高压的敏感性（耐压性）差别较大，如小麦和玉米淀粉对高压较敏感，而马铃薯淀粉的耐压性较强，又如马铃薯淀粉经处理的晶体结构在高压处理后会消失，多数淀粉经高压处理后糊化温度有所升高，对淀粉酶的敏感性也增加，从而使淀粉的消化率提高。

高压可使淀粉改性，常温下加压到 400~600MPa，可使淀粉糊化而呈不透明的黏稠糊状物，且吸水量也发生改变。原因是压力使淀粉分子的长链断裂，分子结构发生改变。马铃薯淀粉对高压具有较强的抵抗力，而小麦及玉米淀粉易受高压影响。此外，高压还可作为破坏细胞壁的手段，促进淀粉粒的膨化、糊化，改良陈米的品质，使米饭的黏性、香气和光泽度升高，而且还可以缩短煮饭时间。

（4）高压对油脂的影响　油脂类耐压程度低，常温下加压到 100~200MPa，基本上变成固体，但解除压力后仍能恢复到原状。另外，高压处理对油脂的氧化有一定的影响。压力下脂肪（甘油三酯）的熔化温度会发生可逆上升，其幅度为每增加 100MPa 压力，温度上升 10℃，因此室温下为液态的脂肪在高压下会发生结晶。

另外，压力能钝化微生物的原因，可能就在于细胞膜中磷脂在压力作用下的结晶化，引起细胞膜结构和通透性的改变。当水分活度在 0.40~0.55 时，高压处理使油脂的氧化速度加快，但水分活度值不在此范围时则相反，温度对这一结果有影响。

(5) 高压对食品中其他成分的影响　高压对食品中的风味物质、维生素、色素及各种小分子物质的天然结构几乎没有影响。例如，在生产草莓果酱等产品时，可保持原果的特有风味、色泽及营养，在柑橘类果汁的生产中，加压处理不仅不会影响其感官质量和营养价值，而且可以避免加热异味的产生，同时还可抑制榨汁后果汁中苦味物质的生成。

（二）超高压杀菌技术在食品保藏中的应用

1. 高压杀菌技术的特点

高压杀菌技术与传统的加热处理比较（表6-2），优点如下。

(1) 高压处理不会使食品色、香、味等物理特性发生变化，不会产生异味，加压后食品仍较好地保持原有的生鲜风味和营养成分，例如经过高压处理的草莓酱可保留95%的氨基酸，在口感和风味上明显超过加热处理的果酱。

(2) 高压处理后，蛋白质的变性及淀粉的糊化状态与加热处理有所不同，从而获得具有新特性的食品。

(3) 高压处理为冷杀菌，可以较好地保持食品的原有风味。

(4) 高压处理是液体介质短时间内的压缩过程，从而使食品灭菌达到均匀、瞬时、高效，且耗能比加热法低。

表 6-2　　　　　高压杀菌和加热杀菌的比较

项目	高压杀菌	加热杀菌	项目	高压杀菌	加热杀菌
传递速度	快，瞬间进行	慢，热传递要一段时间	维生素	无损失	有损失
杀菌时间	5~20min	20~30min	氨基酸	无影响	有影响
温度	常温	80~130℃	果糖、葡萄糖	无影响	有影响
风味	不变	改变	工艺流程	简单	复杂

2. 应用类别

(1) 肉制品　与常规保藏方法相比，经高压处理后的肉制品在嫩度、风味、色泽等方面均得到改善，同时也增加了保藏性。牛肉宰后需要在低温下进行10d以上的成熟，采用高压技术处理牛肉，只需10min；300MPa，10min 处理鸡肉和鱼肉，结果得到类似于轻微烹饪的组织状态等。原料肉在常温下经150~300MPa的高压处理后制成的法兰克福香肠，其蒸煮损失明显下降，多汁性得到提高，而对色泽和风味没有不良影响。

(2) 果汁和果酱　橙汁、柠檬汁、柑橘汁在常温下经10min的高压处理，果汁中的酵母、霉菌数目大大减少，当压力达到300MPa时已检不出这类细菌，使用高压技术制造的葡萄柚汁没有热加工产品的苦味。桃汁和梨汁在410MPa下处理30min可以保持5年商业无菌。高压处理的未经巴氏杀菌的橘汁保持了原有的风味和维生素C，货架期达17个月。与加热杀菌处理相比，高压处理较好地保持了梨果汁中的香气成分，多酚氧化酶的作用，高压处理后迅速褐变。在20℃、400MPa的压力下，0.5%柠檬酸溶液中处理15min可以使多酚氧化酶完全失活。

（3）水产品　水产品的加工较为特殊，产品要求具有原有的生鲜风味、色泽、良好的口感与质地，常规的加热处理、干制处理均不能满足要求，而高压处理可保持水产品原有的新鲜风味。例如，在600MPa下处理10min，可使水产品的酶完全失活，其结果是对虾等甲壳类水产品，外观呈红色，内部为白色，完全呈变性状态，细菌数量大大减少，但仍保持原有生鲜味。

（4）其他　对低盐、无防腐剂的脆菜制品，高压杀菌更显示出其优越性，高压（300~400MPa）处理时，可使酵母或霉菌致死，既提高了腌菜的保存期又保持了原有的生鲜特色。高压技术还可用于延长鸡蛋、鲜鱼、干酪制品、牛乳等冷藏食品的货架期。

四、减压保鲜技术

减压贮藏（Hypobaric storage）又称为低气压贮藏（LPS）、真空贮藏等。减压贮藏是集真空冷却、气调贮藏、低温保存和减压技术于一体的贮藏方法。按食品在贮藏中的温度变化可分为减压冷却和低压贮藏两个阶段。果蔬首先在减压低温条件下冷却，在这一过程中，果蔬通过水分蒸发与环境进行热、湿交换，温度迅速降低。在后一阶段中，当食品与环境的温度、湿度达到平衡后，就处在一个低压低温的环境中贮藏。在低温低压环境中，氧气、二氧化碳等气体的含量相应减少，对果蔬而言，能够降低呼吸强度、并抑制乙烯生物合成、延缓叶绿素分解、抑制类胡萝卜素和番茄红素合成、减缓淀粉水解、糖分增加与酸的消耗等过程，从而延缓果蔬的成熟和衰老。通过与外界气体交换，还能迅速排除贮藏环境中的有害气体，如乙烯、乙醇、乙醛、乙酸等；防止和减少各种贮藏生理病害，如酒精中毒等。而对于动物性食品而言，氧气浓度的减少，可以防止脂肪氧化。低温有降低果蔬的呼吸作用、推迟后熟、降低水分蒸发；低温还能够抑止微生物的生存、发育和繁殖，降低酶的活性，阻止寄生虫的繁殖或者使之死亡。因此减压冷藏不仅可以保持新鲜水果和蔬菜的品质、硬度、色泽等，也能很好地对肉类、花卉等进行保鲜。

果蔬的减压贮藏是将果蔬置于密闭容器内，抽出容器内部分空气，使压力降到规定要求，整个系统不断地进行气体交换，以维持贮藏容器内压力的动态恒定和保持一定的湿度环境。同时，利用人工制冷降低贮藏环境的温度，带走食品本身的显热、呼吸热及漏热。它的技术原理是在普通冷藏的基础上引入减压技术，并在冷藏期间保持恒定的低压、低温。

（一）减压方式

减压贮藏技术关键是产品在密闭室内，抽出环境中部分空气，使室内气压降到一定程度，并在贮藏期间保持恒定的低压水平。按减压运行方式的不同，主要分两种工作方式即：定期抽气式（静止式）和连续抽气式（连续式）两种，前者是从减压室内抽气达到要求的真空度后即停止抽气，然后，适时补充空气并适当抽空，以维持规定的低压。这种方式虽可促进食品内部的挥发性成分向外扩散，却不能使这些物质不间断地排到减压室外。而连续抽气式减压冷藏能较好地解决了这一问题。把减压室抽空到要求的低压，新鲜空气经过加湿器提高相对湿度（85%~100%）后，再经压力调节器输入减压室。整个系统不间断地连续运转，即等量地不断抽气和输入空气，保持压力恒定。所以产品始终处于恒定的低压、低温和湿润新鲜的气体之中。

（二）减压保鲜的技术特点

减压保鲜技术是在真空技术发展的基础上，将常压贮藏替换为真空环境下的气体置换贮存方式。此方式能迅速改变贮存容器内的空气压力，并且能够精确地控制气体成分。

1. 利于气调贮藏

将果蔬置于密闭容器内，抽出容器内部分空气，使内部气压降到一定程度，空气中各种气体组分的分压都相应降低，O_2浓度也相应降低。例如，当把气压降至正常的1/20~1/10，空气中各组分的相对比例并未改变，但它们的绝对含量则降为原来的1/20~1/10，此时O_2的含量只相当于正常气压的1.1%~2.1%。所以，减压贮藏能创造出一个低O_2或超低O_2的条件，从而起到类似气调贮藏的作用，在超低O_2的条件下更易于气调贮藏。

2. 促进果蔬组织内挥发性气体向外扩散

减压贮藏可以促进果蔬组织挥发性气体向外扩散，这是减压贮藏明显优于冷藏和气调贮藏的最重要原因。减压处理能够大大加速组织内乙烯以及其他挥发性产物如乙醛、乙醇等向外扩散，因而可以减少由这些物质引起的衰老和生理病害。

3. 从根本上消除CO_2中毒的可能性，抑制微生物的生长发育

减压贮藏很容易造成一个低CO_2的贮藏环境，因而可从根本上消除了CO_2中毒的可能性。另外，减压贮藏由于可造成超低O_2条件，所以可抑制微生物的生长发育和孢子形成，由此减轻某些侵染性病害，并且可使无残毒高效杀菌气体由表及里，高强度地渗入果蔬组织内部，成功地解决了高湿与腐烂这一矛盾。从使用效果看，减压保鲜则具有贮藏期延长、能够快速减压降温、快速降氧、快速脱除有害气体成分、贮量大、可多品种混放、可随时出库和入库、延长货架期、节能、经济等特点。这是因为减压贮藏除具有冷藏和类似气调贮藏的效果外，还有利于组织细胞中有害物质如乙烯、乙醇等挥发性气体的排出。

（三）减压冷却

减压保鲜贮藏可以分为两个阶段，即减压冷却和减压贮藏。在前一个过程中果蔬通过真空冷却使自身温度下降；在后一阶段中，食品与环境的温度和湿度达

到平衡，食品在低压低温的环境中保存。

减压冷却又称真空冷却，是目前一种比较理想的预冷技术。液体蒸发时需要吸收自身和周围环境的热量即蒸发潜热，使自身温度和环境温度降低。水在一个标准大气压下的沸点是100℃，蒸发潜热为2256kJ/kg，当压力下降到611Pa时，水的沸点是0℃，蒸发潜热为2500kJ/kg。随着压力的降低，水的沸点随温度降低，蒸发单位质量水所需的热量反而增加。真空预冷就是在真空条件下，让水迅速在真空室内以较低的温度蒸发，吸收自身及环境热量而产生制冷效果。产品的蒸发面积与体积之比、表面水分蒸发的阻力决定真空预冷的效果，对于冷却效果不佳的产品可通过预先湿润或蒸发过程中的喷淋加水达到冷却效果。

（四）减压贮藏存在的问题和研究前景

1. 存在问题

（1）减压贮藏的建筑要求比普通冷库高得多，甚至比气调贮藏库还要高，因此费用也高。到目前为止，这种方法还处于试验研究阶段，在实践中推广还有一定困难。

（2）库内换气频繁，产品易失水萎蔫，故特别要注意减压贮藏中的湿度控制，最好在流通的气体中增设加湿装置。

（3）产品香味降低　减压贮藏后，产品芳香物质损失较大，很容易损失原有的香气和风味。但有些产品在常压下放置一段时间后，风味又有所恢复。这只有在贮藏后期稍提高一点压力或适当进行催熟，才能得到解决。

2. 研究前景

减压贮藏的这些不足之处，有经济原因，也有技术原因。随着经济的发展，人民生活水平的提高及对果蔬品质的高要求，经济问题可以得到解决。目前，筛选适宜低压库库体的材料，确定减压贮藏设施的技术参数、建造工艺，在保证耐压的情况下降低减压库的建筑费用等，是将减压贮藏技术推向大规模商业性运行过程中亟待解决的问题。如果能够取得突破性进展，必将对果蔬贮藏造成深远的影响，很有可能彻底解决珍稀果蔬季产年销、长期供应中存在的问题。我国相关的科研院所和高校应加强这方面的研究，国家应适当增加科研经费，相信在不久的将来，这些技术难题会被解决。减压贮藏在果蔬保鲜领域将会有更广阔的应用前景。

五、脉冲磁场杀菌保鲜技术

磁场杀菌，又称磁力杀菌，它是将食品置于高强度脉冲磁场中处理，达到杀菌的目的。处理条件是在常温常压下，利用脉冲磁场快速传播的特性，进行瞬时杀菌。近年，日本、美国的一些研究证明，脉冲磁场杀菌在食品行业有着重要的应用价值，脉冲磁场杀菌是一项有前途的冷杀菌技术。

磁场分高频磁场和低频磁场。脉冲磁场强度在2T范围以内的磁场为低频磁场:磁场强度大于 2T 的磁场为高频磁场或振荡磁场,具有强杀菌作用。低频磁场对微生物的影响也非常大,它能有效地控制微生物的生长、繁殖,使细胞钝化,降低分裂速度甚至使微生物失活。高频磁场杀菌是指将食品放置于磁通密度大于 2T 的振荡磁场中,使微生物在磁场的作用下失活的杀菌方法。

脉冲磁场杀菌是利用高强度脉冲磁场发生器向螺旋线圈发出强脉冲磁场,待杀菌食品放置于螺旋线圈内部的磁场中,微生物受到强脉冲磁场的作用后导致死亡,脉冲电场杀菌存在的不足是易产生电弧放电,一方面食品会被电解,产生气泡,影响杀菌效果和食品质量;另一方面电极会被腐蚀,影响设备的使用寿命,电弧放电的问题给杀菌系统的设计和放大带来了很大的难度。而脉冲磁场杀菌不存在脉冲电场杀菌的缺陷,脉冲磁场杀菌作为一种物理冷杀菌技术,具有以下优点。

(1)杀菌物料温升一般不超过 5℃,对物料的组织结构、营养成分、颜色和风味影响较小。

(2)安全性高。高磁场强度只存在于线圈内部和其附近区域,离线圈稍远,磁场强度明显下降,线圈内部以及距离线圈 2m 区域内的磁通密度是 7T;超 2m,磁通密度下降至与地磁磁通密度大体相当。因此,只要操作者处于适宜的位置,就没有危险。

(3)与连续波和恒定磁场比较,脉冲磁场杀菌设备功率消耗低、杀菌时间短、对微生物杀灭力强、效率高。

(4)便于控制。磁场的产生和中止迅速。

(5)由于脉冲磁场对食品具有较强的穿透能力,能深入食品的内部,所以杀菌彻底。使用塑料袋包装食品,避免加工后的污染。

(一)脉冲磁场杀菌装置

磁体在一个区域内磁化周围粒子,该区域称为磁场。磁通密度是磁场强度的表示,其国际制单位为特斯拉(T)。磁场分为静止磁场和振荡磁场。静止磁场的强度不随时间发生变化,磁场各方向的强度相同。振荡磁场以脉冲的形式作用,每个脉冲均改变方向,磁场强度随时间衰减到初始的 10%。

杀灭微生物的磁通密度为 5~50T。超导线圈、产生直流电的线圈、由电容器充电的线圈均可产生该磁通量的振荡磁场。脉冲磁场杀菌是将带菌的食品物料装入料斗,然后将料斗放入磁场线圈中,接通电源,调节到所需要的电压进行充电,信号通过控制触发开关管的通断,来控制流经自感应线圈的电流的通断,由于自感应线圈产生的脉冲磁场的频率及脉宽与触发信号的相同,故可通过调节触发信号的频率来调节脉冲磁场的频率,脉冲磁场的强度与流过线圈的电流成正比,因此,可通过调节阻值大小来调节电流大小,进而调节脉冲磁场的强度。

(二)脉冲磁场杀菌原理

关于脉冲磁场对微生物的作用机理有多种理论,但归纳起来,外磁场作用于生物体所产生的生物效应有以下几个方面。

1. 磁场的感应电流效应

生物体对于磁场是可透过性的，瞬态磁场在生物体内将产生感应电流及高频热效应。在脉冲磁场的作用下，由于脉冲时间短，磁场的变化率很大，将激发起细胞内的感应电流。细胞在磁场下运动时，如果细胞所做运动是切割磁力线的运动，就会导致其中磁通密度变化并激发起感应电流，这个电流的大小、方向和形式是对细胞产生生物效应的主要原因，此感应电流越大，生物效应越明显。因此，在医学上，多是采取磁场旋转或振动的方法，扩大细胞内磁通密度的变化，提高对病灶的治疗效应。当细胞处于脉冲场时，可认为是静止不动的。由于磁场的瞬间出现和消失，必然在细胞内产生一瞬变的磁通密度，瞬变的磁场在细胞内激发起感应电流，此感应电流与磁场相互作用的力密度可以破坏细胞正常的生理功能。如果此细胞体积较大，产生相应的力密度也大，故而大细胞易于死亡，小细胞则反之。因此，就磁场对细胞产生的感应电流效应而言，恒强磁场不及旋转磁场，旋转磁场不及脉冲磁场，这就是为何脉冲磁场只要很短的时间和较小的场强，就会产生显著杀菌效果的原因。

2. 磁场的洛仑兹力效应

在磁场下，细胞中的带电粒子尤其是质量小的电子和离子，由于受到洛仑兹力的影响，其运动轨迹常被束缚在某一半径之内，磁场越大半径越小。根据磁场强度大小的不同，带电粒子的运动轨迹将会出现以下3种情况：①磁场强度较小，拉默半径大于细胞的大小，微生物细胞内的带电粒子运动自如，不但没有约束，反而可能使其更加定向、同步地向反应中心聚集，更加促进了细胞的生长和分裂；②磁场强度中等时，拉默半径与细胞的大小相当，则磁场的影响不明显；③磁场强度较大时，洛仑兹力加大，拉默半径小于细胞的大小，导致了细胞内的电子和离子不能正常传递，从而影响细胞正常的生理功能，细胞内的大分子如醇等则因在磁场下，所携带的不同电荷的运动方向不同而导致大分子构象的扭曲或变形，改变了酶的活性，因而细胞正常的生理活动也受到影响。

3. 磁场的振荡效应

分子生物学研究表明，生物体内的大多数分子和原子是具有极性和磁性的，因此，外加磁场必然会对生物产生影响或作用。不同强度分布的外加磁场对不同生物的影响程度是不同的。由于脉冲磁场是变化的，在极短的时间内，磁场的频率和强度都会发生极大的变化，在细胞膜上产生振荡效应。激烈的振荡效应能使细胞膜破裂，这种破裂导致细胞结构紊乱，从而杀死细胞，并最终达到杀死细菌的目的。

4. 磁场的电离效应

变化磁场的介电阻断性对食品中的微生物具有抑制作用。在外加磁场的作用下，食品空间中的带电粒子将产生高速运动，撞击食品分子，使食品分子分解，产生阴、阳离子，这些阴离子、阳离子在强磁场的作用下极为活跃，可以穿过细胞膜，与微生物体内的命物质如蛋白质、RNA 作用，而阻断细胞内正常生化反应和新陈代谢的进行，导致细胞死亡，进而杀死细菌。应该特别指出的是，利用脉冲磁场杀菌要求食品具有较高的电阻率，以防食品内部产生涡流效应面导致磁屏蔽。这也就是有些食品脉冲磁场杀菌效果很好，而有些食品杀菌效果较差的主要原因。

5. **脉冲磁场作用下微生物的自由基效应**

自由基一方面带有未抵消的电荷，另一方面又具有未配对的自旋电子，即具有未抵消的磁矩。不论是运动的电荷，还是磁矩都会受到磁场的影响。自由基可以彼此复合成为三重态（自旋相同）或单线态（自旋相反），三重态的磁矩更大，对磁场更敏感，自由基对三重态的效应发挥了一种转导作用。实验证明，化学上高度活动的自由基可以调节生物分子与磁场的相互作用。

（三）影响脉冲磁场杀菌效果的因素

脉冲磁场杀菌效果受到多种因素的影响，主要有磁场强度、脉冲数、微生物种类和生长期、介质温度及 pH 等。

1. **磁场强度**

磁场强度大小和方向不断变化，造成细胞内磁通密度的变化，导致感应电流大小和方向的变化。细胞内磁通密度变化的实现方式有两种：一种是通过细胞的运动来切割磁力线，引起细胞内磁通密度的变化加大，产生较大的感应电流，如在医学上使用的旋转磁场；另一种是脉冲磁场造成磁场的瞬间出现和消失，在细胞内也可以产生一瞬间变化的磁通密度，瞬变磁通密度必然会激发一个很大的感应电流，此感应电流与磁场共同作用，可以破坏细胞正常的生理功能，最终导致微生物细胞死亡。杀菌效果与磁场强度大小密切相关，随着磁场强度增加，杀菌效果增强。

2. **脉冲数**

杀菌刚开始时，随着脉冲数的增加，杀菌效果增加，但在 20 个脉冲的时候达到一个极值。随后，杀菌效果不再随脉冲数的增加而增加，有时候反而出现相反的变化趋势。

3. **微生物因素**

利用脉冲磁场对大肠杆菌和金黄色葡萄球菌在不同生长阶段，不同介质温度及 pH 的情况下进行杀菌试验，结果表明，这两种菌在对数生长期比在稳定生长期和延迟生长期对磁场更敏感，两种细菌在对数生长期的后期杀菌效果均出现反弹变差的现象，反弹趋势延长至稳定生长期，并趋于平缓。介质温度越高，脉冲磁场杀菌效果越好，但该温度远低于热致死温度，介质 pH 越接近中性，杀菌效果越差；pH 小于 5 时，杀菌效果较好。

总之，影响脉冲磁场对微生物细胞的效应的因素是多方面的；一方面受磁场的物理学因素的影响，例如磁场强度、脉冲数、脉冲电流的频率等；另一方面受微生物细胞所处介质性质的影响，例如 pH、温度、主要化学成分等。另外，细胞不同生长期对脉冲磁场影响的敏感程度也不同，磁场对微生物细胞产生生物学效应的过程，不是对某个或某些组分的一种或几种作用的结果，而是对这个细胞中的各个组分多方面作用的综合反映，某一作用因素的变化，就有可能出现不同的结果。

（四）脉冲磁场杀菌技术在食品保藏中的应用

关于脉冲磁场杀菌在食品行业中的研究和应用较多的是日本和美国，而我国这方面的研究和应用都非常少，有待于进一步开展，脉冲磁场灭菌技术可用于改进巴氏杀菌食品的质量，并延长其货架寿命。应用脉冲磁场杀菌技术保藏的食品需要具有 $10\sim25\Omega\cdot cm$ 以上的电阻率。经脉冲磁场处理杀菌保藏的食品包括含有嗜热链球菌的牛乳、含有酿酒酵母的橘汁和含有细菌芽孢的面团。因此，各种果蔬汁饮料、调味品和包装的固体食品都可使用脉冲磁场杀菌技术进行保藏。

脉冲磁场杀菌保藏的工艺流程包括首先使用塑料袋包装食品，在频率 $5\sim500kHz$、$1\sim100$ 个脉冲、温度 $0\sim50℃$ 的磁场中处理 $25\mu s\sim10ms$，处理时间等于脉冲数目与脉冲持续时间的乘积。

脉冲磁场杀菌保藏前不需要特殊处理食品。频率高于 $500kHz$ 的磁场杀菌效果不好，而且有加热食品的倾向。可以在常压和保持食品品质的温度情况下进行脉冲磁场杀菌处理，食品可以达到灭菌效果但没有质量的损失。食品温度在脉冲磁场处理后上升 $2\sim5℃$，这对于食品感官品质的影响很小，表 6-3 中列举了脉冲磁场杀灭食品中腐败菌的结果。

表 6-3　　脉冲磁场杀灭食品中腐败菌的结果

食品	温度/℃	磁通密度/T	脉冲数目	脉冲频率/kHz	初始菌数/（个/mL）	最终菌数/（个/mL）
牛乳	23	12	1	6	25000	970
酸乳	4	40	10	416	3500	25
橙汁	20	40	1	416	25000	6
面团	20	7.5	1	8.5	3000	1

此外，脉冲磁场对于水具有明显的杀菌作用。但脉冲磁场杀菌技术仍然存在诸多待解决的问题。例如，目前仍然不清楚磁场抑制或刺激微生物生长的机理和必要条件，尽管提出了不少解释磁场杀菌作用的机理，但对于刺激作用几乎未作解释。脉冲磁场杀菌仅可以降低微生物 2 个数量级，如果要使脉冲磁场杀菌技术商业化，还需要大幅度地提高杀菌的有效性和均匀性。

六、臭氧保鲜技术

（一）臭氧简介

臭氧是一种强氧化剂，臭氧发生器具有良好的杀菌消毒效果。臭氧灭菌的过程属于生物化学氧化反应。臭氧可以氧化分解细菌等微生物内葡萄糖所必需的酶，也可以直接与细菌、病毒发生作用，破坏其细胞和核糖核酸，分解 DNA、RNA、蛋白质、脂质类和多糖等大分子聚合物，使细菌等微生物内的物质发生通透性畸变，导致细胞的溶解死亡，并且将死亡菌体内的遗传基因、寄生菌种、寄生病毒粒子、噬菌体、支原体及热原（细菌病毒代谢产物、内毒素）等溶解变性灭亡。臭氧可对食品冷库进行杀菌、消毒、除臭，并保鲜其中的食品。由于臭氧具有不稳定性，将其用于冷库中，对冷库中的食品的贮藏保鲜更为有利，因为臭氧分解的最终产物是氧气，在所贮藏的食品中里不会留下有害残留物质。因此，被普遍认为是一类可以在食品中安全应用的杀菌物质。

臭氧果蔬保鲜技术主要是基于臭氧的酶钝化特性和强氧化特性。利用臭氧的强氧化性来杀菌，本身无残留也不会积累有毒物质，并且臭氧还可以在一定程度上降解果蔬表面的农药残留；臭氧能够氧化分解果蔬呼吸产生的具有催熟作用的乙烯气体，起到延缓果蔬老熟的作用；臭氧还可以抑制果蔬中多种酶的活性，抑制果蔬的衰老反应。臭氧（Ozone）的分子式是 O_3，相对分子质量为 48。臭氧由氧气转化而产生，带有特殊的腥味，自然界的闪电可产生臭氧，有些电机、变压器、复印机等电器的运行也可将空气中的氧气转变成臭氧。臭氧的稳定性较差，分解后仍转变成氧气，270℃条件下可瞬时分解，常温下可自行分解，一般在空气中的分解半衰期为 20~50min，在水中的分解半衰期约为 16min。

（二）臭氧杀菌

臭氧灭菌属溶菌的范畴，杀菌彻底迅速、高效广谱，几乎对所有病菌、霉菌、真菌及原虫、卵囊都有明显的灭活效果，并可破坏肉毒杆菌毒素。在消毒灭菌的同时，臭氧可自行还原为氧气，没有危害残留，无二次污染，是一种环保型杀菌剂；同时，也可避免紫外线消毒能效低、化学熏蒸污染大的缺点。

大规模臭氧发生通常采用紫外辐射或电晕放电等方法。波长在 185nm 的紫外辐射最易被氧分子吸收并产生臭氧，大气的臭氧层主要就由紫外辐射产生。微生物实验室用于无菌室灭菌的紫外灯也由此产生臭氧，由于考虑到经常性吸入浓度较高的臭氧不利于人体健康，目前生产的许多紫外灯滤掉了部分短波紫外辐射，就是所谓的无臭氧紫外灯。用紫外方法产生臭氧虽然纯度较高，但能耗也高，因此，实际应用较少。电晕放电法是通过交变高压电场使空气电离，将氧分子转变成臭氧。这种方法能耗较低，单机臭氧产量大，是目前应用最多的一类臭氧发生设备。

人体直接吸入臭氧可产生一定的毒性作用,一般空气中臭氧浓度达到0.02mg/kg时,人就可觉察,我国劳动保护法规定工作环境中的空气臭氧浓度不得超过0.1mg/kg。

臭氧消毒机对蔬菜水果贮藏防霉保鲜有很好的作用。蔬菜水果贮藏保鲜是一项复杂困难的工作,臭氧可在杀菌防霉与减缓新陈代谢两个方面发挥作用,同包装、冷藏、气调等手段一起配合提高保鲜效果。臭氧杀菌防霉分空库消毒、入库杀菌和日常防霉三个阶段应用,目的是减少霉菌、酵母菌等微生物造成腐烂。臭氧快速分解乙烯以实现减缓新陈代谢过程,推迟后熟和老化。臭氧消毒机蔬菜水果的包装码放在有利于臭氧接触、扩散,纸箱侧面的孔要捅开,不要码成大垛。

臭氧发生器除了杀菌消毒功能外,臭氧还具有去除食品车间异味、延长新鲜果蔬食品保鲜期的作用。

将臭氧通入水中,可制得臭氧水。臭氧水可用于对冷库地面、墙壁、搁物架、盛物箱进行有效清洗消毒。臭氧空气杀菌系统能有效抑制储藏库内各种微生物的滋生、及时杀灭空气中传播的各种病菌,从而防止食品霉变腐烂。

对于放置有裸露食品的冷库,可以适当延长臭氧发生器的开机时间,以维持较高的臭氧浓度、达到良好的杀菌保鲜效果。

在食品冷库中使用"系列食品储存保鲜专用臭氧发生器",主要具有三个方面的作用:一是杀灭微生物,消毒杀菌。二是氧化分解发出臭味的有机和无机化合物,清除库内的不良气味。三是抑制新鲜果蔬食品的新陈代谢过程,延长食品的保鲜期。

臭氧对各类微生物的强烈杀菌作用已经有许多研究报道。如有试验表明,绿脓杆菌($Pseudomonas\ aeruginosa$)在15℃、相对湿度73%、臭氧浓度0.08~0.6mg/kg条件下30min的死亡率可达99.9%用浓度为0.3mg/L的臭氧水溶液处理大肠杆菌和金黄色葡萄球菌1min的杀灭率均达到100%。芽孢对臭氧的抗性较营养细胞强,如要杀灭水中枯草芽孢杆菌黑色变种的芽孢需要将水中的臭氧浓度提高到3.8~4.6mg/L,作用时间延长到3~10min。

臭氧的高杀菌效率和低残毒特性已引起人们的广泛关注,其应用范围正在不断地扩展,目前臭氧应用最多的领域是饮用水杀菌处理、果蔬保鲜及空气的除臭消毒等。在其他食品的防腐保鲜方面也有不少成功应用的报道。

臭氧在饮用水杀菌处理方面早在20世纪初就已有规模化的应用,其杀菌效果非常理想,不产生二次污染,还兼有脱色、除异味等作用。在欧美许多发达国家,臭氧处理饮用水已相当普及,我国一些大城市也开始应用具氧水处理设备。水处理的臭氧投加量一般为1~3mg/L,维持时间10~15min。

臭氧在果蔬保鲜中的应用一般与气调库配合,对果蔬表面的微生物有良好的杀灭作用。另外,臭氧的强氧化性可将果蔬产生的乙烯氧化破坏,对延缓果蔬后熟、保持果蔬新鲜品质有理想的效果,应用时需针对不同的果蔬品种确定合适的处理剂量，高的剂量虽有好的杀菌防腐效果，且一般也不产生残毒，但高浓度的臭氧可能对果蔬固有的色泽、芳香风味等有不利影响。

关于臭氧在粮食储藏保鲜方面的应用也有一些研究报道，有试验表明，对高水分的粮食具有较好的防霉效果（如表6-4所示）。

表6-4　　　　　　　　　臭氧对高水分粮食的防霉效果

粮食品种	水分/%	原始霉菌含量/($\times 10^2$ 个/g)	处理后霉菌含量/($\times 10^2$ 个/g)	5d霉菌量/($\times 10^2$ 个/g)		10d霉菌量/($\times 10^2$ 个/g)	
				处理组	对照组	处理组	对照组
小麦	16.3	8.0	0.3	2.6	8000	30	霉变
玉米	16.8	5.0	0	2.3	230	19	霉变
稻谷	15.3	10	0.4	0.6	33	70	霉变

注：臭氧处理浓度10~40mg/kg，处理时间30h，储藏温度25~27℃。

应当指出，在大型粮库中应用臭氧防霉、杀虫的技术尚不成熟。其中的原因是多方面的，例如，臭氧的穿透力较弱，分解速度较快，自然扩散仅能作用于粮堆的表层，即使利用风机强制气体环流也较难使臭氧在粮堆中均匀分布，从而会影响臭氧杀灭虫、霉的效果。粮堆渗透障碍的因素也使得臭氧处理粮食需要较高的剂量和延续较长的时间，提高了使用成本，增加了臭氧氧化粮食的程度。总之，臭氧对杀灭虫、霉的有效性和不产生有毒残留污染粮食及环境，是人们寻找安全储粮方法的一个希望，但要实际应用尚有许多技术问题需要解决，其应用价值也有待验证。

【项目小结】

本项目简要介绍了食品保鲜的新技术，其中包括纳米材料保鲜、超高压杀菌保鲜、脉冲磁场杀菌保鲜、减压方式保鲜、辐射保鲜以及臭氧保鲜等新技术。

纳米包装材料是指以分子水平的形式将纳米级粒子分散在柔性高分子聚合物中而形成的复合材料。常用纳米材料有金属（Ag、Zn等）、金属氧化物（TiO_2等）和无机聚合物。常用高分子聚合物有聚乙烯、聚氯乙烯、聚酰胺等。添加了纳米粒子的包装材料的物理性能、力学性能和透气、透湿性、稳定性、抗菌性、保鲜性等有大幅提高。纳米技术可以在分子水平上改变包装材料的结构。经纳米技术改变的塑料包装水分和气体可以穿过包装材料，极大地满足了水果、蔬菜、饮料葡萄等食品保鲜的包装要求，提高了产品的保质期。

食品辐射保藏技术是利用放射性元素^{137}Cs或^{60}Co的γ射线机加速器产生的电子束等所产生的辐射能量，对新鲜肉及其制品、粮食、水果、蔬菜、调味料、饲料以及其他加工产品进行杀菌、杀虫、防止霉变、抑制发芽、延迟后熟等处理，从而最大限度地减少食品损失，保持食品品质，延长食品保藏期。

食品超高压杀菌技术简称为高压技术或高静水压技术。高压保藏技术就是将食品物料以某种方式包装后,在高压(100~1000MPa)下加压处理,高压导致食品中的微生物和酶的活性丧失,从而延长食品的保藏期。

减压贮藏是集真空冷却、气调贮藏、低温保存和减压技术于一体的贮藏方法,可分为减压冷却和低压贮藏两个阶段。磁场杀菌,又称磁力杀菌,它是将食品置于高强度脉冲磁场中处理,达到杀菌的目的。处理条件是在常温常压下,利用脉冲磁场快速传播的特性,进行瞬时杀菌。

脉冲磁场杀菌是利用高强度脉冲磁场发生器向螺旋线圈发出强脉冲磁场,待杀菌食品放置于螺旋线圈内部的磁场中,微生物受到强脉冲磁场的作用后导致死亡。脉冲磁场杀菌不存在脉冲电场杀菌的缺陷,是一项有前途的冷杀菌技术。

臭氧是一种强氧化剂,其灭菌的过程属于生物化学氧化反应。臭氧可以氧化分解细菌等微生物内葡萄糖所必需的酶,也可以直接与细菌、病毒发生作用,破坏其细胞和核糖核酸,分解DNA、RNA、蛋白质、脂质类和多糖等大分子聚合物,使细菌等微生物内的物质发生通透性畸变,导致细胞的溶解死亡。利用臭氧的强氧化性来杀菌,本身无残留也不会累积有毒物质,并且臭氧还可以在一定程度上降解果蔬表面的农药残留;臭氧能够氧化分解果蔬呼吸产生的具有催熟作用的乙烯气体,起到延缓果蔬老熟的作用;臭氧还可以抑制果蔬中多种酶的活性,抑制果蔬的衰老反应。

复习思考题

一、名词解释

1. 超高压杀菌技术
2. DM 或 D_{10}

二、选择题

超高压杀菌技术与传统的加热处理比较,优点包含(   )。

A. 不会使食品色、香、味等物理特性发生变化,不会产生异味

B. 蛋白质的变性及淀粉的糊化状态与加热处理有所不同

C. 高压处理使食品灭菌达到均匀、瞬时、高效,且耗能比加热法低

D. 为冷杀菌,较好地保持食品的原有风味

三、填空题

1. 一般空气中臭氧浓度达到_____时人就可觉察,我国劳动保护法规定工作环境中的空气臭氧浓度不得超过_____。

2. 根据减压运行方式的不同,可分为_____、_____。

四、问答题

1. 简述减压保鲜存在的问题。
2. 简述超高压杀菌的影响因素。

项目七 实训项目

实训一 鲜活食品贮藏过程中呼吸强度的测定

1. 实训目的

了解鲜活食品呼吸强度的测定原理和方法，能根据实际情况对鲜活食品的呼吸作用进行适当的调控。

2. 实训原理

呼吸作用是鲜活食品贮藏中非常重要的生理活动，是影响贮藏保鲜效果的重要因素。测定呼吸强度可衡量呼吸作用强弱，了解鲜活食品采后生理状态，为食品货架期的计算提供必要数据。

呼吸强度的测定通常是采用定量的碱液吸收鲜活食品在一定时间内由呼吸作用所释放出来的 CO_2，再用酸滴定剩余的碱，即可计算出呼吸作用所释放出的 CO_2 量，求出呼吸强度，其单位为每千克每小时释放出 CO_2 的质量（mg）。反应如下：

$$2NaOH + CO_2 \rightarrow Na_2CO_3 + H_2O$$
$$Na_2CO_3 + BaCl_2 \rightarrow BaCO_3 \downarrow + 2NaCl$$
$$2NaOH + H_2C_2O_4 \rightarrow Na_2C_2O_4 + 2H_2O$$

测定可分为气流法和静置法两种，本实训采用静置法。

3. 实训用具

苹果、梨、柑橘、番茄、黄瓜、青菜、小麦种子、水稻种子、鸡蛋等。

钠石灰、尼龙袋（适合种子等）、0.4mol/L 氢氧化钠、0.1mol/L 草酸、饱和氯化钡溶液、酚酞指示剂、凡士林等。

呼吸室、滴定管架、铁夹、25mL 滴定管、150mL 三角瓶、150mL 烧杯、500mL 烧杯、φ8cm 培养皿、小漏斗、10mL 移液管、吸耳球、100mL 容量瓶、玻璃棒、电子天平。

4. 实训步骤

（1）检查呼吸室的密闭性　在呼吸室的盖子周围涂上一层凡士林，检查其密闭性。

（2）放入碱液　用吸量管吸取 20mL 0.4mol/L 氢氧化钠于培养皿中，将培养皿放入呼吸室底部，放上隔板。

视频：果蔬呼吸
强度的测定
（扫码学习）

（3）放入样品　称取1kg左右的食品（种子样品放入尼龙袋中），放在隔板上，封盖，计时。

（4）取出碱液　放置1h后取出培养皿，将碱液移入烧杯中，用少量蒸馏水冲洗3~4次，总量控制在60mL左右，加入5mL饱和氯化钡溶液，用玻璃棒搅拌1min，加2滴酚酞指示剂。

（5）滴定　用0.1mol/L草酸滴定至红色完全消失，记录0.1mol/L草酸用量。同时做空白实验。

5. 结果计算

$$呼吸强度[mg\ CO_2/(kg·h)] = \frac{(V_1-V_2)·c·44·1000}{m·t}$$

式中　c——$H_2C_2O_4$的浓度，mol/L

　　　m——样品质量，kg

　　　t——测定时间，h

　　　44——CO_2的摩尔质量，g/mol

　　　1000——克与毫克换算系数

　　　V_1——空白实训所消耗的草酸体积，mL

　　　V_2——样品所消耗的草酸体积，mL

6. 思考与练习

（1）影响果蔬呼吸强度的因素有哪些？

（2）呼吸作用对鲜活食品的成熟衰老有什么影响？

7. 撰写实训报告

实训二　果蔬一般物理性状的测定

1. 实训目的

（1）掌握果蔬的质量、大小、硬度、性状、色泽、可溶性固形物等物理性状的测定方法。

（2）通过测定果蔬的物理性状，进一步判断果蔬品质特性和贮藏的条件。

2. 实训原理

水果硬度计是通过对水果样品施加压力，计算水果硬度计压入水果样品所需的力来计算水果的硬度值。通过测定硬度，可了解水果的成熟度、贮藏特点等。

可溶性固形物是指液体或流体食品中所有溶解于水的化合物的总称，包括糖、酸、维生素、矿物质等，主要是指可溶性糖类。手持折光仪通过测定果蔬汁液的折光率，可求出果蔬汁液的浓度（含糖量的多少），可了解果蔬的品质，大约估计果实的成熟度等。

3. 实训用具

（1）实验用具　天平、游标卡尺、手持折光仪、硬度计、水果刀、砧板等

（2）材料　苹果、黄瓜、香蕉等。

4. 实训步骤

（1）单果重　随机取果实 5 个，分别放在天平上称量，记载单果重（g），并求出其平均果重（g）。

（2）果型指数（纵径/横径）　随机取果实 5 个，用游标卡尺测量果实的横径和纵径（cm），求果型指数，以了解果实的形状和大小。

（3）果面特征　观察记载果实的果皮粗细，底色和面色状态。果实底色可分深绿、绿、浅绿、绿黄、浅黄、黄、乳白等，也可用特制的颜色卡片进行比较，分成若干级。果实因种类不同，显出的面色也不同，如紫、红、粉红等，记载颜色的种类和深浅，占果实表面积的多少。

（4）可溶性固形物　随机取果实 5 个，将果实榨汁，得到待测样品果汁，先将手持折光仪校"0"，然后将果汁滴在折光棱镜上，盖上盖板，测定并读数，测 3 次取平均值。

（5）果实硬度　随机取果实 5 个，用水果刀在果实最大直径处侧面切掉 1cm^2 大小的果片，用硬度计垂直于切面轻轻按压，使压头压入水果内，当压到压头刻线时，读取硬度值。取 3 次测量平均值。

5. 结果记录

将实训结果记录填入表 7-1。

表 7-1　　　　　果蔬一般物理性状测定记录表

果蔬名称	测定次数	单果重/g	果形指数/(纵径/横径)	果面特征	可溶性固形物含量/%	硬度/(kg/cm^2)
苹果	1					
	2					
	3					
	4					
	5					
	平均值					
黄瓜	1					
	2					
	3					
	4					
	5					
	平均值					

续表

果蔬名称	测定次数	单果重/g	果形指数/（纵径/横径）	果面特征	可溶性固形物含量/%	硬度/（kg/cm²）
香蕉	1					
	2					
	3					
	4					
	5					
	平均值					

6. 思考与练习

（1）比较3种果蔬的硬度，说明了什么？

（2）可溶性固形物含量、硬度大小与果蔬贮藏有什么关系？

7. 撰写实训报告

实训三　果实催熟和脱涩方法的比较

1. 实训目的

了解果实的催熟和脱涩方法，能正确对果实进行催熟和脱涩。

2. 实训原理

某些果蔬在自然条件下不能正常成熟，若需要使之提早成熟，或要求将已收获而未成熟的果实在短期内达到成熟，就需要催熟。果蔬催熟是采取一些人工措施，并配合适宜的环境，增大果蔬的呼吸作用，使养分加快积累、转化，并使某些果实的色、香、味提前达到食用要求。

涩味是某些果实的单宁物质与蛋白质结合，使蛋白质凝固，味觉下降导致。涩果通过无氧呼吸产生一些中间产物，如乙醛、丙酮等，它们可以与单宁结合，使其溶解性发生变化，单宁变为不溶性，涩味即可消除。

3. 实训用具

香蕉（青）、涩柿子、生石灰、氯化镁、乙烯利、草木灰，洁净容器、草帘、棉絮。

4. 实训步骤

（1）柿子脱涩

①温水脱涩：将涩果放入洁净的缸、桶、坛等容器（忌用铁器）中，加入40~50℃的温水，水量以全部淹没柿果为度，然后用棉絮等物把缸口盖严盖紧密封，四周用厚草帘包严，必要时换1~2次水，以保持水温恒定，观察脱涩程度。

②冷水脱涩：将柿果装在箩筐或其他器具中，连器具浸泡在洁净的清水中，如用盆、桶装柿果，每天早晨换1次洁净凉水，观察脱涩程度。

③石灰水脱涩：每 100kg 柿果，用 3~5kg 生石灰，先用少量水将生石灰化开，除去杂质后倒入缸内，然后向缸内加水并搅匀，趁水温和时放入涩柿，水要淹没柿果，将果实轻轻搅动一下，用木板压好缸口密封；也可将生石灰、食盐和 40~50℃温水按 1：1：1 的质量比配成溶液，将柿果放入溶液浸泡，观察脱涩程度。

④苦水脱涩：用每升含 2g 氯化镁的苦水浸泡柿子 7~10d，观察及品尝脱涩情况。

⑤酒精脱涩：选用可密封的容器，将柿果排列成层，按每千克柿子用 8~10mL 酒精或白酒逐层喷洒，装满后密封，观察脱涩程度。

⑥乙烯利脱涩：用 250mg/kg 乙烯利溶液加 0.2%洗衣粉在树上喷雾使果面潮润；或将采收回来的果实连筐在 250mg/kg 水溶液中浸 3min，经 3~5d 观察脱涩情况。

⑦草木灰脱涩：将柿果放入缸内，上面撒上干燥的草木灰，数量以柿果的 1/20 为低限，然后倒入 40℃的洁净水，密封缸口，观察脱涩程度。

(2) 香蕉的催熟

①乙烯利催熟：将乙烯利配成 1000~2000mg/kg 的水溶液，取香蕉 5~10kg，将香蕉浸于溶液中，取出自行晾干，置于果箱中密封，于 20~25℃条件下催熟 3~4d，观察色泽变化和成熟度。

②温度、湿度催熟：将香蕉放在 20~22℃、相对湿度 85%~90%的条件下催熟，观察色泽变化和成熟度。

5. 思考与练习

(1) 柿子脱涩的几种方法中哪种方法最好？（综合比较观察柿子脱涩的几种方法）

(2) 温度和湿度与果实的成熟和脱涩有什么关系？

6. 撰写实训报告

实训四　畜禽产品、水产品的僵直和软化现象观察

1. 实训目的

能正确辨别畜产品、水产品的僵直与软化现象，并熟悉它们在此阶段的贮藏特点。

2. 实训原理

僵直作用是指动物在屠宰或捕捞致死以后的一段时间里，肌肉丧失原有的柔软性和弹性而呈现僵硬的现象。动物在致死以后，糖原经无氧分解产生乳酸，致使肉的 pH 下降，经过 24h 后，pH 可从 7.0~7.2 降至 5.6~6.0。但当乳酸生产到一定界限时，分解糖原的酶类即逐渐失去活力，而无机磷酸化酶的活力大大增强，开始促使三磷酸腺苷分解形成磷酸。pH 继续下降至 5.4，致使鸡腿肉中的

ATP 含量急剧降低，从而引起肌浆网破裂，释放出 Ca^{2+}，促使肌动蛋白结合，产生没有伸展性的肌动球蛋白，最终形成了永久性的收缩。随着贮藏时间的延长，僵直缓解，经过自身解僵，肉变得柔软，同时保水性增加，风味提高，此过程称作肉的软化。这主要是由于肌纤维中的溶酶体分解释放出的组织蛋白酶将肌肉中的蛋白质分解为小分子肽或氨基酸、核苷酸，肌原纤维肌节中的 Z 线断裂，致使蛋白质结构松弛。

3. 实训用具

活鸡、活鱼、刀、电子天平、pH 试纸、胶头滴管、烧杯、研钵、滤纸。

4. 实训步骤

（1）试材准备　鲜活鱼采用刀背敲击鱼后脑靠延髓部，使其无挣扎死亡，冰水清洗干净后，放室温中保藏。取新杀的鸡一只，冰水清洗干净后，放室温中保藏。

（2）畜禽产品、水产品僵直、软化感官观察　每隔 1h 用手指轻轻按压鸡肉、鱼肉，分别记录指压后的回复情况和手指的湿润程度，初步判断畜禽肉和水产品的僵直和软化时间和特征。

（3）畜禽产品、水产品 pH 测定　用小刀或大头针在畜禽肉或鱼肉上打洞，用便携式 pH 计电极插入打洞部位，将电极头部完全包埋在肉样中，测定宰杀后不同时间的畜禽肉、鱼肉 pH。同一点重复测定多次，不同部位取平均值。

（4）鱼僵直指数测定　将鱼体放在水平板上，测出鱼体长度的中点，使鱼体的前 1/2 放在水平板上，后 1/2 自然下垂，测定其尾部与水平板构成的最初下垂距离（L）和在不同僵直程度时的距离（L'），计算僵直指数（R）。实验重复 10 次。

$$R/\% = \frac{L-L'}{L} \times 100$$

5. 思考与练习

（1）畜禽产品、水产品在僵直期有何贮藏特性？

（2）畜禽产品、水产品的贮藏期与 pH 之间有什么关系？

6. 撰写实训报告

实训五　粮食贮藏中脂肪酸值的测定

1. 实训目的

（1）掌握粮食中脂肪酸的测定方法。

（2）通过测定粮食中脂肪酸值，进一步判断粮食的品质特性和贮藏条件。

2. 实训原理

用石油醚提取出粮食中的游离脂肪酸，静置过滤后用乙醇溶解，以酚酞作指示剂，用氢氧化钾滴定，颜色变成微红色，30s 不褪色为滴定终点。根据消耗氢氧化钠的体积计算脂肪酸值。

3. 实训用具

（1）实验用具　粉碎机、天平、移液管、振荡器、锥形瓶（配塞）、滴定管、量筒、漏斗、快速滤纸、滴定管等。

（2）材料　粮食等样品。

（3）试剂　石油醚、50%乙醇溶液、0.01mol/L氢氧化钾溶液、酚酞指示剂等。

4. 实训步骤

（1）试样制备　用粉碎机将食品粉碎，用天平称取10g（准确到0.01g）左右的样品置于250.0mL锥形瓶中，加入50.00mL石油醚，加塞振摇几秒钟，打开塞子放气（一定要放气，不然振荡后塞子会被气体鼓出来，如果手压着瓶塞，瓶子会出现爆裂的危险）。

（2）浸出　盖紧瓶塞，将锥形瓶置于振荡器上振荡10min。

（3）过滤　取下锥形瓶，倾斜静置1~2min。这个过程中不要打开塞子。然后过滤，注意弃去最初几滴滤液。

（4）滴定　用移液管移取25.00mL滤液于150mL锥形瓶中，用量筒加入75mL 50%的乙醇溶液，滴加4~5滴酚酞指示剂，摇匀。用氢氧化钾标准滴定溶液滴定至下层溶液呈微红色，30s不褪色为止，记下消耗氢氧化钾的体积。

（5）空白试验　用25.00mL石油醚代替滤液，做空白试验。

5. 结果计算

脂肪酸值以中和100g粮食试样中游离脂肪酸所需氢氧化钾毫克数表示。

脂肪酸值按下式计算：

$$脂肪酸值（mg/100g） = (V_1 - V_0) \times c \times 56.1 \times \frac{50}{25} \times \frac{100}{m(100-M)} \times 100$$

式中　V_1——滴定试样用去的氢氧化钾标准溶液体积，mL

　　　V_0——滴定空白时用去氢氧化钾标准溶液的体积，mL

　　　50——浸泡试样用石油醚的体积，mL

　　　25——用于滴定的滤液体积，mL

　　　c——氢氧化钾（或氢氧化钠）溶液的浓度，mol/L

　　56.1——氢氧化钾毫克当量，g/mol

　　　m——试样质量，g

　　　M——试样水分百分率，%（测定面粉脂肪酸值时按湿基计算，不必减去水分）

　　100——换算为100g干试样的质量，g

6. 注意事项

（1）浸出液色过深，滴定终点不好观察时，改用四折滤纸，在滤纸锥头内放入约0.5g粉末活性炭，慢慢注入浸出液，边脱色边过滤。

（2）平行试验结果允许差，当测定结果大于 10mg/100g 时，获得的两个独立测定结果的绝对差值应不大于 2mg/100g；当测定结果小于或等于 10mg/100g 时，获得的两个独立测定结果的绝对差值应不大于这两个测定值的算术平均值的 15%。

（3）粉碎后的粮食样品要尽快测定，否则脂肪酸值会很快增大。

（4）石油醚极易燃烧，试验尽可能在通风橱中进行，附近不能有明火；且石油醚属于有毒有机溶剂，实验过程中一定要戴口罩，做好防护措施。

7. 撰写实训报告

实训六　焙烤食品中霉菌含量的测定及对贮藏的影响

1. 实训目的

掌握霉菌含量测定的方法，熟知微生物操作中常用的稀释平板法，了解霉菌对焙烤食品贮藏的影响。

2. 实训原理

平皿菌落计数法，是将待测样品制成均匀的、一系列不同稀释倍数的稀释液，并尽量使样品中的微生物细胞分散开来，使之呈单个细胞存在，再取一定稀释度、一定量的稀释液接种到平皿中，使其均匀分布于平皿中的培养基内。经培养后，由单个细胞生长繁殖形成肉眼可见的菌落，即一个单菌落代表原样品中的一个单细胞。统计菌落数目，即可计算出样品中所含的菌数。平皿菌落计数法操作较烦琐，结果需要培养一段时间才能取得，而且结果易受多种因素的影响，但得到的是样品中的活菌数。

3. 实训用具

霉变馒头，恒温培养箱、恒温水浴锅、天平、振荡器、无菌吸管、无菌培养皿、pH 计、放大镜、剪刀、海砂、吸管、平皿、马铃薯-葡萄糖琼脂培养基（PDA 培养基）、显微镜。

4. 实训步骤

（1）采样　用灭菌工具采集可疑霉变馒头 250g，装入灭菌容器内送检。

（2）稀释　无菌操作称取检样 25g，放入含有 225mL 灭菌水的玻塞三角瓶中，振摇 30min，即为 1∶10 稀释液。

（3）用灭菌吸管吸取 1∶10 稀释液 10mL，注入试管中，另用带橡皮乳头的 1mL 灭菌吸管反复吹吸 50 次，使霉菌孢子充分散开。

（4）取 1mL1∶10 稀释液注入含有 9mL 灭菌水的试管中，另换一支 1mL 灭菌吸管吹吸 5 次，此液为 1∶100 稀释液。

（5）按上述操作顺序做 10 倍递增稀释液，每稀释一次，换用一支 1mL 灭菌吸管，根据对样品污染情况的估计，选择 3 个合适的稀释度，分别在做 10 倍稀释的同时，吸取 1mL 稀释液于灭菌平皿中，每个稀释度做 3 个平皿。

（6）倾注平皿将凉至 45℃左右的 PDA 培养基注入平皿中，待琼脂凝固后，倒置于25~28℃温箱中，3d后开始观察，共培养观察5d。

5. 菌落总数的计算

通常选择菌落数在10~150CFU/g的平皿进行计数，同稀释度的3个平皿的菌落平均数乘以稀释倍数，即为每1g检样中所含霉菌数。

6. 思考与练习

焙烤食品中霉菌数与其贮藏有什么关系？

7. 撰写实训报告

实训七　当地冷库贮藏性能指标调查

1. 实训目的

通过参观访问，了解各种贮藏方式的特点、结构性能、贮藏品种、贮藏条件、管理技术和贮藏效果，以及贮藏中出现的问题，增加对果蔬贮藏的感性认识。

2. 实训用具

笔记本、笔、尺子、温度计等。

3. 实训内容

（1）了解贮藏库的性能

①冷库的布局与结构，包括冷库的面积、容量、冷量、排列等。

②冷库的建筑材料、隔热材料（库顶、地面、四周墙）的性质和厚度。

③冷库防潮隔气层的处理（材料、处理方法和部位）。

④通风系统（门、窗、进气孔、出气孔）的结构、排列、面积。

⑤贮藏库附属设施（制冷系统、气调系统、温度、湿度控制系统、其他设备等），包括仪器的型号、规格、性能、工作原理、使用方法等。

（2）了解贮藏的方法和保管的经验

①对果蔬原料的要求：种类、产品、产地；质量要求；包装用具和包装方法等。

②管理措施：库房的消毒与清洁方式；产品预处理方式；产品入库的方式与堆码；贮藏期间的温湿度、通风等管理措施；出库的方法和时间等。

（3）了解贮藏辅助技术的应用情况。

（4）了解贮藏要求及效果。

4. 调查记录

请每位同学按照老师的要求编写一个调查提纲和调查记录表。并对调查结果进行分析，指出存在的问题，提出改进建议。

5. 思考与练习

（1）本次实训调查采用的方式是什么？有哪些收获？

（2）哪些食品适合放在冷库中贮藏？

6. 撰写实训报告

实训八　果蔬汁液冰点的测定

1. 实训目的
了解冰点测定的意义，掌握果蔬冰点测定的方法及原理。

2. 实训原理
冰点是果蔬重要的物理性状之一，对于许多种果蔬来说，测定冰点有助于确定其适宜的贮运温度及冻结温度。液体在低温条件下，温度随时间延长而下降，当降至该液体的冰点时，由于液体结冰放热的物理效应，温度不随时间下降，过了该液体的冰点，温度又随时间延长而下降。据此，测定液体温度与时间的关系曲线，其中温度不随时间下降的一段时间所对应的温度，即为该液体的冰点。测定时有过冷现象，即液体温度降至冰点时仍不结冰。可用搅拌待测样品的方法防止过冷妨碍冰点的测定。

3. 实训用具
黄瓜、白萝卜、胡萝卜、山药、苦瓜、苹果、梨、葡萄、猕猴桃等新鲜果蔬，标准温度计（测定范围$-10 \sim 10℃$，精确至$±0.1℃$）、冰盐水（适量，$-6℃$以下冰盐水，质量分数大于11%，NaCl 或 KCl，预先冷却至出现冰盐结晶体）、榨汁机、烧杯、玻璃棒、纱布、钟表。

4. 实训步骤
（1）样品预处理　取适量待测样品在榨汁机中榨取汁液，二层纱布过滤。

（2）滤液盛于小烧杯中，滤液要足以浸没温度计的水银球部，将烧杯置于冰盐水中，插入温度计，温度计的水银球必须浸入汁液中。

（3）不断搅拌汁液，当汁液温度降至$2℃$时，开始记录温度随时间变化的数值，每30s记一次。

视频：果蔬汁液
冻结点的测定
（扫码学习）

（4）冰点的确定　制作温度—时间曲线，曲线平缓处相对应的温度即为汁液的冰点温度。冰点之前曲线最低点为过冷点，过冷点因冰盐水的温度不同而有差异。分别记录果蔬汁液温度读数与降温时间，以温度为纵坐标、时间为横坐标，绘制果蔬汁液降温曲线。

5. 思考与练习
（1）果蔬汁液冰点与果蔬成熟度有什么关系？

（2）冰温贮藏保鲜的原理是什么？

6. 撰写实训报告

实训九　食品贮藏环境中O_2和CO_2含量的测定

1. 实训目的
了解贮藏环境中O_2和CO_2含量的变化，并掌握其含量的测定方法，能正确使用奥氏气体分析仪进行操作。

2. 实训原理

采后的果蔬仍是一个有生命的活体，在贮藏中不断地进行呼吸作用，必然影响到贮藏环境中 O_2 和 CO_2 的含量，如果 O_2 过低或 CO_2 过高，或者二者比例失调，则会危及果蔬正常生命活动。特别是在气调贮藏中，要随时掌握贮藏环境中 O_2 和 CO_2 的变化，所以在果蔬贮藏期间应经常测定 O_2 和 CO_2 的含量。

测定 O_2 和 CO_2 的方法有化学吸收法与物理化学测定法，前者是用奥氏气体分析仪或改良奥氏气体分析仪，以 NaOH 溶液吸收 CO_2，以焦性没食子酸碱性溶液吸收 O_2，从而测出它们的含量。后者是利用测试仪表进行测定。

本实训介绍奥氏气体分析仪的使用操作方法，并利用此方法测定食品贮藏环境中 O_2 和 CO_2 的含量。

3. 实训用具

奥氏气体分析仪，30g/100mL NaOH 或 KOH 溶液、30g/100mL 的焦性没食子酸、凡士林。

4. 实训步骤

（1）了解奥氏气体分析仪的装置及各部分的用途　奥氏气体分析仪由一个带有多个磨口活塞的梳形管与一个有刻度的量气筒和几个吸气球管相连接而成，并固定在木架上（图7-1）。

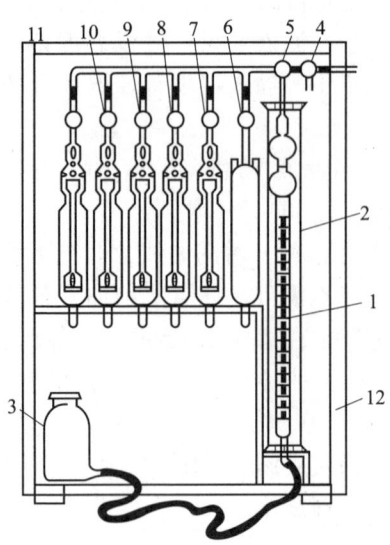

图7-1　奥氏气体分析仪安装示意图

1—量气管　2—量管水套　3—水准瓶　4—"T"形三通形活塞
5—量管旋塞　6—具铂丝爆炸瓶　7~11—气体吸收瓶　12—箱体

①梳形管：是带有几个磨口活塞的梳形连通管，其右端与量气筒2连接，左

端为取气孔 7，套上胶管即与欲测气样相连。磨口活塞 5、6 各连接一个吸气球管，它控制着气样进吸气球管。活塞 8 起调节进气或排气关闭的作用，梳形管在仪器中起着连接枢纽的作用。

②吸气球管 3、4 分甲乙两部分，两者底部由一小的 U 形玻璃连通，甲管内装有许多小玻璃管，以增大吸收剂与气样的接触面，甲管顶端与梳形管上的磨口活塞相连。吸收球管内装有吸收剂，为吸收测定气样用。

③量气筒 2 为有一刻度的圆管，底口通过胶管与调节液瓶 1 相连，用来测量气样体积。刻度管固定在一圆形套筒内，套筒上下应密封并装满水，以保证量气筒的温度稳定。

④调节液瓶 1 是一个下口玻璃瓶，开口处用胶管与量气筒底部相连，瓶内装蒸馏水，由于它的提高与降低，造成瓶中的水位变动而形成不同的水压，使气样被吸入或排出或被压进吸气球管使气样与吸收剂反应。

⑤三通活塞是一个带有丁字形通孔的磨口三通活塞，转动活塞 8 改变丁字形通孔的位置呈⊥状，⊦状，⊣状，分别起到取气、排气或关闭的作用。活塞 5、6 的通气孔一般呈⊥状，它切断气体与吸气球管的接触。改变活塞 5、6 通孔呈⊦状，使气先后进出吸气球管洗涤 O_2 和 CO_2 气体。

(2) 实训操作

①清洗与调整：将仪器内所有玻璃部分洗净，磨口活塞涂凡士林，并按图 7-1 装配好。

在各吸气球管中注入吸收剂。管 3 注入浓度为 30% NaOH 或 KOH 溶液（以 KOH 为好，因 NaOH 与 CO_2 作用生成的沉淀多时会堵塞通道）作吸收 CO_2 用。管 4 装入浓度为 30% 的焦性没食子酸和等量的 30% NaOH 或 KOH 混合液，作吸收 O_2 用。吸收剂要求达到球管口。在液瓶 1 和保温套筒中装入蒸馏水。最后将吸气孔接上待测气样。将所有的磨口活塞 5、6、8 关闭，使吸气球管与梳形管不通。转动 8 呈⊦状并高举 1，排出 2 中的空气。以后转 8 呈⊣状，打开活塞 5 降下 1，此时管 3 中的吸收剂上升，升到管口顶部时立即关闭 5，使液面停止在刻度线上，然后打开活塞 6 同样使吸收液面到达刻度线上。

②洗气右手举起 1，同时用左手将 8 至⊦状，尽量排出 2 空气，使水面达到刻度 100 时为止，迅速转动 8 呈⊥状，同时放下 1 吸进气样，待水面降至 2 底部时立即转动 8 回到⊦状。再举起 1，将吸进的气样再排出，如此操作 2~3 次，目的是用气样冲洗仪器内原有的空气，使进入 2 内的样品保证纯度。

③取样：洗气后转 8 呈⊥状并降低 1，使液面准确达到零位，并 1 移近 2，要求 1、2 两液面同在一水平线上并在刻度零处。然后 8 转至⊣状，封闭所有通道，再举起 1 观察 2 的液面，如果液面不断上升则表明漏气，要检查各连接处及磨口活塞，堵漏后重新取样，若液面在稍有上升后停在一定位置上不再上升，证明不漏气，可以开始测定。

④测定：转动5接通3管，举起1把样尽量压入3中，再降下1重新将气样抽回到2，这样上下举动1使气样与吸收剂充分接触，4~5次后降下1，待吸收剂上升到的3原来刻度线时，立即关闭5把1移近2，在两液面平衡时读数，记录后，重新打开5，上下举动1如上操作，再进行第二次读数，若两次读数相同即表明吸收完全，否则重新打开5再举动1，直到读数相同为止，以上测定结果为CO_2含量，再转动6接通4管，用上述方法测出O_2含量。

(3) 注意事项

①举起1时2内液面不得超过刻度100处，否则蒸馏水会流入梳形管，甚至到吸气球管内，不但影响测定的准确性，还会冲淡吸收剂造成误差，液面也不能过低，应以3中吸收剂不超过5为准，否则，吸收剂流入梳形管时，要重新洗涤仪器才能使用。

②举起1时动作不宜太快，以免气样因受压过大而冲过吸收剂从U形管逸出，一旦发生这种现象，要重新测定。

③先测CO_2，后测O_2。

④焦性没食子酸的碱性液在15~20℃时吸收O_2效能最大，吸收效果随温度下降而减弱，0℃时几乎完全丧失吸收能力。因此，测定时，室温要在15℃以上。

⑤吸收剂的浓度按质量浓度配制，多次举1读数不相等时，说明吸收剂的吸收能力减弱，需要重新配制吸收剂。

5. 结果计算

$$CO_2含量/\% = \frac{V_1 - V_2}{V_1} \times 100$$

$$O_2含量/\% = \frac{V_2 - V_3}{V_1} \times 100$$

式中　V_1——量气筒初始体积，mL

　　　V_2——测定CO_2残留气体体积，mL

　　　V_3——测定O_2残留气体体积，mL

6. 思考与练习

(1) 食品贮藏过程中O_2、CO_2含量对贮藏效果有什么影响？

(2) 怎样调控贮藏环境中O_2、CO_2的含量？

7. 撰写实训报告

实训十　果蔬贮藏过程中病害的识别与防治

1. 实训目的

通过观察识别几种果蔬的主要贮运病害，分析病害产生的原因，讨论防治途径，以及对产品进行适当处理，以观察果蔬在贮运中的发病现象及防治效果。

2. 实训原理

果蔬在收获、贮藏、运输、销售等过程中,常常发生多种侵染性病害和生理性病害,使产品质量下降,造成严重经济损失。果蔬采收后的侵染性病害是指由微生物侵染而引起的病害,生理性病害是指由于非侵染性病害病原的作用造成生理代谢失调而发生的病害。

3. 实训用具

各种病害的水果、蔬菜、直尺、显微镜、玻璃片等。

4. 实训步骤

(1) 收集几种主要果品蔬菜贮运病害的样品,例如,苹果的虎皮病、苦痘病、水心病、炭疽病、心腐病;柑橘的褐斑病、枯水病、水肿病、青绿霉病、蒂腐病;梨的黑心病、黑星病;瓜果蔬菜(番茄、青椒等)的低温伤害病、细菌性软腐病。

(2) 观察记录果蔬的外观,病症部位、形状、大小、色泽、有无菌丝或孢子等,辨别是生理性病害还是侵染性病害。

(3) 品评正常果实和病果的味道、气味和质地。

(4) 分析造成病害的原因。

(5) 制定防治病害的措施。

5. 思考与练习

(1) 怎样分辨果蔬的生理性病害和侵染性病害?

(2) 怎样防止果蔬病害的发生?

6. 撰写实训报告

实训十一　不同处理方式对猪肉新鲜度的影响

1. 实训目的

本实训通过几种保鲜方式处理,试图找到猪肉保鲜的最佳方式。

2. 实训原理

鲜肉在贮藏保鲜期间,其品质受多种因素的影响,在常温下放置时间过久,外界微生物会污染肉的表面并大量繁殖,使肉腐烂变质失去食用价值,甚至会产生对人体有害的毒素。常见的贮藏保鲜方式有冷藏、腌制保藏、烟熏保藏、干藏、辐照保藏和防腐剂处理。

3. 实训用具

猪肉、乳酸钠、醋酸、食盐、葡萄糖、麦芽糖糊精、柠檬酸等。

4. 实训步骤

将1kg肉平均分成6份,一份切成肉片,5份切成肉丝。做以下处理:

(1) 酱油放到锅中煮开锅消毒,晾凉后倒入干净的保鲜袋中,把猪肉丝装入保鲜袋中,酱油最好没过猪肉,然后封口。

(2) 用开水烫一下，晾凉后再把肉片两面抹上适量食盐，然后装入保鲜袋中，密封。

(3) 把姜汁涂在肉的表面，然后装入保鲜袋中，密封。

(4) 肉丝放在 4g/100mL 乳酸钠中浸泡 10s，取出，密封于保鲜袋中。

(5) 肉丝放在 0.6g/100mL 醋酸中浸泡 10s，取出，密封于保鲜袋中。

(6) 食盐 0.36kg、葡萄糖 0.09kg、麦芽糊精 1.2kg、水 24kg，混合后用柠檬酸调 pH3.5，将肉丝放在此溶液中浸泡 10s，取出，密封于保鲜袋中。

以上 6 种处理均低温放置，每隔 2d 对其品质进行观察、评分。

5. 结果记录

通过表 7-2 比较，找出以上 6 种处理方法中适合猪肉常温贮藏的最适防腐保鲜方法。

表 7-2　　　　　　　　猪肉新鲜度评价表

分值	5	4	3	2	1
色泽	肌肉色泽鲜红，有光泽	色泽紫红，有光泽	色泽暗红，无光泽	色泽灰暗或苍白，无光泽	色泽暗褐色，不能接受
气味	具有鲜猪肉特有的气味，无任何异味	具有猪肉气味，无异味	猪肉气味较淡或无味	稍有异味	有异味，不可接受
组织状态	弹性好，指压后凹陷立即恢复	弹性较好，指压后凹陷较快恢复	弹性一般，指压后凹陷缓慢恢复	无弹性，指压后凹陷不能恢复	弹性完全丧失，指压后凹陷明显存在
汁液流失情况	1%以下	1%~2%	2%~3%	3%~4%	4%以上

6. 思考与练习

(1) 猪肉的保鲜方式有哪些？

(2) 实训中各种保鲜剂的保鲜原理是什么？

7. 撰写实训报告

实训十二　蛋类新鲜度的检验

1. 实训目的

掌握蛋类新鲜度检验的方法，了解蛋黄系数与蛋贮藏品质的关系。

2. 实训原理

蛋的感官检验，主要靠检验者眼看、手摸、耳听、鼻嗅四种方法进行综合判定。外观检查虽简便，但对蛋的鲜陈、好坏只能有初步的鉴别。

蛋黄指数（又称蛋黄系数）是蛋黄高度除以蛋黄横径所得的商值。鸡蛋越新鲜，蛋黄膜包得越紧，蛋黄指数就越高；反之，蛋黄指数就越低，因此，蛋黄指数可表明蛋的新鲜程度。

3. 实训用具

鸡蛋，平底白瓷盘、蛋黄指数测定仪。

4. 实训步骤

（1）蛋的感官检验

①检验方法：逐个拿出待检蛋，先仔细观察其形态、大小、色泽、蛋壳的完整性和清洁度等情况；然后仔细观察蛋壳表面有无裂痕和破损等；利用手指摸蛋的表面和掂重，必要时可把蛋握在手中使其互相碰撞以听其声响；最后嗅检蛋壳表面有无异常气味。

②判定标准：

a. 新鲜蛋。蛋壳表面常有一层粉状物；蛋壳完整且清洁，无粪污、无斑点；蛋壳无凹凸且平滑，壳壁坚实，相碰时声音清脆而不发哑声；手感发沉。

b. 破蛋类。

裂纹蛋（哑子蛋）：鲜蛋受压或振动使蛋壳破裂成缝但壳内膜未破，将蛋握在手中相碰发出哑声。

窝蛋：鲜蛋受挤压或震动使鲜蛋蛋壳局部破裂凹下但壳内膜未破。

流清蛋：鲜蛋受挤压、碰撞而破损，蛋壳和蛋壳内膜破裂且蛋白液外流。

c. 劣质蛋。外观往往在形态、色泽、清洁度、完整性等方面有一定的缺陷。如腐败蛋外壳常呈乌灰色；受潮霉蛋外壳多污秽不洁，常有大理石样斑纹；孵化或漂洗的蛋，外壳异常光滑，气孔较显露。有的蛋甚至可嗅到腐败气味。

（2）蛋黄指数的测定

①操作方法：把鸡蛋打在一洁净、干燥的平底白瓷盘内，用蛋黄指数测定仪量取蛋黄最高点的高度和最宽处的宽度。测量时注意不要弄破蛋黄膜。

②结果计算：蛋黄指数 = $\dfrac{蛋黄高度（mm）}{蛋黄宽度（mm）}$

③判定标准：新鲜蛋的蛋黄指数一般为 0.40~0.44，次鲜蛋为 0.35~0.40，合格蛋为 0.30~0.35。

5. 思考与练习

（1）蛋的贮藏保鲜方法有哪些？

（2）蛋在贮藏保鲜时气室大小和蛋黄指数是怎么变化的？

6. 撰写实训报告

实训十三　水产品贮藏保鲜效果的鉴定

1. 实训目的

了解水产品鲜度的鉴定方法，能够通过感官检验、化学检测、物理检测以及微生物检测等方法对鲜度进行评价。

2. 鉴定方法

（1）感官检验法　该法是利用人的视觉、味觉、嗅觉、触觉鉴别水产品品质优劣的一种检验方法。通常从鱼类眼球、鳃部、肌肉、体表、腹部以及水煮试验等方面进行评价（表7-3）。

表7-3　一般海水鱼感官鉴定指标

项目	新鲜（僵硬阶段）	较新鲜（自溶阶段）	不新鲜（腐败阶段）
眼球	眼球饱满，角膜透明清亮，有弹性	眼角膜起皱，稍变浑浊，有时由于内溢血发红	眼球塌陷，角膜浑浊
鳃部	鳃色鲜红，黏液透明无异味（允许淡水鱼有土腥味）	鳃色变暗呈淡红、深红或紫红，黏液带有发酸的气味或稍有腥味	鳃色呈褐色，灰白有浑浊的黏液，带有酸臭、腥臭或陈臭味
肌肉	坚实有弹性，手指压后凹陷立即消失，无异味，肌肉切面有光泽	稍松软，手指压凹陷不能立即消失，稍有腥臭味，肌肉切面无光泽	松软，手指压后凹陷不易消失，有霉味和酸臭味，肌肉易与骨骼分离
体表	有透明黏液，鳞片有光泽，贴附鱼体紧密，不易脱落	黏液多不透，并有酸味，鳞片光泽较差，易脱落	鳞片暗淡无光泽，易脱落，表面黏液污秽，并有腐败味
腹部	正常不膨胀，肛门凹陷	膨胀十分明显，肛门稍突出	膨胀或变软，表面发暗色或淡绿色斑点，肛门突出

（2）物理检测法　这是主要根据鱼体僵硬情况及体表的物理、化学变化评价水产品鲜度的一类方法。目前常用的有僵硬指数法和激光照眼法。

僵硬指数法适用于鱼体僵硬初期到僵硬期过程的鱼体鲜度评价，在解僵后则不适用。

激光照眼法是日本长崎水产公司研制出的一种评价鱼类鲜度的方法，其原理是根据鱼眼对激光反射光线的强度和频率来检测鱼的新鲜度，鱼的鲜度越高，鱼眼反射光的强度越高、频率越高。

（3）化学检测法　这是根据水产品在保鲜过程中所发生的生物化学变化评价其鲜度的一类方法，也是一类相对可靠、应用最多的水产品鲜度评价方法，可通过测定水产品的鲜度（K）、挥发性盐基氮（TVB-N）和三甲胺（TMA-N）等含量评价水产品的鲜度。

（4）微生物学法　这是通过保鲜过程中细菌总数评价水产品鲜度的一种方法。鱼体在死后僵直阶段细菌繁殖缓慢，而到自溶阶段后期因含氮物质分解增多，细菌繁殖很快，因此测出的细菌数多少大致反映了鱼体的新鲜度（一般细菌总数小于 10^4CFU/g 者可判为新鲜鱼，大于 10^6CFU/g 则表明腐败开始，介于两者之间的为次新鲜鱼）。

3. 撰写实训报告

实训十四　检索国内外食品保鲜新技术及撰写综述

1. 实训目的

了解"中国学术期刊全文数据库""中文科技期刊全文数据库""万方数据库""维普数据库"等国内数据库，及"Science Direct""Springer Link""EBSCO Host"等外文全文数据库的收录范围和编排特点，掌握期刊专题数据库的检索技能。了解世界上新型保鲜技术、应用领域及保鲜效果，学习综述性论文的写作方法。

2. 实训操作

（1）文献检索

①以"中国学术期刊全文数据库"为例，检索国内数据库。

a. 选择课题，写出课题名称（如"荔枝保鲜剂的研究"）。

b. 进入中国知网（http：//www.cnki.net/index.htm）。

c. 选择数据库，进入"中国学术期刊全文数据库"。

d. 选择检索方式（如"高级检索"）、检索途经（如"关键词""作者"）。

e. 输入检索词，构造检索式（如"荔枝 AND 保鲜剂"）。

f. 筛选检索结果，输出检索结果（题录）。

g. 通过"caj"浏览器打开全文，浏览，下载全文。

h. 通过高级检索方式，在主题途径中输入"荔枝保鲜剂"，在作者途径中输入作者姓名（在检索结果中挑选其中一位作者），如"高建"。

i. 筛选检索结果，输出检索结果（题录）。

②以"Science Direct"为例，检索国外数据库。

a. 选择课题，写出课题名称（如"荔枝保鲜剂的研究"）。

b. 进入"http：//www.sciencedirect.com/"。

c. 选择数据库（如"Science Direct"）。

d. 选择检索途径（如"keywords"）。

e. 输入检索词，构造检索式（如"lichee and antistaling agent"）。

f. 筛选检索结果，输出检索结果（题录）。

g. 通过"Acrobat Reader"浏览器打开全文，浏览，下载全文。

(2) 文献综述的结构　文献综述是在对某一特定学科或专题的文献进行收集、整理、分析与研究的基础上，撰写出的关于学科或某专题的文献报告，它对相关文献群进行分析研究，概括出该学科或专题的研究现状、动态及未来发展趋势。文献综述是反映当前某一领域、学科或重要专题的最新进展、学术见解和建议的学术报告或论文，它往往能反映出有关问题的新动态、新趋势、新水平、新原理和新技术等。

①论文题目：论文题目是一篇论文所涉及的论文范围与水平的第一个重要信息，同时有助于选定关键词和编制题录、索引等二次文献可以提供检索的特定实用信息。

论文题目的要求：准确得体；简短精练；外延和内涵恰如其分；醒目。

②文摘：论文摘要的文字必须十分简练，内容也需充分概括，字数一般不超过论文字数的5%。

文摘应包含以下内容：从事这一研究的目的和重要性；研究的主要内容，完成了哪些工作；获得的基本结论和研究成果，突出论文的新见解；结论或结果的意义。

③关键词：关键词是为了文献标引工作，从论文中选取出来，用以表示全文主要内容信息款目的单词或术语。关键词是标示文献的关键主题内容，是未经规范处理的主题词。一篇论文可选取3~5个词作为关键词。

④前言：前言属于整篇论文的引论部分。其写作内容包括：研究的理由、目的、背景、前人的工作和知识空白，理论依据和实验基础，预期的结果及其在相关领域里的地位、作用和意义等。

前言的文字不可冗长，内容选择不必过于分散、琐碎，措辞要精炼，要吸引读者读下去。引言的篇幅大小，视整篇论文篇幅的大小及论文内容的需要来确定，长的可达700~800字或1000字左右，短的可不到100字。

⑤正文：正文部分是综述的主体，其写法多样，没有固定的格式。可按年代顺序综述，也可按不同的问题进行综述，还可按不同的观点进行比较综述，不管用那一种格式综述，都要将所搜集到的文献资进行归纳、整理及分析比较，阐明有关主题的历史背景、现状和发展方向以及对这些问题的评述。正文部分应特别注意代表性强、具有科学性和创造性的文献引用和评述。

⑥总结：写作总结应该准确、完整、明确、精练。该部分的写作内容一般应包括以下几个方面：本文研究结果说明了什么问题；对前人有关的看法作了哪些修正、补充、发展、证实或否定。本文研究的不足之处或遗留未予解决的问题，以及对解决这些问题的可能的关键点和方向。

⑦参考文献：参考文献虽然位置在文章的末尾，但它是文献综述的重要组成部分。因为它不仅表示对被引用文献作者的尊重以及引用文献的依据，而且为读者深入探讨有关问题提供了文献查找线索。

3. 撰写实训报告

（1）考查内容　按照课堂讲授的文献综述写作的要求，撰写有关食品保鲜技术的文献综述。

（2）文献综述写作要求　题目自己定（小综述），但要与食品专业相关；论文的格式，必须按照课堂讲授的要求撰写；必须有中英文摘要，字数在100~150字；关键词3~5个；论文字数在2500~3000字，不包含图表和方程式，标点符号；参考文献至少引用10篇以上，一般不超过30篇，参考文献的写法必须规范。

实训十五　食品贮藏保鲜试验设计

1. 实训目的
掌握有关食品保质期加速测试的试验设计方法。

2. 实训原理
食品保质期加速测试（ASLT）的原理是利用化学动力学量化外来因素如温度、湿度、气压和光照等对变质反应的影响力，通过控制食品处于一个或多个外在因素高于正常水平的环境，使变质的速度加快或加速，在短于正常时间内判定产品是否变质。因为影响变质的外在因素是可以量化的，而加速的程度也可以通过计算得到，因此可以推算到产品在正常贮藏条件下实际的贮藏期。

3. 实训步骤
（1）食品保质期加速测试步骤

①设定食品贮藏期的指标，测定产品的微生物安全及质量指标，如：干物质含量，维生素 C 含量，糖率，水分含量，过氧化物指标、酸度、酵母和霉菌沙门菌数量的总数，质地、气味、颜色、脂肪含量等。

②选择关键的变质反应：哪些会引致产品品质衰退，而这些品质衰退是消费者所不能够接受的，并决定哪些测试必须在产品试验过程中进行（感官上或仪器上的）。

③选择使用的包装材料：测试一系列的包装材料，这样可以选择出一个最为经济且又满足一定的贮存期的材料。

④选择哪些将作用于加速反应的外在因素：参考表 7-4 所建议温度，必须选择至少 2 个。

表 7-4　　　　　　　　食品保质期加速测试建议贮存条件

食品类别	冷冻食品	脱水食品	罐头食品
贮藏温度/℃	−40	0	5
	−15	23（室温）	23（室温）
	−10	30	30
	−5	40	35
		45	40

⑤使用坐标曲线，记录在测试温度下产品的贮藏期；如果未知 Q_{10} 值，则必须进行全面的食品保质期加速测试（图7-2）。

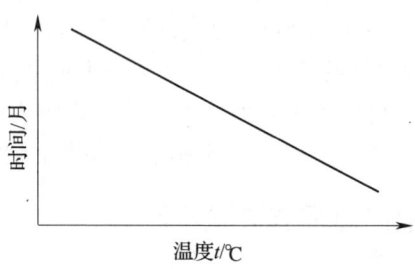

图7-2 食品保质期加速测试曲线

注：Q_{10} 对贮藏期的影响：在给定的条件下，产品质量的衰退与时间成反比。

Q_{10} =温度为 t 时的贮藏期/温度为（t+10℃）时的贮藏期，对储存期有极大的影响。当要预测某一贮藏温度下的食品保质期时，提高贮藏温度加速食品变质，在较短的时间内测定该温度下的保质期，根据 Q_{10} 值便可预测正常温度下的保质期。因此获知 Q_{10} 值是温度的食品保质期加速测试实验中最重要的。

通常来说，罐头食品的 Q_{10} 为1.1~4，脱水产品为1.5~10，冷冻产品为3~40。

⑥确定测试的时间：

$$f_2 = \frac{f_1 \cdot Q_{10} \cdot \Delta T}{10}$$

式中　f_1——在较高测试温度 T_1 下的测试时间，d（或周）

f_2——在较低测试温度 T_2 下的测试时间，d（或周）

ΔT——T_1 与 T_2 的温度差，℃

例如：一个产品在40℃测试一个月，若 Q_{10} = 3，则30℃下该产品需最少测试时间为 f_2 =1×3（10/10）= 3（个月）。

⑦如 Q_{10} 未知，最好进行多次测试，最少需要有6个资料点将误差最小化，否则得到的贮存期可信度就会降低。

⑧开始食品保质期加速测试时，把得到的资料画在坐标图上，可根据需要增加或减少取样的次数。

⑨从各个测试储存条件评估 K 值或贮存期，并适当建立贮存期图形，据此估算出正常条件下的贮存期。

（2）用于保质期实验中的质量指标

①感官指标：是对产品进行综合感官评定的结果。一组经过特定训练的成员定期对产品质量在外观、质地、风味、口感、可接受程度等各方面进行评价，通过统计计算出产品的保质期时间。

②微生物指标：微生物在生长过程中，产生的各种代谢产物对食品质量的影响，主要体现为产生不良的气味、质地发生改变。对于新鲜食品，微生物生长是

影响保质期的绝对因素。

③理化指标：食品的感官评价指标诸如颜色、风味、质地都可以用高精密的仪器准确地分析检测，而且还可以通过监测质量变化过程中产生的中间产物判定食品质量变坏的程度。

例如：

a. 为脱水汤料选择两个贮存条件（30℃、75%相对湿度和37℃、75%相对湿度）进行贮藏。

b. 将样品放入恒温恒湿装置内，每隔1.5~3个月评价一次（实际生产中的时间间隔需根据产品的种类和贮藏条件不同而定），并与标准样相比较。

c. 评价结果按以下评分：

5.0　产品的所有特征与标准样完全一致
4.5　产品可以接受，但与标准样相比较则有轻微差别
4.0　产品可以接受，但与标准样相比较则有些差别
3.5　产品可以接受，但与标准样相比较则有明显差别
3.0　产品不能完全接受，也不能完全不接受
2.5　产品稍微有点不能接受
2.0　产品有点不能接受
1.5　产品很明显地不能接受
1.0　产品完全不能接受

④将得到的结果计算平均值。

平均分数为3是可以接受的临界点，如果达到了这个分数就说明产品已到了贮存期限了。作为一个通用的标准，如果脱水产品（汤料、调料）分别在保持37℃、相对湿度75%和30℃、相对湿度75%的条件下贮存3个月和12个月，仍可得到不低于3的平均分数，则此产品可被认为是合格的。

4. 撰写实训报告

参考文献

[1] AMANDA S B, WILLIAM R W. Variation in flower senescence and ethylene bisynthesis among Carnations [J]. Hort Sci, 1992, 27 (10): 1100-1102.

[2] BARCLAY K D, McKERSIE B D. Peroxidation reactions in plant membranes: effects of free fatty acids [J]. Lipids, 1994, 29: 877-882.

[3] HERNANDEZ J A, JIMENEZ A, MULLINEAUX P, et al. Tolerance of pea (*Pisum sativum* L.) to long term salt stress is associated with induction of antioxidant defenses [J]. Plant Cell Biology, 2000, 23: 853-862.

[4] JANAVE M T. Enzymic degradation of chlorophyll in cuvendish bananas: *in vitro* evidence for two independent degradative pathways [J]. Plant Physiol Biochem, 1997, 35: 837-846.

[5] JOHNSON F L, ANACAN A M, SPENCER M S. Chlorophyllase and peroxidaes activity during degreening of maturing canola (*Brassica napus*) seed [J]. Physiol Plant, 1996, 97: 353-359.

[6] MATILE P, SCHELLENBERG M, VICENTINI F. Localization of chlorophyllase in the chloroplast envelope [J]. Planta, 1997, 201: 96-99.

[7] MOSQUERA M I, GUERRERO L. Role of chlorophyllase in chlorophyll metabolism in olives [J]. Gordal Phytochem, 1996, 41 (3): 691-697.

[8] MOSQUERA M I, ROJAS B G, GUERRERO L G. Measurement of chlorophyllase activity in olive fruit [J]. J Biochem, 1994, 116: 263-268.

[9] POTTER N N. 食品科学 [M]. 葛文镜, 赖献桐, 陆志行, 等译. 北京: 中国轻工业出版社, 1990.

[10] SMIRNOFF N. The role of active oxygen in the response of plants to water deficit and desiccation [J]. New Phytologist, 1993, 125: 27-58.

[11] TSANG E W T. Differential regulation of superoxide dismutase in plants exposed to environmental stress [J]. Plant Cell, 1991 (3): 183-192.

[12] 北京农业大学. 果品贮藏加工学 [M]. 北京: 中国农业出版社, 1994.

[13] 陈方圆, 戴久竣, 徐家延, 等. 纳他霉素抑菌机制及在食品保鲜中的应用研究进展 [J]. 食品科技, 2021, 46 (9): 47-51.

[14] 鸿巢章二, 桥本周久. 水产利用化学 [M]. 郭晓风, 邹胜祥, 译. 北京: 中国农业出版社, 1994.

[15] 黄邦彦, 杨谦. 蔬菜采后生理与贮藏保鲜 [M]. 北京: 中国农业出版社, 1990.

[16] 蒋明义, 杨文英. 渗透胁迫下水稻幼苗中叶绿素降解的活性氧损伤作用 [J]. 植物学报, 1994 (4): 289-295.

[17] 李杰. 果蔬冷藏保鲜理论与实验研究 [M]. 北京: 中国商业出版社, 2010.

[18] 李林, 申江, 王晓东. 冰温贮藏技术研究 [J]. 保鲜与加工, 2008 (2): 38-41.

[19] 李效静, 张瑞宇, 陈秀伟. 水果蔬菜贮藏运销学 [M]. 重庆: 重庆出版社, 1990.

[20] 林洪, 张瑾, 熊正河. 水产品保鲜技术 [M]. 北京: 中国轻工业出版社, 2001.

[21] 刘维春. 粮食贮藏 [M]. 南昌: 江西科技出版社, 1988.

[22] 罗爱国, 胡变芳, 黄文婷, 等. 钝顶螺旋藻提取物/壳聚糖复合膜在食品保鲜中的抗氧化作用 [J]. 中国食品添加剂, 2022, 33 (7): 1-9.

[23] 彭子模. 果蔬贮藏原理与实用技术 [M]. 乌鲁木齐: 新疆科技卫生出版社, 1994.

[24] 任小林, 李嘉瑞. 杏果实成熟衰老过程中活性氧和几种生理指标的变化 [J]. 植物生理学通讯, 1991, 27 (1): 34-36.

[25] 沈莲清, 王向阳. 近代蔬菜保鲜 [M]. 杭州: 浙江大学出版社, 1995.

[26] 宋纯鹏. 植物衰老生物学 [M]. 北京: 北京大学出版社, 1998.

[27] 天野庆之. 肉制品加工手册 [M]. 金辅建, 薛茜, 编译. 北京: 中国轻工业出版社, 1992.

[28] 汪滢, 史慧新, 伍志刚, 等. 磁场与食品保鲜研究进展 [J]. 电工技术学报, 2021, 36 (增刊1): 62-74.

[29] 王梦如, 乔海颜, 柯梦雨, 等. 植物源精油的抑菌机制及其在食品保鲜包装中的应用进展 [J]. 食品工业科技, 2022, 43 (7): 439-444.

[30] 王少丹, 相启森. 苯乳酸在食品保鲜中的应用研究进展 [C] //中国食品科学技术学会第十八届年会摘要集, 2022: 499.

[31] 王向阳. 食品贮藏与保鲜 [M]. 杭州: 浙江科技出版社, 2002.

[32] 王雅妮, 丁洁, 徐赵萌, 等. 食品保鲜膜的改性及其研究进展 [C] //中国食品科学技术学会第十七届年会摘要集, 2020: 470-471.

[33] 魏奇, 张锶莹, 吴艳钦, 等. 酸性电解水在食品中的应用及其保鲜作用的研究进展 [J]. 食品工业, 2022, 43 (6): 279-283.

[34] 吴锦铸, 张昭其. 果蔬保鲜与加工 [M]. 北京: 化学工业出版

社,2001.

[35] 谢晶. 食品保鲜与冷链专题序言 [J]. 包装工程, 2021, 42 (11): 9.

[36] 薛卫东. 果蔬贮藏与保鲜 [M]. 成都: 电子科技大学出版社, 1996.

[37] 应月, 李宝国, 董梅, 等. 冰温技术在食品贮藏中的研究进展 [J]. 制冷技术, 2009 (2): 12-14.

[38] 赵迪, 王茜茜, 李佳伟, 等. 天然保鲜剂对食品保鲜作用的研究与应用 [J]. 现代食品, 2022, 28 (1): 108-111.

[39] 赵丽芹. 园艺产品贮藏加工学 [M]. 北京: 中国轻工业出版社, 2001.

[40] 郑永华. 食品贮藏保鲜 [M]. 北京: 中国质检出版社, 2006.

[41] 周山涛. 果蔬贮运学 [M]. 北京: 化学工业出版社, 1998.

[42] 朱志强, 张平, 任朝晖, 等. 国内外冰温保鲜技术研究与应用 [J]. 农产品加工: 学刊, 2011 (3): 4-6; 10.